これならわかる
物理学

大塚 德勝 著

共立出版

まえがき

　本書は，高等学校で「物理」を学ばなかった学生，あるいは一応習ったが，「物理」では受験しなかった大学新入生を対象にした，教科書である．対象にした学部は，理，工，医，医療技術，保健，薬，農学部，および高専，理系の専門学校であるが，一般社会人にも参考書として十分活用できるように内容を構成している．

　高校物理の履修率は，1970年代には8〜9割もあったが，進学率の急増に伴って行われた学習指導要領の改定（1980年）以降，3割台に減り，その後も「物理」を敬遠する傾向が続き，現在では20%以下になっている．

　そのため，物理的知識を身につけないまま，理系の学部へ入学してくる学生が圧倒的に多いが，大学での「物理学」は，専門課程への橋渡しの科目に位置づけられているので，1年次に履修して力をつけておかないと，専門課程の授業の理解が困難になってくる．

　そこで本書では，物理学を1から始める新入生のために，各章とも内容は高校物理のレベルから入り，徐々に大学物理学のレベルにまで高めた．本書は大学の講義時間を考慮し全30章で構成され，力学，波動，音波，光学，熱学，電磁気学，現代物理学の基礎を詳述している．

　内容は高校レベルの「てこの原理」や「遠心力」から，「原子力」や「相対性理論」に至るまで幅広く取り上げ，物理学全般の基礎をできるだけやさしく，しかも丁寧に説明した．それでいて，大学レベルの物理的知識が得られるように記述し，また，理解を助けるために，数多くの図，表，イラストと傍注を各ページに設けた．

　ところで，実力をつける早道は，練習問題を自分で解くことに限る．そのため本書では，各章に「例題」と「練習」を約5問，さらに「章末問題」を5問設けた．「例題」には，公式の使い方をはじめ，解き方と答を記している．物理学は決して暗記・記憶ものではなく，理解が大切な科目なので，この「例題」を読むだけでも，本文の理解が進むと思われる．

　「練習」には簡単な問題を配置したので，答だけを記しているが，「章末問題」には「例題」と同じく，解き方と答を記している．相撲界では1に稽古，2に稽古，3に稽古…，といわれ，野球界でも，1に練習，2に練習，3に練習…といわれている．どうか「例題」と「練習」，「章末問題」を1度は自分の頭と手で解いて欲しい．

　なお各章の随所に，身の回りの日常的な物理現象や疑問，例えば「重い物も軽い物も，なぜ同時に落ちるのか」，「月は，なぜ落ちてこないのか」，「鉄板は沈むのに，鉄板で作った船は，なぜ沈まないのか」，「投球ボールや車のスピードを測るスピードガンの原理」，「水中の物は，なぜ浮き上がって見えるのか」，「メガネの原理」などを前半で取り上げた．

　さらに後半では，「冷蔵庫は，なぜ電気で冷えるのか」，「温度と熱は，どう違うのか」，「放射線と放射能は，どう違うのか」，「放射線でガンが起こるのに，逆にガンが治るのはなぜか」などを取り上げた．

　本書の前半では，高校物理と同じように微積分を使わない説明と，微積分を使った説明を併記した．数式については，その物理的意味を詳しく説明しているので，本書によって，物理学的ものの見方や考え

方，正しい自然観，物質観，エネルギー観の涵養が図られれば，望外の幸せである．

　終わりに，本書が刊行の運びとなったのも，共立出版(株)教科書企画担当の寿日出男氏と編集担当の佐藤雅昭氏のご高配とご苦労によるところが多く，ここに改めて深甚なる謝意を表します．

2012 年 10 月

大塚　徳勝

目　次

1. 力とは，何だろう　……………………………………………………………………… 1
●力には，どんな種類があるか…1　●力の単位の kg 重は，どのようにして決めたか…1　●合力は，どのようにして求めるか…2　●力がつり合うとは，どんなことか…3　●弾性力とは，どんなものか…3　●摩擦力とは，どんなものか…3　●章末問題…5

2. 運動の表し方と運動の法則　…………………………………………………………… 6
●速さとは，どんなものか…6　●速度と速さは，どう違うか…6　●速さから距離は，どのようにして求めるか…7　●加速度とは，どんなものか…7　●加速度から速度や距離は，どのようにして求めるか…8　●運動の法則とは，どんなものか…9　●力の単位のニュートンとは，どんなものか…11　●運動方程式は，どんな意味をもっているか…11　●章末問題…12

3. 重力による運動　………………………………………………………………………… 13
●重い物も軽い物も，同時に落ちるのは何故か…13　●自由落下の際の時間と落下速度，落下距離の関係は？…14　●物体を鉛直方向に投げる(鉛直投射)と，どんな運動をするか…14　●物体を斜め上方に投げると，どんな運動をするか…15　●物体を水平方向に投げると，どんな運動をするか…16　●物体が空気の抵抗力を受けながら落下すると，どうなるか…17　●物体が斜面を滑り落ちると，どうなるか…17　●章末問題…18

4. 円運動と万有引力　……………………………………………………………………… 19
●角速度とは，どんなことか…19　●周期とは，どんなことか…20　●向心力とは，どんなものか…20　●遠心力とは，どんなものか…21　●万有引力とは，どんなものか…21　●重力とは，どんなものか…22　●人工衛星はなぜ，回るか…23　●章末問題…24

5. 仕事やエネルギーとは，何だろう　…………………………………………………… 25
●仕事とは，どんなことか…25　●仕事の原理とは，どんなことか…25　●仕事率とは，どんなことか…26　●エネルギーとは，どんなものか…27　●運動エネルギーとは，どんなものか…27　●位置エネルギーとは，どんなものか…28　●力学的エネルギー保存の法則とは，どんなものか…29　●章末問題…30

6. 運動量や力積とは，何だろう　………………………………………………………… 31
●運動量とは，どんなことか…31　●力積とは，どんなことか…31　●運動量保存の法則とは，どんなことか…32　●ロケットは，どうして飛び立てるか…33　●はね返り係数とは，どんなことか…34　●運動している 2 物体が衝突すると，衝突後の運動はどうなるか…35　●弾性衝突と非弾性衝突とは，どう違うか…36　●章末問題…36

7. 単振動と複雑な振動　…………………………………………………………………… 37
●単振動とは，どんなものか…37　●単振動の速度と加速度は，どのように表されるか…38　●ばね振り子の周期は，何によって決まるか…38　●単振り子の周期は，何によって決まるか…39　●複雑な振動は，どんなとき起こるか…40　●角振動数の等しい単振動を合成すると，どうなるか…40　●角振動数の異なる単振動を合成すると，どうなるか…41　●減衰振動とは，どんなものか…41　●振動のエネルギーとは，どんなものか…42　●強制振動とは，どんなものか…43　●共振とは，どんなことか…44　●章末問題…44

8. 大きさのある物体の力学 …………………………………………………… 45

●モーメントや重心とは，何だろう…45　●力のモーメントとは，どんなものか…45　●偶力とは，どんなものか…46　●重心とは，どんなものか…47　●慣性モーメントとは，どんなものか…48　●剛体の回転の運動方程式は，どのように表されるか…49　●角運動量とは，どんなものか…50　●章末問題…51

9. 弾性体の力学 ……………………………………………………………… 52

●弾性とは，どんなものか…52　●歪みには，どんな種類があるか…53　●ヤング率とは，どんなものか…53　●剛性率とは，どんなものか…54　●体積弾性率とは，どんなものか…54　●棒の「曲げ」や「たわみ」は何によって決まるか…55　●次元とは，どんなものか…56　●章末問題…57

10. 流体の力学 ……………………………………………………………… 58

●圧力とは，どんなことか…58　●流体とは，どんなものか…58　●液体の深さと圧力の関係は，どうなっているか…59　●大気圧とは，どんなものか…59　●浮力とは，どんなものか…61　●運動している流体は，どんな性質を持っているか…62　●飛行機が空中に浮くのは，なぜか…63　●ボールが曲がるのは，なぜか…63　●粘性とは，どんなことか…64　●章末問題…64

11. 波動とその性質 ………………………………………………………… 65

●波とは，どんなものか…65　●波動には，横波と縦波がある…65　●波動は，どんな式で表されるか…65　●波動のエネルギーとは，どんなものか…67　●定常波とは，どんなものか…68　●ドップラー効果とは，どんなことか…69　●章末問題…70

12. 波の伝わり方 …………………………………………………………… 72

●ホイヘンスの原理とは，どんなことか…72　●反射や屈折は，どのように起こるか…72　●波の重ね合わせの原理とは，どんなことか…74　●波の干渉とは，どんなことか…74　●反射波の位相は，どんな場合に変化するか…75　●回折とは，どんな現象か…76　●「うなり」とは，どんなものか…77　●章末問題…77

13. 音波とは，何だろう …………………………………………………… 78

●音とは，どんなものか…78　●音の3要素とは，どんなものか…79　●音の強さと音の大きさは，どう違うか…80　●弦楽器や管楽器からは，どんな音が出るか…81　●共鳴とは，どんなことか…83　●超音波とは，どんなものか…83　●衝撃波とは，どんなものか…84　●章末問題…84

14. 光とは，何だろう ……………………………………………………… 85

●光とは，いったい何なのだろう…85　●光の速さは，どれだけか…86　●影は，なぜ生じるか…86　●鏡に物が映るのは，なぜだろうか…86　●光が屈折すると，どんなことが起こるか…87　●全反射とは，どんなことか…88　●光度と照度は，どう違うか…89　●章末問題…90

15. 球面鏡とレンズの性質 ………………………………………………… 91

●凹面鏡は，どんな性質をもっているか…91　●凹面鏡の前に物体を置くと，どんな像ができるか…92　●凸面鏡は，どんな性質をもっているか…93　●レンズは，どんな性質をもっているか…94　●凸レンズの前に物体を置くと，どんな像ができるか…94　●凹レンズの前に物体を置くと，どんな像ができるか…96　●顕微鏡の原理は，どうなっているか…96　●めがねの原理は，どうなっているか…96　●章末問題…97

目次

16. 光波の進み方とスペクトル …… 98
- 光が干渉すると，何ができるか…98 ●身近な干渉現象には，どんなものがあるか…99 ●光が回折すると，何ができるか…100 ●偏光とは，どんなものか…102 ●光の分散とは，どんなことか…102 ●スペクトルとは，どんなものか…103 ●物体の色は，どのようにして生じるか…104 ●空は青く，朝日・夕日が赤いのは，なぜか…105 ●章末問題…105

17. 熱と温度とエネルギー …… 106
- 熱と温度とは，どう違うか…106 ●温度計には，どんなものがあるか…107 ●熱と温度の関係は，どうなっているか…108 ●熱と仕事の関係は，どうなっているか…108 ●熱膨張とは，どんなことか…109 ●ボイルの法則とは，どんなものか…109 ●シャルルの法則とは，どんなものか…110 ●ボイル・シャルルの法則とは，どんなものか…111 ●気体定数とは，どんなものか…111 ●気体の状態方程式とは，どんなものか…111 ●章末問題…112

18. 熱の移動と物質の状態変化 …… 113
- 熱伝導とは，どんなことか…113 ●対流とは，どんなことか…114 ●熱放射とは，どんなことか…114 ●物質は，なぜ状態が変化するか…116 ●気化とは，どんなことか…117 ●飽和蒸気圧や湿度とは，どんなことか…117 ●臨界温度や臨界圧力とは，どんなことか…119 ●章末問題…119

19. 気体分子の運動と熱力学 …… 120
- 気体の圧力は，何によって決まるか…120 ●気体の温度は，何によって決まるか…121 ●内部エネルギーとは，どんなものか…122 ●気体は熱膨張するとき，仕事をする…122 ●熱力学の第1法則とは，どんなものか…123 ●熱機関とは，どんなものか…123 ●熱力学の第2法則とは，どんなことか…124 ●章末問題…125

20. 静電気とコンデンサー …… 127
- 静電気とは，どんなものか…127 ●クーロンの法則とは，どんなものか…127 ●静電誘導や誘電分極とは，どんなことか…128 ●電場とは，どんなものか…129 ●電位とは，どんなものか…130 ●電場と電位の関係は，どうなっているか…130 ●コンデンサーとは，どんなものか…131 ●コンデンサーの電気容量とは，どんなことか…131 ●コンデンサーの容量は，何によって決まるか…131 ●コンデンサーの並列接続と直列接続は，どう違うか…132 ●静電エネルギーとは，どんなことか…133 ●章末問題…134

21. 電流と直流回路の性質 …… 135
- 電流とは，どんなものか…135 ●オームの法則とは，どんなものか…135 ●抵抗率は温度によって，どのように変化するか…137 ●直流と交流は，どう違うか…138 ●抵抗の直列接続と並列接続は，どう違うか…138 ●電流計は，どのようにつなぐか…139 ●電圧計は，どのようにつなぐか…140 ●電池の電圧降下とは，どんなことか…140 ●キルヒホッフの法則とは，どんなものか…140 ●章末問題…141

22. 電気エネルギーと半導体 …… 142
- 電力と電力量は，どう違うか…142 ●ジュール熱とは，どんなものか…143 ●電池の原理は，どうなっているか…143 ●熱起電力とは，どんなことか…144 ●圧電気現象とは，どんなことか…144 ●半導体とは，どんなものか…145 ●半導体ダイオードには，なぜ整流作用があるか…146 ●トランジスターには，なぜ増幅作用があるか…146 ●集積回路ICとは，どんなものか…147 ●太陽電池とは，どんなものか…148 ●章末問題…148

23. 磁気と電流の磁気作用 ………………………………………………………… 149

●磁性とは，どんなものか…149 ●磁場とは，どんなものか…149 ●磁化とは，どんなものか…150 ●地磁気とは，どんなものか…151 ●電流によって生じる磁場…151 ●電磁力とは，どんなものか…152 ●ローレンツ力とは，どんなものか…153 ●サイクロトロン運動とは，どんなものか…153 ●章末問題…154

24. 電磁誘導とは，何だろう ………………………………………………………… 155

●電磁誘導とは，どんなものか…155 ●磁場の中で導体を動かすと，何Vの起電力が生ずるか…156 ●自己誘導とは，どんなことか…158 ●相互誘導とは，どんなことか…159 ●章末問題…160

25. 交流とは，何だろう ……………………………………………………………… 161

●交流発電機の原理は，どうなっているか…161 ●交流の実効値とは，どんなことか…162 ●コンデンサーに交流電圧を加えると，どんな電流が流れるか…162 ●コイルに交流電圧を加えると，どんな電流が流れるか…163 ●R, L, Cからなる交流回路には，どんな電流が流れるか…164 ●交流の電力は，どのように表されるか…166 ●章末問題…167

26. 電磁波とは，何だろう …………………………………………………………… 168

●電気振動とは，どんなことか…168 ●共振とは，どんなことか…169 ●電磁波は，どのようにして発生させるか…170 ●電磁波は，どんな分野に利用されているか…172 ●章末問題…173

27. 光の本性と原子の構造は，どうなっているのだろう ……………………… 174

[1] 光の本性は，粒子か波動か
●光量子説とは，どんなことか…174 ●物質波とは，どんなものか…175 ●不確定性原理とは，どんなことか…176
[2] 原子の構造は，どうなっているのだろう
●電子軌道の半径とエネルギー準位を求めてみよう…177 ●原子から放射される電磁波…179 ●エレクトロンボルトとは，何か…179 ●章末問題…180

28. 原子核の構造・性質は，どうなっているのだろう ………………………… 181

●原子核は，何から構成されているか…181 ●核力とは，どんなものか…181 ●放射能とは，いったい何なのか…182 ●α崩壊とは，どんなことか…183 ●β崩壊とは，どんなことか…183 ●γ放射とは，どんなことか…184 ●放射能の強さや半減期とは，どんなことか…184 ●核反応とは，どんなものか…185 ●結合エネルギーや質量欠損とは，どんなものか…185 ●核分裂とは，どんなものか…187 ●原子力発電の原理は，どうなっているのか…188 ●核融合とは，どんなものか…189 ●章末問題…189

29. 放射線の性質と作用 ……………………………………………………………… 190

●放射線の種類には，どんなものがあるか…190 ●放射線には，どんな性質があるか…191 ●電磁放射線による電離作用は，どうなっているか…191 ●光電効果とは，どんなことか…191 ●コンプトン効果とは，どんなことか…192 ●電子対創生とは，どんなことか…192 ●放射線の強さや放射線の量とは，どんなものか…193 ●放射線の強さは，放射能の強さに関係するか…194 ●自然放射線とは，どんなものか…194 ●放射線の健康への影響は，どうなっているか…195 ●放射線は，どんな分野で利用されているか…196 ●章末問題…197

30. 相対性理論とは，どんなものか ································ *198*

● 特殊相対論とは，どんなものか…*198*　● 同時とは，どんなことか…*199*　● 運動していると，なぜ時間はゆっくり進むか…*200*　● 運動していると，なぜ長さが縮むか…*201*　● 運動していると，なぜ質量が増大するか…*202*　● 速度の合成式は，どのように表されるか…*202*　● $E=mc^2$ は，なぜエネルギーを表すか…*202*　● 章末問題…*204*

章末問題解答 ·· *205*

索　引 ·· *215*

1 力とは，何だろう

◆◆・ 力には，どんな種類があるか ・◆◆

　重い物を支えたり，棒を曲げたり，ボールを投げたりするときには，筋肉が緊張するので，力が働いたことを意識する．このように物体が変形したり，動き出したり，運動の速さや向きが変わる原因を力という．

　力は2物体A，B間に働く相互作用なので，AがBに力を及ぼすと，同時にBも同じ大きさでAに力を及ぼす．例えば水泳の際に，人が壁をけってターンができるのは，逆に壁が人を押し返すためである．

　一方の力を作用，他方の力を反作用と呼び，両者は逆向きで，大きさは等しい．これを作用・反作用の法則という．

　ところで力には，① 人が物体に加える力のように，2物体が直接触れ合って作用する力（近接力）と，② 磁石同士間に働く磁気力のように，空間を隔てて作用する力（遠隔力）との2種類がある（図1.1）．① 近接力と② 遠隔力には，このほか，次のような力がある．

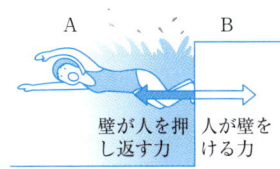

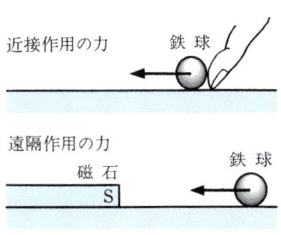

図1.1　力の種類

①	張力	物体を糸でつるしたとき，糸が物体を上向きに引く力．
	弾性力	ばねを引っ張ったとき，ばねが元に戻ろうとする力．
	圧力	液体や気体が容器の底面や側面を押す力．
	抗力	床面上に物体を置いたとき，床面が物体を支える力．
	摩擦力	床面上の物体を動かすとき，その運動を妨げる向きに働く力．
②	万有引力	宇宙のあらゆる物体間に働く引力．
	重力	地球上の物体に働く引力．
	電気力	電気を帯びた物体間に働く力．
	核力	陽子や中性子などの間に働く力．

◆◆・ 力の単位のkg重は，どのようにして決めたか ・◆◆

　ばねに物をつるすと伸びるが，これは物に重さがあるためである．地上のあらゆる物体は，鉛直下向きに地球から引っ張られている．この引力を

重力と呼び，物体の重さは重力の現れである．物体を構成している物質そのものの量を質量と呼び，物体に働く重力の大きさを重さ(重量)という．重さは物体の質量に比例する．

ばねを手で引っ張ったときの伸びが，例えば質量1 kgの物体をつるしたときの伸びと等しければ，ばねを手で引っ張った力は，質量1 kgの物体に働く重力の大きさ(重量)に等しいことになる．そこで，質量1 kgの物体が地上で受ける重力の大きさを1重量kg，または1 kg重(記号kgw)とし，これを力の単位として用いている．

力の単位には，kgwのほかにニュートン(N)が用いられるが，Nについては，次章で述べる．

　質量と重量は日頃，同じ意味に使われているが，物理学的には異なる概念である．kgは質量の単位で，kgwは力(重量)の単位である．したがって，質量60 kgの人の重量(重さ)は60 kgwということになる．

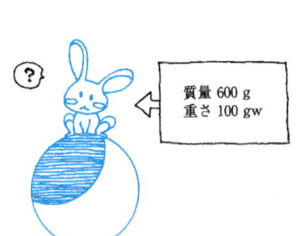

ところで，物体の質量は場所によって変わらないが，その重量は場所により異なる．これは後述のように，重力の強さ(重力加速度)が場所によって違うためである．例えば月面での重力の強さは，地上での強さの約1/6なので，質量60 kgの人の重量は月面では約10 kgwになる．また，人工衛星の中は無重力状態なので，宇宙飛行士の体重は0 kgwになる．

◆◆・ 合力は，どのようにして求めるか ・◆◆

力は質量や時間とは異なり，大きさだけでなく，向きをもった物理量である．このように，大きさと向きを合わせもった量をベクトルと呼ぶのに対して，質量や時間のように，大きさだけの量をスカラーという．力はベクトルなので，2力の合成は単純な足し算ではできない．2力 a, b を合成した合力 c は平行四辺形の法則を使って，作図によって求めることができる(図1.2)．

図1.2 合力の求め方

なお，図1.2の2力の合成とは逆に，1つの力 c をそれと同等な2つの力 a, b に分けることを力の分解と呼び，a, b を分力という．

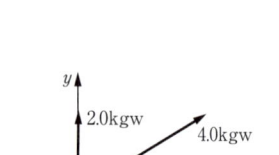

【練習】　右図のような2力の合力を作図によって求め，その x 成分と y 成分を求めよ．　　　　　　　　［答］　3.5 kgw，4.0 kgw

一方，力 a を x 成分($a\cos\theta$)と y 成分($a\sin\theta$)に分解すると，三平方の定理を使って，次のように計算によって求めることができる．

$$c^2 = (a\cos\theta + b)^2 + (a\sin\theta)^2$$
$$= a^2\cos^2\theta + 2ab\cos\theta + b^2 + a^2\sin^2\theta$$
$$= a^2 + 2ab\cos\theta + b^2 \tag{1.1}$$

$$\tan\alpha = \frac{a\sin\theta}{a\cos\theta + b} \tag{1.2}$$

◆◆◆ 力がつり合うとは，どんなことか ◆◆◆

ばねに重りをつるすと，ばねは伸びて静止するが，これは，重りに働く上向きの弾性力 F と下向きの重力 W が，つり合うためである．ばねの代わりに，糸に物体をつるしても同じことで，物体に働く上向きの糸の張力と下向きの重力が，つり合うことになる．

一般に物体に力が働くと，物体は動き出す．しかし，いろいろな方向から複数の力が働いていても，その合力が 0 であれば，つまり力の x 成分同士も，y 成分同士もつり合っていれば，力が働いていないのと同じなので，物体が動き出すことはない．

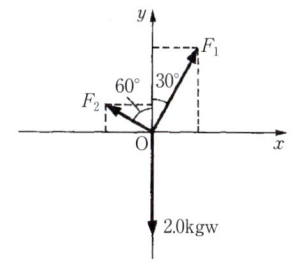

【例題】 左図のように，質量 2.0 kg の荷物を親子で持つと，腕にかかる力 F_1，F_2 は，それぞれ何 kgw か．

[解答] 力は x 方向も y 方向もバランスしているので，次式が成り立つ．
$$\begin{cases} F_1 \sin 30° = F_2 \sin 60° \\ F_1 \cos 30° + F_2 \cos 60° = 2.0 \end{cases}$$
両式に $\sin 30° = 1/2$, $\sin 60° = \sqrt{3}/2$, $\cos 30° = \sqrt{3}/2$, $\cos 60° = 1/2$ を代入して，この連立方程式を解くと，$F_1 = 1.7$ kgw, $F_2 = 1.0$ kgw となる．

◆◆◆ 弾性力とは，どんなものか ◆◆◆

ばねに力を加えると，ばねは伸びたり，縮んだりする（図1.3）．加える力があまり大きくない範囲では，伸びも縮みも力に比例する．したがって，弾性力（復元力）の大きさ F [kgw] は，ばねの伸び・縮み x [m] に比例するので，次式が成り立つ．これをフックの法則という．

$$F = -kx \qquad (1.3)$$

比例定数 k [kgw/m] は，ばね定数と呼ばれ，ばねの強さを表す．

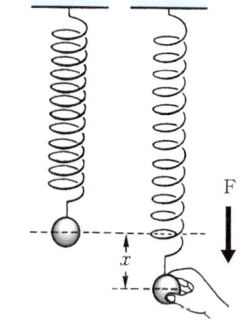

図1.3 ばねの伸び

【練習】 ばねに質量 4 kg の物体をつるしたところ，自然長から 10 cm だけ伸びた．ばね定数を求めよ． [答] 40 kgw/m

ばねが強いほど k の値は大きい．－は伸びと逆向きを意味する．

◆◆◆ 摩擦力とは，どんなものか ◆◆◆

重い物を横に引っ張る際に，滑らかな床面だと，小さな力でも動き出すが，粗い床面だと，なかなか動かない．これは図1.4のように，物体の底面と床面との間に，引く力 f と逆向きに摩擦力 F が生じ，両者がつり合

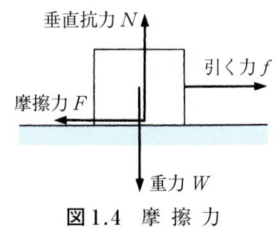

図 1.4　摩擦力

摩擦力は，2物体間の接触面の小さな凹凸が原因である．

接触面に油やグリース，「ろう」などを塗るのは，摩擦係数を小さくするためである．

っているためである．摩擦力 F は物体が静止しているときに働くので，静止摩擦力という．

物体を引く力 f を次第に大きくしていくと，それに伴って静止摩擦力 F も増大するが，両者はバランスを保っている．しかし，静止摩擦力の大きさには限界があるので，引く力がその限界を越えると，ついに物体は滑り始める．静止摩擦力の大きさは，物体が動き出す直前に最大になるので，そのときの摩擦力 F_0 を最大摩擦力と呼んでいる．

ところで，物体を水平な床面上に置くと，物体が床面を押す力（重力）の反作用として，床面から物体に向かって物体を垂直に押し上げる力が生じる．これを垂直抗力と呼び，垂直抗力 N は重力 W とつり合っている．実験によると，最大摩擦力 F_0 は，この垂直抗力 N に比例するので，次式が成り立つ．

$$F_0 = \mu N \tag{1.4}$$

比例定数 μ（ミュー）（F_0 と N との比）は静止摩擦係数と呼ばれ，接触面の種類や状態で決まる定数で，接触面積にはほとんど関係しない．いろいろな物体間の摩擦係数を表1.1に示した．なお，摩擦係数には，単位はない．

表1.1　いろいろな物体間の摩擦係数

接触物体（面の状態）	静止摩擦係数	動摩擦係数
鋼鉄と鋼鉄（乾燥）	0.7	0.5
鋼鉄と鋼鉄（塗油）	0.005〜0.1	0.003〜0.1
ガラスとガラス（乾燥）	0.94	0.4
ガラスとガラス（塗油）	0.35	0.09
氷と氷	0.1	0.03
人の関節	0.01	0.003

【例題】　机の上にある質量 30 kg の物体を水平方向に引いたところ，力の大きさが 12 kgw で動き始めた．机と物体の間の静止摩擦係数を求めよ．
［解答］　$N = 30$ kgw，$F_0 = 12$ kgw　∴ 式(1.4)より，$\mu = F_0/N = 0.40$

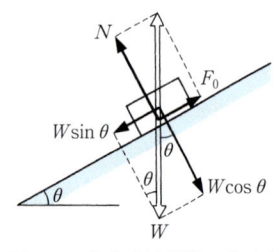

図 1.5　静止摩擦係数の求め方

さて，静止摩擦係数 μ は，どのようにして測定するのだろうか．図 1.5 のように，物体が置かれた斜面を次第に傾けていくと，ついに物体は滑り出す．そのときの傾き角を θ，物体に働く重力を W，垂直抗力を N，最大摩擦力を F_0 とすると，斜面に平行な方向，および垂直方向のつり合いの式は，それぞれ $F_0 = W\sin\theta$，$N = W\cos\theta$ となるので，式(1.4)より次式が得られる．

$$\mu = \frac{F_0}{N} = \frac{W\sin\theta}{W\cos\theta} = \tan\theta \tag{1.5}$$

次に，動摩擦力について考えてみよう．物体が粗い床面上を滑るときには，滑りだした後も，物体の動きを妨げる向きに，接触面に沿って小さな

摩擦力が働いている．この種の摩擦力を動摩擦力という．実験によると，動摩擦力 F' も垂直抗力 N に比例するので，次式が成り立つ．

$$F' = \mu' N \qquad (1.6)$$

比例定数 μ' は動摩擦係数と呼ばれ，接触面の種類や状態で決まる定数で，接触面積や滑る速度には，ほとんど関係しない．重い荷物を横に動かす際に，荷物が動き始めるまでは，大きな力を必要とするが，いったん動き始めると，小さな力でも動き続ける．これは表1.1に示したように，動摩擦力が静止摩擦力よりも小さいためである．

動摩擦には，上述の滑り摩擦力のほかに，転がり摩擦力がある．転がり摩擦は滑り摩擦に比べて，はるかに小さいため，古代には「ころ」として利用され，現代では車輪や，機械の回転軸を支える軸受けのボールベアリングとして利用されている．

一般に，「摩擦力は小さい方がよい」と思われがちであるが，それも程度もので，自動車のタイヤが摩耗すると，摩擦係数が小さくなり過ぎて，車はスリップしてしまう．同じ理由で，氷の上ではローラースケートはできない．

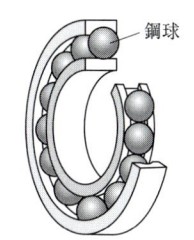

章末問題

問1 図1.2において，$a = 2.0\,\text{kgw}$，$b = 2.0\,\text{kgw}$，$\theta = 60°$ のとき，合力 c の大きさと角度 α を求めよ．

問2 長さ50 cmの糸の一端Aを固定し，他端Bに150 gの物体をつるし，力 F でBを水平方向に引っ張ったところ，図Aのようになってつり合った．糸の張力 T と力 F の大きさを求めよ．

問3 図Bのように，ロープの下端に重さ100 kgwの鋼材がつり下がっている．左右でロープにかかる力 F_1，F_2 を求めよ．

問4 傾き角が45°の滑らかな斜面上に，重さ10 kgwの物体を載せて，
① 斜面に平行な力を加えて静止させるには，何 kgw の力が必要か．
② 水平方向に加えて静止させるには，何 kgw の力が必要か．

問5 質量2.0 kgの物体を載せた板を傾けたら，角度が水平と30°のとき，物体は滑り出した．
① 物体と板との間の静止摩擦係数 μ は，いくらか．
② この板を水平にして，物体を引っ張って動かすには，最小限何 kgw の力が必要か．

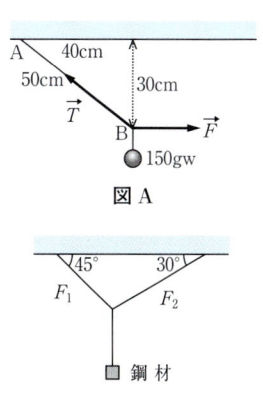

図A

図B

2 運動の表し方と運動の法則

◆◆◆ 速さとは，どんなものか ◆◆◆

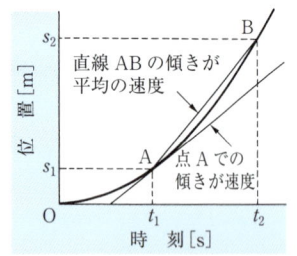

図2.1 平均速度と瞬間速度

車のスピードメーターは，この瞬間の速さを示し，これを一般に速さという．速さは位置(距離)sの時間微分で表され，1秒間に距離がどれだけ変化したかを表す．

ds/dt は微係数と呼ばれ，図2.1(s-t グラフ)の接線の傾きを表す．

物体の運動の様子を表すには，速度(速さ)と加速度が用いられる．速さは，単位時間(例えば1秒間)当たりの移動距離を意味する．物体が運動すると，図2.1のように時間 t [s] とともに，その位置 s [m] も変化する．物体が時刻 t_1 で位置 s_1 に，時刻 t_2 で位置 s_2 にいたとすると，時間 $\Delta t = t_2 - t_1$ の間に移動した距離(変位という)は，$\Delta s = s_2 - s_1$ なので，Δt 秒間の平均の速さ $\bar{v}$ は次式で表される．

$$\bar{v} = \frac{s_2 - s_1}{t_2 - t_1} = \frac{\Delta s}{\Delta t} \tag{2.1}$$

この式と図2.1から分かるように，平均の速さ $\bar{v}$ は時間間隔 Δt の取り方によって値が異なる．そこで，時間間隔 Δt を小さくしていった極限($\Delta t \to 0$)における速さを，瞬間の速さ v [m/s] と呼び，次式で表す．

$$v = \lim_{\Delta t \to 0} \frac{\Delta s}{\Delta t} = \frac{ds}{dt} \tag{2.2}$$

◆◆◆ 速度と速さは，どう違うか ◆◆◆

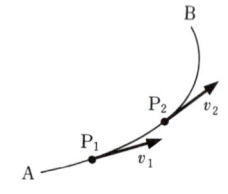

図2.2 速度と速さの違い

速さと速度は日ごろ，同じ意味に使っているが，物理学では，両者を区別している．例えば，自動車が時速40 kmで図2.2のような曲線上を運動しているとき，点 P_1，P_2 における速度は，それぞれ接線の方向を向いている．そのため，速さ(speed)は一定であるが，進む方向が時々刻々と変化するので，速度(velocity)は常に変化していることになる．

このように，速さと向きを合わせもった量を速度と呼び，速度の大きさを単に速さという．したがって，速度はベクトルであり，速さはスカラーである．表2.1に，いろいろなものの速さの例を示した．

表2.1 いろいろなものの速さ [m/s]

歩行者	1	スポーツカー	90
自転車	5	ジェット旅客機	250
100 m 走者	10	音(15℃の空気中)	340
自動車(高速道路)	30	地球の自転(赤道上)	465
ピッチャーの投球	40	地球の公転	3.0×10^4
新幹線，つばめ	70	光(真空中)	3.0×10^8

速さから距離は，どのようにして求めるか

物体の運動には，① 速さが一定の運動（等速運動）と，② 速さが変化する運動（不等速運動）があるが，等速運動によって物体が移動した距離 s は，速さ v と所要時間 t が与えられると，$s=vt$ として計算できる．等速運動の s-t グラフは，図2.3(a)のように直線になるので，v-t グラフは同図(b)のように，時間軸に平行な直線になる．したがって，t_1 と t_2 との間に移動した距離 s は，長方形の面積 vt に等しい．

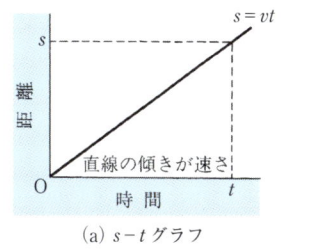 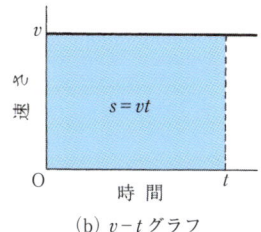

(a) s-t グラフ　　　　(b) v-t グラフ

図2.3　等速（直線）運動

これに対して，不等速運動の s-t グラフは一般に複雑なので，v-t グラフも図2.4のように複雑な曲線になる．しかし，t_1 と t_2 との間に移動した距離は，その間を多数の微小時間 Δt に分け，Δt 秒間は一定の速さで移動するとして求めた微小距離の総和，言い換えると，微小長方形の面積の総和として求められる．

一般に，速さ v と時間 t の関数関係を示す曲線が，$v=f(t)$ で与えられると，t_1 から t_2 までの間に移動した距離 s は，次式で表される．

$$s = \int_{t_1}^{t_2} v\, dt \tag{2.3}$$

式(2.3)は積分と呼ばれ，横軸と曲線で囲まれたグラフの面積を表す．

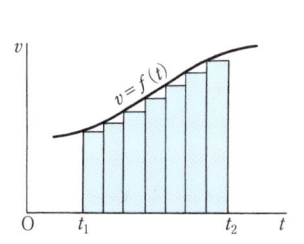

図2.4　不等速運動

> 【例題】　右図は直線上を移動する物体の v-t グラフである．$t=0\sim4$ 秒間の移動距離を求めよ．
> ［解答］　台形の面積の公式より，$s=(4+1)\times 5.0/2=12.5\,\mathrm{m}$

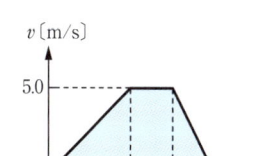

加速度とは，どんなものか

自動車や電車は加速や減速を繰り返すので，その速度は絶えず変化している．単位時間当たりの速度の変化率を加速度（acceleration）と呼び，加

「速度」は，1秒間に「距離」がどれだけ変化したかを表すのに対して，「加速度」は1秒間に「速度」がどれだけ変化したかを表すので，その単位は $\mathrm{m/s^2}$ になる．加速度も力や速度と同じく，ベクトルである．

速や減速の度合いを意味する．減速の際には，加速度はマイナスになる．アクセルを踏むと，車は加速されて次第にスピードが上昇する．急発進や急停止の際には，かなり加速度は大きくなる．

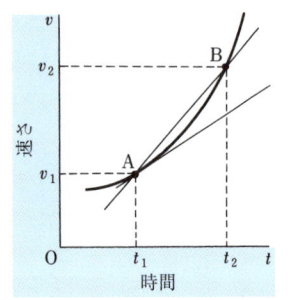

図2.5 平均加速度と瞬間加速度

【例題】 車の速度が3秒間で，5 m/sから35 m/sに変化した．その加速度を求めよ．

[解答] $a = \dfrac{35-5}{3} = 10 \text{ m/s}^2$

一般に加速度は，速度と同じく絶えず変化する．図2.5のように，時刻 t_1 での速度を v_1，時刻 t_2 での速度を v_2 とすると，Δt 秒間の平均加速度 $\bar{a}$，および時刻 t における瞬間加速度 a は，それぞれ次式で表される．

$$\bar{a} = \frac{v_2 - v_1}{t_2 - t_1} = \frac{\Delta v}{\Delta t} \tag{2.4}$$

$$a = \lim_{\Delta t \to 0} \frac{\Delta v}{\Delta t} = \frac{dv}{dt} = \frac{d}{dt}\left(\frac{ds}{dt}\right) = \frac{d^2 s}{dt^2} \tag{2.5}$$

このように加速度 a は，速度 v を1回微分したもので，距離 s を2回微分したものである．表2.2に，いろいろなものの加速度の例を示した．

表2.2 いろいろなものの加速度 [m/s²]

新幹線の発進	0.2	地表での物体の落下	9.8
月面での物体の落下	1.7	ロケットの発射	50
ジェット旅客機の離陸	2.0	自動車の非常ブレーキ	−50
スポーツカーの発進	4.0	自動車の激突(破壊)	−200 以上
100 m 走者のスタート	6.0	飛行機の墜落	−200 〃

【練習】 車の移動距離と時間の関係が，$s(t) = 2t^3 - 4t^2 + 5$ で表された．$t=2$ における速さと加速度を求めよ． [答] 8 m/s, 16 m/s²

◆◆◆ 加速度から速度や距離は，どのようにして求めるか ◆◆◆

斜面を降下するボールの運動のように，加速度 a が一定の直線運動（等加速度直線運動）では，速度や距離は次のようにして，加速度から容易に求められる．

等加速度直線運動では，物体の速度は毎秒 a [m/s] ずつ増大するので，t [s] 後には at [m/s] だけ増加する．初速度（時刻0のときの速度）を v_0 [m/s]，t [s] 後の速度を v [m/s] とすると，加速度 a は式(2.5)から $a = (v - v_0)/t$ となるので，速度と時間の関係は，

$$v = v_0 + at \tag{2.6}$$

で表される．図2.6は，式(2.6)を図示した v–t グラフである．直線の傾きは加速度 a を表し，縦軸の切片は初速度 v_0 を表す．

一方，t [s] 間に移動した距離 s [m] は，図2.6の台形の面積に等しいので，$s = (v_0 + v)t/2$ となる．この式の v に式(2.6)を代入すると，

$$s = \frac{(v_0 + v)t}{2} = \frac{(v_0 + v_0 + at)t}{2} = v_0 t + \frac{1}{2}at^2 \tag{2.7}$$

が得られる．もし，時刻 $t = 0$ のときの距離(位置)を s_0 とすると，時間と距離の関係は，次式で表される．

$$s = s_0 + v_0 t + \frac{1}{2}at^2 \tag{2.8}$$

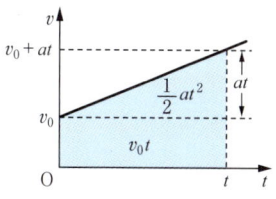

図2.6 等加速度直線運動

式(2.8)は物体が等加速度直線運動をするときの，時間と距離の関係を表している．

> 上式は積分を使うと，より簡単に導くことができる．まず，式(2.5)より，$a = dv/dt$．これを初期条件 $t = 0$ で $v = v_0$ の下で積分すると，$v = \int a\, dt = at + v_0$ となる．さらにこれを初期条件 $t = 0$ で $s = s_0$ の下で積分すると，次式が得られる．逆に式(2.8)を微分すると，式(2.6)になり，それをさらに微分すると，式(2.5)になる．
>
> $$s = \int v\, dt = \int (at + v_0)\, dt = s_0 + v_0 t + \frac{1}{2}at^2$$

ところで，式(2.6)を t について解いて，それを式(2.7)に代入すると，次式が得られる．

$$v^2 - v_0^2 = 2as \tag{2.9}$$

式(2.9)は t を含んでいないので，等加速度直線運動では，時刻 t に関係なく常に成り立ち，物体の速度と移動距離との関係を表している．

> 【例題】 速さ 30 m/s で走行中の車が，急ブレーキをかけ，一定の加速度で減速したところ，50 m 走って停止した．その加速度を求めよ．
> [解答] 式(2.9)より，$0^2 - 30^2 = 2a \times 50$ ∴ $a = -9.0$ m/s^2

ここで，式(2.9)を基にして，「車間距離の問題」について考えてみよう．速さ v_0 の車が止まる($v = 0$)までに走行する距離 s は，$-v_0^2 = 2as$ となるので，v_0^2 に比例して長くなる．

時速 50 km と時速 100 km の車では，ブレーキをかけてから止まるまでの走行距離は，4倍も違う．また，2倍の力で急ブレーキをかけると，止まるまでの走行距離は 1/2 になる．時速 300 km の新幹線は，急ブレーキをかけても 4 km も走行する．

◆◇・ 運動の法則とは，どんなものか ・◇◆

物体には，静止しているものもあれば，直線運動をしたり，曲線運動をしているものもある．さらに直線運動には，等速運動も不等速運動(加速度運動)もある．このような運動形態の違いは，何によって起こるのだろうか．実は，その違いの原因が物体に働く力なのである．

ギリシアのアリストテレスは,「運動している物体には, 絶えず力が働いている」と考えた. 彼の考えによれば, 物体は力が働いている間だけ運動し, 力が働かなくなると, すぐに止まることになる. これに疑問を抱いていたガリレイは, 物体の運動と力の関係について種々の実験を行い, その結果を基にして, ニュートンは次の2つの法則にまとめた.

(1) 慣性の法則

物体に力が働かない限り, 静止している物体はいつまでも静止し, 運動している物体は, いつまでも等速直線運動を続ける. これを運動の第1法則(慣性の法則)という. 慣性とは, 俗にいう惰性(習慣)のことで, 他から力を受けない限り, 物体が同一の運動状態を保とうとする性質をいう. 物体には本来, 静止状態を含めて, その速度を保とうとする性質, つまり慣性が備わっている.

電車が急発進する際に, 人が後方に倒れたり, 急停止の際に前方に倒れるのも, 慣性のためである.

自転車は, この慣性を巧みに利用した乗り物である.

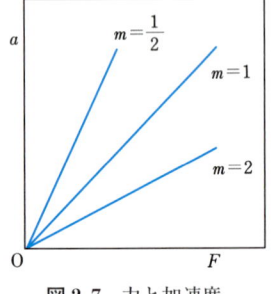

図2.7 力と加速度

物体に同一の力が働いても, 軽い物体は動きやすく, 重い物体は動きにくい. 逆に, 走行中の乗用車は, 急ブレーキをかけても止まりやすいが, ダンプカーは止まりにくい. このことから, 慣性は物体の動きやすさ・動きにくさの度合いを表すので, 質量と同義語に用いられる.

ニュートンより以前までは,「加える力が大きいほど, 速度が速くなる」と信じられてきたが, 運動の法則の発見によって, これが誤りであり,「力は速度の原因ではなく, 加速度の原因, つまり速度変化の原因である.」ことが分かった. 確かに, 物体に加える力が小さいと, 生じる加速度も小さいが, 加速度は小さくても, 時間が経てば速度は速くなる.

(2) 運動の法則

慣性の法則によると, 静止している物体に速度を与えたり, 運動している物体の速さや方向を変化させるには, 物体に力を加えなければならない. 事実, 自転車や自動車を加速する際には, 大きな力でペダルを踏んだり, アクセルを踏んでエンジンパワー(駆動力)をアップしている. 逆に減速する際には, ブレーキをかけて車輪に摩擦力を加えている.

さて, 車はエンジンが大きいほど, 加速性が良い. つまり, 加える力 F が大きいほど生じる加速度 a も大きい(図2.7). 逆に, ブレーキをかける際には, 加える力が大きいほど, 減速の度合いも大きい.

一方, エンジンパワーが同じであっても, 重いダンプカーは軽いレーシングカーより加速性が悪く, 逆に止まりにくい. ニュートンは, まだ車もない17世紀に, 質量 m の物体に加える力 F と生じる加速度の大きさ a との相互関係を調べて, 次のようにまとめた.

物体に力が働くと, 物体は力の向きに加速度を生じ, その加速度の大きさ a は力の大きさ F に比例し, 物体の質量 m に反比例する. これを運動の法則(第2法則)と呼び, 次式で表される.

$$a = \frac{F}{m} \tag{2.10}$$

式(2.10)は微分形で表すと, $d^2s/dt^2 = F/m$, または $dv/dt = F/m$ で表される. 式(2.10)や, これを変形して得られる次式を運動方程式と呼んでいる.

$$F = ma \tag{2.11}$$

【練習】 質量がレーシングカーの10倍もあるダンプカーに，レーシングカーと同じ加速性を持たせるには，パワーが何倍のエンジンを搭載すればよいか． ［答］ 10倍

◆◆ 力の単位のニュートンとは，どんなものか

力の単位には，kgw よりも以下に述べるニュートン(記号 N)を用いることが多い．式(2.11)から分かるように，F は質量 m の物体に，加速度 a を生じさせるような力であり，m と a が大きいほど大きくなる．質量 1 kg の物体に，1 m/s^2 の加速度を生じさせるには，1 kg・1 m/s^2 = 1 kg・m/s^2 の力が必要になる．この 1 kg・m/s^2 のことを 1 N という．

ところで，地上の物体には重力が働いているので，支えを取り去ると，独りでに落下する．落下の加速度は，物体の質量には関係なく一定で，約 9.8 m/s^2 である．これを重力加速度と呼び，記号 g で表す．したがって，質量 m [kg] の物体に働く重力 W [N] は，式(2.11)で $a=g$，$F=W$ とおくと，次式で表され，重力 W は質量 m に比例する．

$$W = mg \qquad (2.12)$$

【例題】 質量 1 kg の物体に働く重力の大きさは，何 N か．
［解答］ 式(2.12)より，$W = 1\,[\mathrm{kg}] \times 9.8\,[\mathrm{m/s^2}] = 9.8\,\mathrm{N}$ ∴ 1 N は約 0.1 kgw(=100 gw) に等しい．

このように，力の単位の N は運動の法則を基にして定めた単位であり，重力とは無関係なので，重力を基にして定めた kgw のように，場所によって異なることはない．

約100gのみかんに働く力が1ニュートンの力なんじゃ．

◆◆ 運動方程式は，どんな意味をもっているか

自然界には，摩擦力や張力，弾性力，重力，万有引力などの力があるが，もし質量 m の物体に働いている力の大きさ F が分かれば，式(2.10)より，① 加速度 $a(=F/m)$ が求まる．そこでこれを時間 t について積分すると，② 速度 $v=v_0+at$ が得られ，さらにこれを積分すると，③ 位置 $s=s_0+v_0t+(1/2)at^2$ が求められる．

したがって，物体の現在 ($t=0$) の位置 s_0 と速度 v_0 を与えると，その後の任意の時刻 t における位置 s と速度 v が，すべて分かる．また，時刻 t に $-t$ を代入すると，過去の位置や速度も分かる．

しかも物体は，大は天体から小は電子に至るまで，何でも構わない．さらに運動は，物体の落下運動や往復運動(振動)，回転運動，天体の複雑な

ニュートンの運動の法則の特徴は「神の支配」を排除し，物体の現在の状態から，過去と未来が正確に予測できる点にある．

これまで長い間，占星術に頼っていた日食や月食の予言も，ニュートンの運動方程式の発見により，その日時と場所が予測できるようになった．

ニュートンの運動方程式は，物体の運動の未来を定める．つまり，何秒後には，どの位置をどんな速度で運動しているかを，すべて決定するので，彼が確立した力学（ニュートン力学）が描く世界観を哲学的には，決定論的世界観と呼んでいる．

そこには，もはや偶然性や確率的な考え方（例えば，雨の確率が80％など）は存在しないのである．

ニュートンの決定論的な考え方は，後世の自然科学や哲学，社会学にも大きな影響を与えている．運勢判断は初期条件の誕生日だけで，その人の一生を運命づける一種の決定論的な考え方である．

しかし，人の運命が，その人の努力や怠惰と関係なく，誕生日だけで決まるだろうか．運勢・姓名判断は物理学的に見ると，非科学的な偽決定論である．

運動など，その種類を問わない．このように式(2.10)は，物体の運動を支配している最も基本的な法則であり，自然科学史上の最大発見の一つである．

ところで物体の運動には，① 直線上の運動や，② 自動車のような平面上の運動，③ 飛行機のような空間での運動があり，それぞれ1次元(x)，2次元(x, y)，3次元(x, y, z)の運動という．① では，力Fと加速度aの関係を表す運動方程式$F = ma$を解けば，時間と位置の関係を示す式$x = f(t)$が得られるので，t秒後の物体の位置xが予測できる．

② では，加速度が力と同じくベクトル量なので，これをx, y成分に分けて考えると，運動方程式$F_x = ma_x$と$F_y = ma_y$が成り立つ．そこで両運動方程式を解けば，それぞれ$x = f(t)$と$y = g(t)$が得られるので，t秒後の物体の位置(x, y)が予測できる．

③ でも，運動方程式$F_x = ma_x$，$F_y = ma_y$，$F_z = ma_z$が成り立つので，それぞれ$x = f(t)$，$y = g(t)$，$z = h(t)$が得られる．

章末問題

問1 ① 100 m を 10 秒で走る人の速さは何 km/h か．② 72 km/h の車の速さは何 m/s か．③ 920 km/h で飛ぶ飛行機の速さは，何マッハか．ただし，1マッハ＝340 m/s（音速）．

問2 一直線上を初速度 10 m/s，加速度 -2.0 m/s^2 で等加速度運動をしている物体がある．初めの点を原点として，次の問いに答えよ．
① t 秒後の速度 v を表す式を求めよ．
② t 秒後の物体の位置 x を表す式を求めよ．
③ この物体の速度が 0 になるのは，何秒後か．
④ この物体が最も右方へ進んだときの距離は，何 m か．

問3 物体が等加速度直線運動をしている．その加速度を求めよ．
① 10 m/s の速度で進行中の物体が，2 秒後には 8 m/s になった．
② 10 m/s の速度で進行中の物体が，2 秒経過する間に 16 m 進んだ．
③ 8 m/s の速度で進行中の物体が，5 m 進む間に 10 m/s になった．

問4 時速 30 km の速さで走行中の車が急ブレーキをかけたところ，20 m 走って止まった．この車が時速 90 km の速さで走行中に，同じ強さのブレーキをかけると，何 m 走って止まるか．

問5 質量 2 t の車が 10 m/s の速さで走行中，急ブレーキをかけたところ，5 m 走って止まった．車に働いた力の大きさを求めよ．

3 重力による運動

重い物も軽い物も，同時に落ちるのは何故か

　物体には，地球の中心に向かう重力が働いているので，手から放すと，物体は鉛直下向きに落下する．落下速度は，重い物が軽い物よりも速くなると，長い間，信じられてきたが，これに疑問を抱いていたガリレイは，17 世紀にピサの斜塔から，大小 2 個の鉄球の落下実験を行い，鉄球は質量の大小に関係なく，同時に落ちることを証明した．

　このことを運動方程式によって説明しよう．落下の際に物体に働く力 F は，重力 mg だけなので，質量の大きな物体ほど大きな重力を受ける．そのため加速度も大きくなるが，逆に式(2.10)から分かるように，質量が大きいと，加速されにくい．

　その結果，力としての重力の影響と，慣性としての質量の影響が相殺するので，落下の加速度 a は，$a = F/m = mg/m = g$ に等しくなり，質量に無関係な値となる．

　このように，物体に重力だけが働いて，静止状態から加速度 g で落下する運動を自由落下という．自由落下では，物体の速度は表 3.1 のように，1 秒間に 9.8 m/s の割合で次第に速くなり，その加速度 g は物体の質量に関係なく一定で，地表面では約 9.8 m/s^2 となる．

　落下速度が物体の質量に関係しないことは，次のような思考実験によっても説明できる．同一質量の A 球と B 球を同時に手放すと，両球の速度は次第に速くなるが，常に等しい．

　いま，落下中の両球を重さのない糸で結んだとすると，質量は 2 倍になるが，落下速度が突然 2 倍になるはずはなく，結ぶ前の落下速度に等しいはずである．

　自由落下では，落下の加速度が物体の質量に関係しないので，落下速度も物体の質量に関係しなくなる．

　紙切れや羽毛のような軽い物体は，空気の抵抗を受けやすいため，鉄球よりも遅く落ちるが，真空にしたガラス管の中で落下実験を行うと，鉄球と同時に落ちる．

表 3.1　自由落下

時　間　t [s]	0	1	2	3	4	5
速　度　v [m/s]	0	9.8	19.6	29.4	39.2	49.0
加速度　a [m/s^2]	9.8	9.8	9.8	9.8	9.8	9.8
落下距離 y [m]	0	4.9	19.6	44.1	78.4	122.5

　さて，エレベーターのロープが切れると，人は図 3.1 のように，エレベーターと一緒に落下するので，体重計には人の重力が作用しなくなる．そのため，人の重さがなくなり，無重力状態になる．これと同じ理屈により，加速度 a で上昇中のエレベーターの中では，体重は $m(g+a)$ に増大し，逆に下降中のエレベーターの中では，体重は $m(g-a)$ に減少する．

図 3.1　エレベーター内での重量

自由落下の際の時間と落下速度，落下距離の関係は？

質量 m の物体が自由落下する際には，次の運動方程式が成り立つ．
$$ma = mg \quad \therefore \quad a = g \qquad (3.1)$$

そこで図 3.2 のように，落下し始めてからの時間を t，速度を v，落下距離を y として，式 (3.1) を時間 t で順次，積分すると，
$$v = gt \qquad (3.2)$$
$$y = \frac{1}{2} gt^2 \qquad (3.3)$$

が得られる．さらに，式 (3.2) と (3.3) から t を消去すると，式 (2.9) に相当した次式が得られる．
$$v^2 = 2gy \qquad (3.4)$$

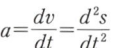

$$a = \frac{dv}{dt} = \frac{d^2 s}{dt^2}$$

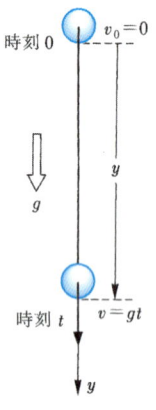

図 3.2　自由落下

【例題】地上 10 m の屋上からボールを自由落下させた．① 何秒で地面に達するか．② そのときの速度を求めよ．

[解答] ① 式 (3.3) より，$t = \sqrt{\dfrac{2h}{g}} = \sqrt{2 \times \dfrac{10}{9.8}} = 1.4$ 秒

② 式 (3.2) より，$v = gt = 9.8 \times 1.4 = 14$ m/s

物体を鉛直方向に投げる（鉛直投射）と，どんな運動をするか

まず，物体を初速度 v_0 で鉛直方向に投げ上げる場合には，図 3.3 のように鉛直上向きを $y>0$ とすると，次の運動方程式が成り立つ．
$$ma = -mg \quad \therefore \quad a = -g \qquad (3.5)$$

そこで，式 (3.5) を時間 t で順次，積分すると，次式が得られる．
$$v = v_0 - gt \qquad (3.6)$$
$$y = v_0 t - \frac{1}{2} gt^2 \qquad (3.7)$$

さらに，式 (3.6) と (3.7) から t を消去すると，式 (3.4) に相当した
$$v^2 - v_0^2 = -2gy \qquad (3.8)$$
が得られる．

次に，物体を初速度 v_0 で鉛直下向きに投げる場合の運動方程式は，
$$ma = mg \quad \therefore \quad a = g \qquad (3.9)$$
で表される．そこで，式 (3.9) を時間 t で順次，積分すると，

式 (3.3) から分かるように，高さ h [m] のところから物体を落とすと，物体は $t = \sqrt{2h/g}$ 秒後に地面に落下し，そのときの速度 v は，式 (3.2) か式 (3.4) から求められる．

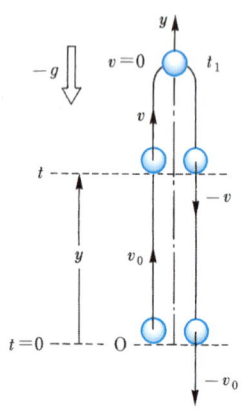

図 3.3　鉛直投げ上げ

式 (3.6) から分かるように，投げ上げた物体の速度は次第に遅くなり，最高点で 0 になった後，物体は自由落下する．

3. 重力による運動

$$v = v_0 + gt \tag{3.10}$$

$$y = v_0 t + \frac{1}{2} g t^2 \tag{3.11}$$

が得られる．さらに，式(3.10)と(3.11)から t を消去すると，式(3.8)に相当した次式が得られる．

$$v^2 - v_0^2 = 2gy \tag{3.12}$$

> 【例題】ボールを真上に初速度 49 m/s で投げ上げた．① ボールは何秒後に最高点に達するか．② 最高点の高さを求めよ．
>
> [解答] ① 最高点では $v=0$ だから，式(3.6)より，$t = \dfrac{v_0}{g} = \dfrac{49}{9.8} = 5.0$ 秒．
>
> ② 最高点では $v=0$ だから，式(3.8)より，$y = \dfrac{v_0^2}{2g} = \dfrac{49^2}{2 \times 9.8} = 1.2 \times 10^2$ m

◆◆ 物体を斜め上方に投げると，どんな運動をするか

図3.4のように，ボールを初速度 v_0 で角度 θ だけ上向きに投げた場合(斜方投射)には，x 方向には力が作用しないので，ボールは慣性により，初速度 $v_0 \cos\theta$ で等速度運動をするが，y 方向には絶えず重力が逆向きに

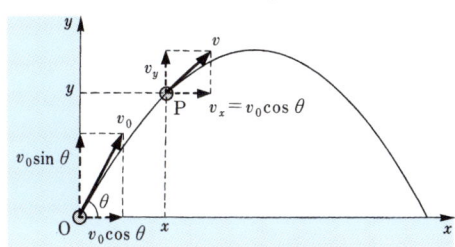

図3.4 斜方投射の運動

斜方投射では，ボールの運動を x 方向と y 方向に分けて考えると理解しやすい．

作用するので，ボールは初速度 $v_0 \sin\theta$ で投げ上げたときと同じになる．そのため，時刻 t におけるボールの速度成分 v_x と v_y は，それぞれ

$$\begin{cases} v_x = v_0 \cos\theta & (3.13) \\ v_y = v_0 \sin\theta - gt & (3.14) \end{cases}$$

で表されるので，時刻 t におけるボールの位置は，両式を積分すると，

$$\begin{cases} x = v_0 \cos\theta \cdot t & (3.15) \\ y = v_0 \sin\theta \cdot t - \dfrac{1}{2} g t^2 & (3.16) \end{cases}$$

となる．両式から t を消去すると，ボールの運動経路を表す式が得られる．

$$y = \tan\theta \cdot x - \frac{g}{2 v_0^2 \cos^2\theta} \cdot x^2 \tag{3.17}$$

式(3.17)より，ボールは放物線を描くことが分かる．

なお，式(3.13)と(3.14)は積分を使うと，次のようにして，運動方程式から直接求められる．

$$\begin{cases} ma_x = 0 & \therefore \quad a_x = 0 \quad ① \\ ma_y = -mg & \therefore \quad a_y = -g \quad ② \end{cases}$$

そこで両式をそれぞれ，初期条件が $t=0$ で $v_x = v_0 \cos\theta$，$v_y = v_0 \sin\theta$ の下で積分すると，それぞれ式(3.13)の $v_x = v_0 \cos\theta$ と式(3.14)の $v_y = v_0 \sin\theta - gt$ が得られる．

ここで，ホームランの打ち方について考えよう．まず，ボールが地上に落ちるまでの時間 t を求めると，ボールが地上に戻るときは，$y=0$ になるので，式(3.16)より，

$$0 = v_0 \sin\theta \cdot t - \frac{1}{2}gt^2 \quad \therefore \quad t = \frac{2v_0 \sin\theta}{g}$$

となる．これを式(3.15)に代入すると，次式が得られる．

$$x = v_0 \cos\theta \cdot t = \frac{v_0 \cos\theta \cdot 2v_0 \sin\theta}{g} = \frac{v_0^2 \sin 2\theta}{g}$$

水平到達距離 x が最大になるのは，$\sin 2\theta = 1$ のとき，つまり $\theta = 45°$ のときである．また，水平到達距離 x はボールの初速度 v_0 の2乗に比例して長くなることが分かる．

【練習】小球を角度 30° の斜めに初速度 49 m/s で打ち上げた．① 小球は何秒後に地面に落下するか．② その水平到達距離は何 m か．
［答］ ① 5.0 秒，② 2.1×10^2 m

物体を水平方向に投げると，どんな運動をするか

ボールを初速度 v_0 で，水平方向に投げる場合（水平投射）には，ボールは図 3.5 のような運動をするが，水平投射は図 3.4 の斜方投射における，$\theta = 0$ に相当するので，時刻 t における速度成分の v_x と v_y は，式(3.13)と(3.14)から，それぞれ次式で表される．

$$\begin{cases} v_x = v_0 & (3.18) \\ v_y = gt & (3.19) \end{cases}$$

両式から，ボールは x 方向には，初速度 v_0 で等速度運動をするが，y 方向には絶えず重力が働いているので，加速度 g で自由落下運動をすることが分かる．したがって，ボールの速さ v と方向 θ は，次式で表される．

$$v = \sqrt{v_x^2 + v_y^2} \tag{3.20}$$

$$\tan\theta = \frac{v_y}{v_x} \tag{3.21}$$

一方，時刻 t におけるボールの位置 (x, y) は，式(3.15)と(3.16)から，

$$x = v_0 t \tag{3.22}$$

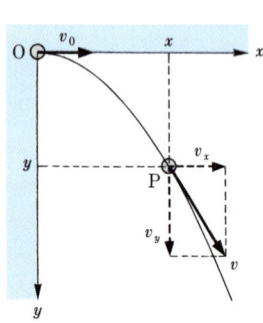

図 3.5 水平投射の運動

$$y = \frac{1}{2}gt^2 \tag{3.23}$$

で表され，両式から t を消去すると，ボールの運動経路は次式で表される．

$$y = \frac{g}{2v_0^2}x^2 \tag{3.24}$$

式(3.24)は原点を通る放物線の式であるので，このように放物線を描く運動を放物運動という．

【練習】速さ 98 m/s で水平飛行中のジェット機から，小球を落としたところ，海面に角度 45°で落下した．① ジェット機の高さは何 m か．② 小球の水平到達距離は何 m か．

[答] ① 4.9×10^2 m, ② 9.8×10^2 m

◆◆◆ 物体が空気の抵抗力を受けながら落下すると，どうなるか

上述の落下運動では，現象を簡略化するため，空気の抵抗力を無視してきたが，実際には，これを無視できない．一般に空気の抵抗力は，物体の速さがあまり高くないときは，その速さに比例（比例定数 k）し，物体の運動方向と逆向きに働くので，落下の運動方程式は

$$ma = mg - kv \tag{3.25}$$

で表される．自由落下では，落下速度 v は時間とともに大きくなるが，例えば雨滴の落下のように，空気の抵抗力が働く場合には，v が大きくなると，抵抗力 kv も増大するので，加速度は減少する．やがて，抵抗力 kv が重力 mg に等しくなり，加速度が 0 になるので，雨滴は一定の速度 v_t で落下する．図 3.6 は，雨滴が空気の抵抗力を受けながら落下するときの，速度の変化を示したもので，v_t は終端速度と呼ばれ，式(3.25)の左辺を 0 と置くと求まる．

$$v_t = \frac{mg}{k} \tag{3.26}$$

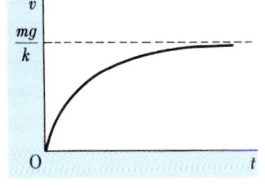

図 3.6 雨滴の落下速度

◆◆◆ 物体が斜面を滑り落ちると，どうなるか

まず，物体を摩擦のない斜面に載せたときの運動を考えてみよう．図 3.7 から分かるように，質量 m の物体が滑り落ちる方向に働く力 F は，$F = mg\sin\theta$ となるので，次の運動方程式が成り立つ．

$$ma = mg\sin\theta \quad \therefore \quad a = g\sin\theta \tag{3.27}$$

したがって，物体は $v = g\sin\theta \cdot t$ で滑り落ちることが分かる．

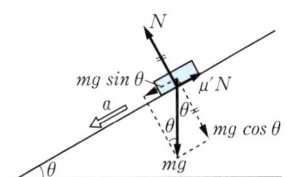

図 3.7 摩擦のある斜面上の運動

物体が摩擦のない斜面を滑り落ちる運動は，自由落下に比べて，重力加速度の g が，$g\sin\theta$ に低下した運動に相当することが分かる．

次に，物体が粗い斜面を滑り落ちる運動の加速度を求めてみよう．斜面から物体に働く垂直抗力 N は，重力の斜面に垂直な成分 $mg\cos\theta$ とつり合うので，物体の底面と斜面の間の動摩擦係数を μ' とすると，次の運動方程式が成り立つ．

$$ma = mg\sin\theta - \mu' N = mg\sin\theta - \mu' mg\cos\theta$$
$$\therefore\ a = g(\sin\theta - \mu'\cos\theta) \qquad (3.28)$$

仮に，μ' が大き過ぎて，$\sin\theta - \mu'\cos\theta \leqq 0$，つまり $\sin\theta \leqq \mu'\cos\theta$，したがって $\mu' \geqq \tan\theta$ となると，物体が斜面を滑り落ちることはない．

【練習】 長い板に質量 m の物体を載せ，板を徐々に傾けたところ，傾き角が $30°$ のとき，物体は滑り始め，傾き角が $45°$ のとき，物体は一定の加速度 $3.5\,\mathrm{m/s^2}$ で滑り降りた．静止摩擦係数 μ と動摩擦係数 μ' を求めよ．

[答] $\mu = 0.58$, $\mu' = 0.50$

章末問題

問 1 体重 $50\,\mathrm{kgw}$ の人が，上昇中のエレベーターの中で体重を測定したところ，体重計は $60\,\mathrm{kgw}$ を示した．エレベーターの加速度を求めよ．

問 2 高さ $h\,[\mathrm{m}]$ のビルからボールを落としたところ，t_1 秒で地面に着いた．高さ $2h$ のビルから落とすと，その何倍の時間で着くか．

問 3 速さ $100\,\mathrm{m/s}$ で，$1960\,\mathrm{m}$ の上空を水平飛行中の飛行機から，地上の目標地に物体を投下したい．目標地の何 m 手前で投下すればよいか．

問 4 初速度 v_0 で，ボールを水平面と角度 θ の向きに投げ上げた．ボールが最高点に達するまでの時間 t_1 と最高点の高さ h_m を求めよ．

問 5 高さ $h\,[\mathrm{m}]$ の位置にある物体が，傾き角度 θ の斜面に沿って滑り落りるとき，地上に達するまでの時間は何秒か．

4 円運動と万有引力

角速度とは，どんなことか

メリーゴーランドや CD などのように，一定の速さで回転している運動を等速円運動という．図 4.1(a) のように，半径 r [m] の円盤の縁の点 P が，t [s] 間に進む角度を θ [rad, ラジアン] とすると，1 秒間当たりの回転角 ω [rad/s] は，次式で表される．ω (オメガ) を角速度という．

$$\omega = \frac{\theta}{t} \tag{4.1}$$

なお，同図 (b) のように半径 r の円で，長さ l の弧に対する中心角を θ とするとき，次式により角度 θ の大きさを表す方法を「弧度法」という．

$$\theta = \frac{l}{r} \quad (\therefore \quad l = r\theta) \tag{4.2}$$

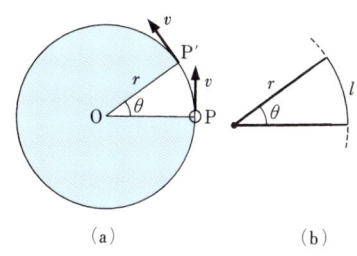

図 4.1 等速円運動の速度

角速度は一般の直線運動の速度に相当する．

【例題】 弧度法では，角度の単位にラジアンを使うが，1 [rad] は何度か．

［解答］ 360°を弧度法で表すと，式 (4.2) より，$\theta = \dfrac{l}{r} = \dfrac{2\pi r}{r} = 2\pi$ [rad] になる．したがって，180° = π [rad]　∴　1 [rad] ≒ 57°

弧度法の θ を使うと，円運動の速さ v [m/s] は式 (4.1) と (4.2) より，

$$v = \frac{\Delta l}{\Delta t} = \frac{\Delta (r\theta)}{\Delta t} = \frac{r\Delta \theta}{\Delta t} = r\omega \tag{4.3}$$

で表されるが，この式は次のようにしても求められる．

円盤が 1 秒間に 1 回転すると，点 P は 2π ラジアン (= 360°) 進むので，1 秒間に n 回転する場合には，その角速度 ω は次式で表される．

$$\omega = 2\pi n \tag{4.4}$$

一方，円盤が 1 秒間に 1 回転すると，点 P は距離にして $2\pi r$ 進むので，1 秒間に n 回転する場合には，速さ v は次式で表される．

$$v = 2\pi r n = r 2\pi n = r\omega \tag{4.3}$$

式 (4.3) から分かるように，メリーゴーランドでは，円盤の回転数 n が高いほど，半径 r の大きな外側の馬ほど，円運動の速さ v は速くなる．

周期とは，どんなことか

月は自転も公転も周期は，約27日である．

物体が1回転に要する時間を周期という．例えば，地球の自転の周期は24時間で，公転の周期は365日である．円運動では，物体が1回転すると$2\pi r$進むので，その速さvと物体が1回転に要する時間，つまり周期T [s] の間には，$T=2\pi r/v$の関係が成り立つ．

そこで，この式に式(4.3)と(4.4)を代入すると，

$$T = \frac{2\pi r}{v} = \frac{2\pi}{\omega} = \frac{1}{n} \tag{4.5}$$

回転数の単位の [回/s] には，ヘルツ(Hz)が使われる．

が得られるので，周期Tは回転数nの逆数に等しいことが分かる．

【練習】 半径2.0 mの円周上を，5.0秒間に20回転の割合で等速円運動をしている物体がある．① 回転数，② 周期，③ 角速度，④ 速度を求めよ．
[答] ① $n=4$ Hz, ② $T=0.25$ 秒, ③ $\omega=25$ rad/s, ④ $v=50$ m/s

向心力とは，どんなものか

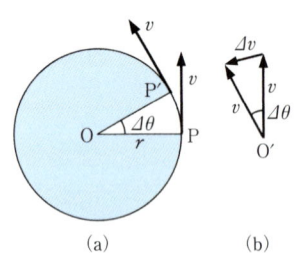

図4.2 等速円運動の加速度

図4.2(a)ように，糸の先端に重りPを取り付け，水平面内で等速円運動をさせると，速さは変わらないが，運動の方向が刻々と変わるので，速度は絶えず変化する．つまり，加速度が存在する．

そこで，その大きさを求めよう．いま，点PがΔt秒後に点P'に進んだとすると，その間の速度変化は，点Pと点P'における速度ベクトルの変化に等しい．これは，同図(b)の点O'から両速度に平行に引いた速度ベクトルの差Δvにほかならない．速度の変化Δvの大きさは$v\Delta\theta$に等しく，また，その向きは，Δt秒がきわめて短いので，円の中心を向く．したがって，加速度は常に円の中心に向かい，その大きさaは

$$a = \frac{\Delta v}{\Delta t} = \frac{v\Delta\theta}{\Delta t} = v\omega \tag{4.6}$$

で表される．この式に式(4.3)を代入すると，次式が得られる．

$$a = v\omega = r\omega^2 = \frac{v^2}{r} \tag{4.7}$$

円運動の加速度aを向心加速度という．重りに等速円運動を続けさせるには，糸はおもりを絶えず中心に向かう力で引っ張らねばならないので，この種の力を向心力と呼び，おもりの向きを変える働きをする．

したがって，質量mの物体を角速度ω，速度vで等速円運動をさせるに必要な向心力の大きさF [N] は，運動方程式より次式で表される．

$$F = mr\omega^2 = m\frac{v^2}{r} \tag{4.8}$$

4. 円運動と万有引力

【例題】 質量 100 g の小球が半径 20 cm の円周上を，1 秒間に 5 回転の割合で等速円運動をしている．① 小球の加速度，② 小球に働く向心力の大きさを求めよ．

［解答］ ① 式(4.7)より，$a = r\omega^2 = 0.20 \times (2\pi \times 5)^2 = 0.20 \times 100 \times \pi^2 = 200$ m/s². ② 式(4.8)より，$F = mr\omega^2 = 0.10 \times 200 = 20$ N

式(4.3)と(4.7)は微分を使うと，次のようにして簡単に導くことができる．物体が半径 r の円周上を一定の角速度 ω で円運動をするとき，t 秒間に進む角は式(4.1)より，$\theta = \omega t$ となるので，物体の運動を x 方向と y 方向に分けて考えると，次式が成り立つ．

$$\begin{cases} x = r\cos\theta = r\cos\omega t & ① \\ y = r\sin\theta = r\sin\omega t & ② \end{cases}$$

両式を t で微分すると，速度の x 成分 v_x と y 成分 v_y が得られる．

$$\begin{cases} v_x = -r\omega\sin\omega t & ③ \\ v_y = r\omega\cos\omega t & ④ \end{cases}$$

したがって，速度の大きさ v は，$v = \sqrt{v_x^2 + v_y^2} = r\omega$ となる．さらに，③と④を t で微分すると，加速度の x 成分と y 成分が得られる．

$$\begin{cases} a_x = -r\omega^2 \cos\omega t & ⑤ \\ a_y = -r\omega^2 \sin\omega t & ⑥ \end{cases}$$

したがって，加速度の大きさ a は，$a = \sqrt{a_x^2 + a_y^2} = r\omega^2$ となる．

◆◆◆ 遠心力とは，どんなものか ◆◆◆

電車やバスが急発進するとき，後方に引かれる力を受けたように感じる．これは慣性に基づく見かけの力なので，慣性力という．エレベーターが急上昇する際に受ける下向きの力や，等速円運動をしている円盤上で受ける外向きの力が慣性力である．円運動の際に現れる慣性力を遠心力という．その大きさは式(4.8)で表される．

車が急カーブするとき，人が外向きの力を受けるのも，宙返りジェットコースターから人が落ちないのも，電気洗濯機の脱水機で脱水できるのも，雨傘を回すと雨滴が飛び散るのも，遠心力のためである．

質量の異なる物質を分離する遠心分離機も，この遠心力を利用したものである．

◆◆◆ 万有引力とは，どんなものか ◆◆◆

ニュートンは落体の運動のほかに，月や惑星の運動について研究し，宇宙にあるすべての物体の間には，引力が働いていることを発見(1665年)した．万有引力とは，この引力のことである．図4.3のように，2物体の

宇宙にあるすべての物体のことを万物，または万有という．

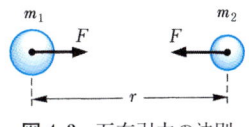

図 4.3 万有引力の法則

質量を m_1 [kg], m_2 [kg], その間の距離を r [m] とすると, 万有引力の大きさ F [N] は両質量の積に比例し, 距離の 2 乗に反比例するので,

$$F = G \frac{m_1 m_2}{r^2} \tag{4.9}$$

で表される. これを万有引力の法則という. 比例定数 G は万有引力定数と呼ばれ, 最近の精密な測定によると, $G = 6.673 \times 10^{-11}$ N·m²/kg² である. このように, 万有引力定数は極めて小さいので, 一般に万有引力は微弱である. そのため, 地上にいる質量 60 kg の 2 人がくっつくことはあり得ないが, 質量が 60 kg の人と地球との間に働く万有引力は, 地球の質量が巨大なので桁違いに大きく, 588 N (= 60×9.8) にもなる. そのため, 人は地球に引っ張られる.

【例題】 質量 60 kg の 2 人が 1 m 離れているとき, その間に働く万有引力の大きさを求めよ.

[解答] 式(4.9)より, $F = \dfrac{6.673 \times 10^{-11} \times 60 \times 60}{1^2} = 2.40 \times 10^{-7}$ N

万有引力の法則の発見は, それまで神秘的に考えられていた天体の運動と地上での落下運動が, 同じ法則によって支配され, それらを統一的に説明できることを示した. そのため科学史上, 最大発見の一つと云われる.

潮汐(潮の満ち引き)現象は, 主として月の引力によって生じる.

◆◆◆ 重力とは, どんなものか ◆◆◆

地上の物体が, 地球から受ける万有引力を重力という. 重力の大きさ F は, 物体の質量を m, 地球の半径を r, その質量を M とすると,

$$F = G \frac{mM}{r^2} \tag{4.10}$$

で表される. この力 F が物体に働く重力 mg にほかならない. 物体が落下するのも, この力が物体に絶えず働いているためである. したがって,

$$mg = G \frac{mM}{r^2} \quad \therefore \quad g = \frac{GM}{r^2} \tag{4.11}$$

が成り立つ. このように, 重力加速度 g は地球と物体との間に働く万有引力に基づくものであり, 地球の半径 r と質量 M によって決まってくる. 地球は厳密には, 南北方向に扁平な楕円体であり, しかも自転に伴う遠心力の影響もあるので, g の値は場所によって異なる. 赤道上では最小で, 両極に近いほど大きくなるが, 平均 9.8 m/s² である.

重力は正確には, 万有引力と遠心力の合力になるが, 遠心力の寄与は万有引力の高々 1/300 なので, 無視してよい.

4. 円運動と万有引力

【練習】 地球の半径を $r=6.4\times10^6$ m，地表面での重力加速度の大きさを $g=9.8$ m/s^2，万有引力定数を $G=6.7\times10^{-11}$ N·m^2/kg^2 として，地球の質量 M を求めよ。　　　[答]　6.0×10^{24} kg

地球の質量は 6.0×10^{24} kg なので，地球を球としてその密度を求めると，5.5 g/cm^3 となる．これは，地殻の岩石の平均密度 2.6 g/cm^3 に比べて大き過ぎるので，地球の中心部は，Fe や Ni などの高密度の元素で構成されていると思われる．

ところで，重力加速度の大きさは，式(4.11)から分かるように，地表面から離れるに伴って小さくなる．図 4.4 のように，高度 h [m] の地点の重力加速度の大きさ g_h は，式(4.11)より，次式で表される．

$$g_h = \frac{GM}{(r+h)^2} = \frac{GMr^2}{r^2(r+h)^2} = g\left(\frac{r}{r+h}\right)^2 \tag{4.12}$$

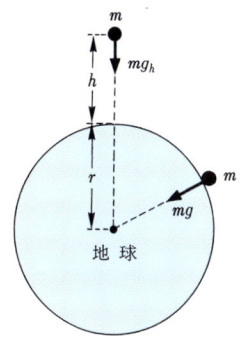

図 4.4　重力加速度の変化

◆·◆ 人工衛星はなぜ，回るか ◆·◆

図 4.5 のように高い塔からリンゴを落とすと，リンゴは自由落下するが，水平方向に投げると，慣性運動に重力の作用が加わるため，放物線を描きながら地面に落下する．初速度を大きくすると，到達地点は遠くなる．初速度が 7.9 km/s になると，いくら落下しても到達する地面がないので，ついにリンゴは，地球の引力によって絶えず曲げられながら，地表面に沿って回り続ける．これが人工衛星の原理である．

ここで，地表面すれすれに飛ぶ人工衛星の速さ v を求めてみよう．人工衛星は重力を向心力として，地球の周りを円運動しているので，人工衛星の質量を m，地球の半径を r，重力加速度を g とすると，式(4.8)より

$$mg = m\frac{v^2}{r} \quad \therefore \quad v=\sqrt{gr} \tag{4.13}$$

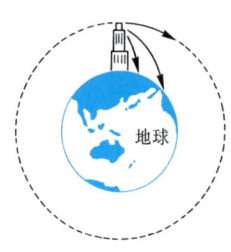

図 4.5　人工衛星の原理

月は地球の引力によって落ちてこないか，と心配する人もいるが，それは杞憂に過ぎない．月も高速度で投げられたリンゴと同じく，地球の引力によって絶えず落下し続けながら，地球の周りを回っているのである．

が成り立つ．そこで，この式に g と r の値を使って計算すると，$v=7.9$ km/s となる．これを第 1 宇宙速度という．また，第 1 宇宙速度で飛ぶ人工衛星の周期 T は，式(4.5)の v に式(4.13)を代入すると，次式で表されるので，g と r の値を使って計算すると，$T=1$ 時間 25 分になる．

$$T = \frac{2\pi r}{v} = 2\pi\sqrt{\frac{r}{g}} \tag{4.14}$$

【練習】 地表面での重力加速度の大きさを $g=9.8$ m/s^2，地球の半径を $r=6.4\times10^6$ m として，人工衛星の第 1 宇宙速度と周期を求めよ．　　　[答]　7.9 km/s，1.41 時間

【例題】 人工衛星が高度 h の円軌道を飛ぶときの速さ v と周期 T を求めよ．

[解答] まず，式(4.13)の g として式(4.12)を代入する一方，r として $r+h$ を代入すると，速さ v は次式で表される．

$$v = \sqrt{g\left(\frac{r}{r+h}\right)^2 \cdot (r+h)} = r\sqrt{\frac{g}{r+h}} \tag{4.15}$$

次に，式(4.14)の v として式(4.15)を代入する一方，r として $r+h$ を代入すると，周期 T は次式で表される．

$$T = \frac{2\pi(r+h)}{r\sqrt{g/(r+h)}} = \frac{2\pi\sqrt{(r+h)^3}}{r\sqrt{g}} \tag{4.16}$$

このように，人工衛星の速さと周期は高度によって異なる．高度 3.6×10^4 km の赤道上に人工衛星を打ち上げると，その周期が地球の自転の周期($=24$ 時間)と同じになるので，相対的に動かず，静止して見える．これが静止衛星であり，放送・通信・気象衛星として利用されている．

人工衛星は図4.6のように，初速度 7.9 km/s で打ち上げると，円軌道を描くが，初速度が 7.9～11.2 km/s では楕円軌道を描く．11.2 km/s(第2宇宙速度)を越えると，地球の引力圏から脱出する．さらに 16.7 km/s (第3宇宙速度)を越えると，太陽の引力圏から脱出する．

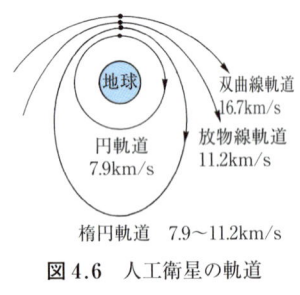

図4.6 人工衛星の軌道

章末問題

問1 長さ 0.8 m の糸の一端に質量 0.20 kg のボールをつけ，他端を中心にして水平に，5秒間に8回転させた．
① ボールの角速度を求めよ．
② ボールの速さを求めよ．
③ 加速度の大きさを求めよ．
④ 糸がボールを引く力の大きさを求めよ．

問2 半径 100 m のカーブを 36 km/h の速さで走行中の電車の中で，質量 50 kg の人が受ける遠心力の大きさを求めよ．

問3 月の質量を 7.3×10^{22} kg，半径を 1.7×10^6 m，万有引力定数を $G = 6.7 \times 10^{-11}$ N·m²/kg² として，月面上での重力加速度の大きさ g を求めよ．

問4 地球の質量を m_1，太陽の質量を $m_2 = 2.0 \times 10^{30}$ kg，万有引力定数を $G = 6.7 \times 10^{-11}$ N·m²/kg²，両天体間の距離を $r = 1.5 \times 10^{11}$ m として，① 地球が太陽の周りを回る公転の速さ v，② 周期を求めよ．

問5 地表面での重力加速度を $g = 9.8$ m/s²，地球の半径を $r = 6.4 \times 10^6$ m，静止衛星の高さを 3.6×10^7 m として，その速さと周期を求めよ．

5 仕事やエネルギーとは，何だろう

◆◆・ 仕事とは，どんなことか ・◆◆

　私たちは日常なにげなく，「仕事をしたので疲れた」というが，物理学や工学の世界では，物体に力を加えて動かしたとき，「仕事をした」という．力を加えても，物体が動かなければ，仕事をしたとは云わない．したがって，重い荷物を持って，ただ立っているだけでは，仕事をしたことにはならない．

　仕事をする際，加えた力が大きいほど，動かした距離が長いほど疲れることから，仕事（または仕事量）W は次式のように，力 F [N] と力の向きに動いた距離 s [m] との積で定義され，単位にはジュール [J] を用いる．

$$W = Fs \tag{5.1}$$

　物体に 1 N の力を加えて 1 m 動かすには，上式より 1 N・1 m = 1 N・m の仕事が必要になる．この 1 N・m のことを 1 J という（1 N・m = 1 J）．仕事の単位には，J のほかにも kgw・m が用いられる．1 kgw・m は，1 kgw の力を加えて 1 m 動かしたときの仕事で，9.8 J に等しい．

> 【例題】 重量挙げの選手が 100 kg のバーベルを 1.8 m 持ち上げた．バーベルに対してなした仕事は何 J か．また，それは何 kgw・m か．
> [解答] $W = Fs = 100 \times 9.8 \times 1.8 = 1.76 \times 10^3$ J = 180 kgw・m

　図 5.1 のように，力 F と物体の移動方向が角 θ をなす場合には，仕事 W は，移動方向の力の成分 $F\cos\theta$ と移動距離 s との積で表される．

$$W = Fs\cos\theta \tag{5.2}$$

　上式から分かるように，質量 m [kg] の物体を重力 F に逆らって，鉛直上向きに h [m] 持ち上げるときの仕事 W [J] は，次式で表される．

$$W = Fh = mgh \tag{5.3}$$

◆◆・ 仕事の原理とは，どんなことか ・◆◆

　斜面や動滑車などの道具を使うと，小さな力で重い物を動かすことができる．例えば，図 5.2 のような摩擦のない斜面を使うと，物体を引き上げ

---

1 N・m = 1 J なので，1 N の力で 10 m 動かしても，10 N の力で 1 m 動かしても，仕事量は 10 J になる．

1 kgw・m = 9.8 J

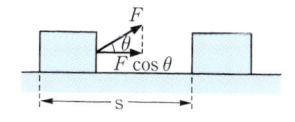

図 5.1 力 F のなした仕事

式 (5.2) は，F と力の向きに動いた距離 $s\cos\theta$ との積と考えてもよい．なお，移動方向に垂直な力の成分 $F\sin\theta$ は，仕事には結び付かない．

重量物を持って水平方向に運んでも，仕事をしたことにはならない．

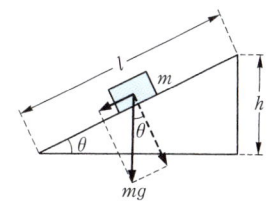

図 5.2 仕事の原理

坂道を自転車で登るとき，ジグザグに進むと軽いのも，これと同じ理屈である．

木ネジやボルト・ナット，ジャッキ，変速型自転車，てこ，爪切りなどは，この原理を利用したものである．

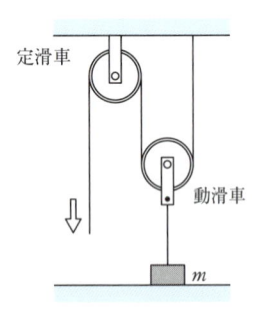

るに必要な力は $mg\sin\theta$ となり，mg よりは小さくなるが，物体を高さ h だけ引き上げるには，$l = h/\sin\theta$ だけ動かさねばならず，移動距離は却って長くなる．そのため，仕事は $mg\sin\theta \cdot (h/\sin\theta) = mgh$ となり，斜面を使わないときと変わらない．

動滑車を使うと，引く力は 1/2 になるが，移動距離が 2 倍になるので，仕事量は変わらない．このように道具を使えば，力では得するが，距離で損をするので，仕事量は同じである．これを仕事の原理という．

> 【例題】 図のように，質量 m [kg] の物体を定滑車と動滑車を使って，高さ h [m] まで持ち上げるに要する仕事は，いくらか．
> [解答] 動滑車の「ひも」に働く張力 F は，$F = mg/2$ になるので，物体を引き上げるに要する力は，直接持ち上げるときの半分ですむ．しかし，物体を h だけ引っ張り上げるには，左右の「ひも」をそれぞれ h だけ上げねばならないので，定滑車に掛かる「ひも」を合計 $2h$ も引かねばならない．
> したがって，仕事量は $W = (mg/2) \times 2h = mgh$ となるので，物体を直接持ち上げるときと同じになる．

仕事率とは，どんなことか

人や機械が仕事をする際，同一量の仕事をするにしても，短時間ですむこともあれば，長時間かかることもある．そこで仕事の速さは，1 秒間当たりの仕事量で表し，これを仕事率（power）という．W [J] の仕事を t [s] 間でするとき，その仕事率 P は次式で表される．

仕事率のことを出力とも呼ぶ．

$$P = \frac{W}{t} \tag{5.4}$$

なお，この式に式(5.1)を代入すると，仕事率は P は次式で表される．

$$P = \frac{W}{t} = \frac{Fs}{t} = Fv \tag{5.5}$$

表 5.1 いろいろなものの仕事率 [HP]

人，扇風機	0.05
自転車	0.7～7
オートバイ	5～12
10 トントラック	390
ベンツ「S クラス」	612
レーシングカー「F-1 マシン」	700
新幹線のぞみ号（16 両，700 t）	24,700
高速長距離フェリー「すずらん」号（17,300 t）	63,900
日航ジャンボ旅客機（394 t）	122,000
原子力発電（100 万 kW）	1,340,000
H2 ロケット（260 t）	1,900,000

5. 仕事やエネルギーとは，何だろう

仕事率の単位には，ワット(W)を用いる．1秒間に1Jの仕事をすると，仕事率は1J/sになるが，この1J/sを1Wという(1J/s＝1W)．仕事率の単位には，Wのほかにも，kgw·m/sや馬力(horse power, HP)が使われる．馬1頭の仕事率は約1HPに相当し，次の関係が成り立つ．

$$1\,\mathrm{HP} = 746\,\mathrm{W} \fallingdotseq 76\,\mathrm{kgw \cdot m/s}$$

表5.1に，身近な機械の馬力を示した．

ところで仕事量の単位には，Jのほかにも kWh(kW時)も使われる．1 kWhは，1kWの仕事率で1時間の仕事をしたときの仕事量のことなので，$1\,\mathrm{kWh} = 10^3\,\mathrm{W} \times 3.6 \times 10^3\,\mathrm{s} = 3.6 \times 10^6\,\mathrm{W \cdot s} = 3.6 \times 10^6\,\mathrm{J}$ に等しい．

> 1HPは，質量76kgの物体を1秒間に1m持ち上げるようなパワーを意味する．2HPのエンジンは，76kgのものを1秒間に2m持ち上げ，あるいは152kgのものを1秒間に1m持ち上げる．

> kWhはJより計算が簡単なので，電力量の単位として広く用いられている．(p.142を参照)

【練習】2kWのクーラーを4時間使うと，消費電力量はいくらか．

［答］ 8kWh

◆◆・ エネルギーとは，どんなものか ・◆◆

エネルギーとは，仕事をする能力・可能性のことである．例えば，風は風車を回し，高い所にある水は水車を回すことができる．このように，運動している物体や高い所にある物体は，仕事をする能力を有するので，エネルギーを持っているという．エネルギーは本質的には，仕事と同じなので，その単位にはJを用いる．

エネルギーには，表5.2のように，いろいろな種類がある．運動エネルギーとは，運動している物体が持っているエネルギーのことで，位置エネルギーとは，高い所にある物体が持っているエネルギーのことである．新幹線は電気を，自動車はガソリンを，動物は食物をエネルギー源にしている．自動車と動物は，ガソリンや食物が持っている化学エネルギーを利用して，燃焼の際に生ずる熱エネルギーによって仕事をする．

> エネルギー(Energie)はドイツ語である．英語では，エナージ(energy)という．

表5.2 エネルギーの種類

| 運動エネルギー |
| 位置エネルギー |
| 電気エネルギー |
| 化学エネルギー |
| 熱エネルギー |
| 電磁波のエネルギー |
| 原子力エネルギー |

◆◆・ 運動エネルギーとは，どんなものか ・◆◆

自動車が塀に衝突すると，塀は壊れる．また，勢いよく流れている水は，水車を回転させる．このように，運動している物体が有するエネルギーを運動エネルギー(kinetic energy)という．運動エネルギー K [J]は，物体の質量 m [kg]と速さ v [m/s]が大きいほど大きく，

$$K = \frac{1}{2}mv^2 \qquad (5.6)$$

で表されるが，この式は次のようにして導くことができる．運動している物体が有するエネルギーは，速さvの物体が止まるまでになした仕事量に

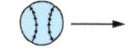

等しく，それは逆に，静止している物体に一定の力を加えて，速さが v になるまでに物体になした仕事量に等しいはずである．いま，質量 m の物体に一定の力 F を加えて，物体が静止位置から距離 s だけ進んで，速さが v になったとすると，物体になされた仕事 W は次式で表される．

$$W = Fs \qquad ①$$

また，その力 F によって生じた加速度を a とすると，次式が成り立つ．

$$F = ma \qquad ②$$

一方，速さ v と加速度 a と距離 s の間には，式(2.9)と同形の次式が成り立つ．

$$v^2 = 2as \qquad ③$$

そこで，①式に②，③式を代入して a を消去すると，式(5.6)が得られる．

$$W = Fs = ma\frac{v^2}{2a} = \frac{1}{2}mv^2$$

式(5.6)は，微積分を使うと，次のように簡単に求められる．

$$K = \int F ds = \int m\frac{dv}{dt} v\, dt = m\int v dv = \frac{1}{2}mv^2$$

【練習】質量 2.0 kg の物体を初速度 2.5 m/s で，粗い水平面を滑らせたところ，2.0 m 滑ったときの速さが 1.5 m/s であった．その間に，摩擦によって失われた物体の運動エネルギーは，何 J か．

[答]　4.0 J

◆◆・ 位置エネルギーとは，どんなものか ・◆◆

ダムの水は地表にある水より，エネルギーを持っているので，水車を回して仕事をすることができる．このように，高い所にある物体が有するエネルギーを，重力による位置エネルギー(potential energy)という．位置エネルギー U は物体の質量を m，高さを h とすると，式(5.3)と同じく

$$U = mgh \qquad (5.7)$$

で表される．地表から高い所へ物体を運ぶには，重力に逆らって仕事をしなければならないが，その仕事に相当するエネルギーが物体に蓄えられたものが，重力による位置エネルギーである．

水力発電所
高い所にある水は，落下して発電機の水車をまわす．

potential(ポテンシャル)とは，可能性や潜在力のことである．

【練習】質量 1 トンのエレベーターを，地下 10 m の位置から地上 40 m の屋上まで上昇させるに必要なエネルギーを求めよ．

[答]　4.9×10^5 J

5. 仕事やエネルギーとは，何だろう

位置エネルギーには，このほか，ばねの弾性エネルギーがある．これは図 1.3 に示したように，ばねを引き伸ばすときになした仕事が，ばねに蓄えられたものであり，弾性力による位置エネルギーともいう．弾性力による位置エネルギー U は，ばね定数を k，伸びを x とすると，

$$U = \frac{1}{2}kx^2 \tag{5.8}$$

で表されるが，この式は次のようにして導くことができる．式(1.3)のフックの法則によると，ばねを x だけ引き伸ばすに必要な力 F は，元に戻ろうとする力（ばねの弾性力）に等しく，$F = kx$ で表される．

ところが，力 F は伸びに伴って 0 から最大値の kx まで直線的に増加するので，その平均値は $F = kx/2$ になることから，ばねを引き伸ばす際の仕事 W は，$W = Fx = (kx/2) \cdot x = kx^2/2$ になる．

ばねを引き伸ばす際の仕事 W は，$W = Fx = kx \cdot x = kx^2$ になると思われるが，それは誤りである．

> 式(5.7)は微積分を使うと，次のように簡単に求められる．
> $$U = \int_0^x F dx = \int_0^x kx dx = \frac{1}{2}kx^2$$

◆◆◆ 力学的エネルギー保存の法則とは，どんなものか ◆◆◆

物体が持っている位置エネルギー U と運動エネルギー K の和を，力学的エネルギー E という．図 5.3 のように，質量 m の物体が点 A から，自由落下する際の力学的エネルギーについて考えてみよう．物体が高さ h_1 の点 B を通過するときの速さを v_1，高さ h_2 の点 C を通過するときの速さを v_2 とすると，等加速度運動の式(2.9)より，

$$v_2^2 - v_1^2 = 2g(h_1 - h_2)$$

が成り立つので，両辺に $m/2$ を掛けると，次式が得られる．

$$\frac{1}{2}mv_2^2 - \frac{1}{2}mv_1^2 = mgh_1 - mgh_2$$

左辺は運動エネルギーの増加分を表し，右辺は位置エネルギーの減少分を表しているので，落下に伴って減少した位置エネルギーが，運動エネルギーの増加分に変換していることが分かる．したがって，上式から次式が

$$mgh_1 + \frac{1}{2}mv_1^2 = mgh_2 + \frac{1}{2}mv_2^2 \tag{5.9}$$

得られる．この式の左辺は点 B の位置エネルギー U と運動エネルギー K の和，つまり力学的エネルギーを表し，右辺は点 C の力学的エネルギーを表しているので，力学的エネルギーは常に一定に保たれることが分かる．

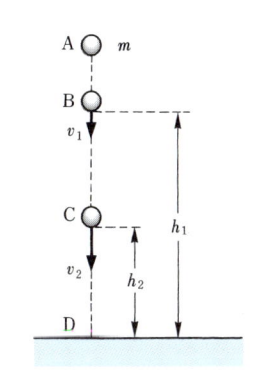

図 5.3 落下運動と力学的エネルギーの保存

このことを力学的エネルギー保存の法則と呼び，次式で表す．
$$U + K = E (一定) \tag{5.10}$$

いま，図 5.3 の点 A の高さを H [m]，物体が点 D に達する直前の速さを V [m/s] として，この法則を点 A と点 D に適用すると，$mgH + 0 = 0 + (1/2)mV^2$ が成り立つ．したがって，これを解けば，式(3.4)と同式の $v = \sqrt{2gH}$ が得られる．

エネルギー保存の法則は，自然界を支配している大原理であり，重力についてだけでなく，ばねの弾性力についても成り立つ．ばねの場合は，式(5.7)が式(5.8)に入れ替わるだけである．

摩擦や空気の抵抗を伴う運動では，熱が発生するので，力学的エネルギー保存の法則は成り立たない．それは，摩擦や空気の抵抗があると，力学的エネルギーの一部が熱エネルギーに変わるためである．重力や弾性力のように，力学的エネルギーが常に保存されるような力を，保存力という．

ジェットコースターが，高い所から下降して最大速度に達した後，再び元の所に戻るのも，このエネルギー法則で説明できる．

保存力に対して，摩擦力や空気の抵抗力を非保存力という．

章末問題

問1 水力発電は，ダムの水の位置エネルギーを水車の運動エネルギーに変え，それをさらに電気エネルギーに変えている．いま，落差が 100 m のダムから，毎秒 10 トンの水を落として発電すると，得られる電気エネルギーの仕事率(パワー)は何 kW か．

問2 摩擦のある水平面において，物体を初速 7.0 m/s で滑らせると，物体は何 m 滑べって止まるか．ただし，物体と水平面との間の動摩擦係数を 0.50 とする．

問3 質量 1 トンの車が，100 kgW の推進力で水平な直線道路を一定の速さ 10.0 m/s で走行している．① 自動車が受けている抵抗力(空気の抵抗力と地面との摩擦力)は，何 N か．② エンジンの仕事率(パワー)は何 kW か．③ それは何馬力か．

問4 ばねに 2.0 kg の物体を吊るすと，14 cm 伸びた．ばねに蓄えられた弾性エネルギー(弾性力による位置エネルギー)を求めよ．

問5 高さ 250 m のタワーの頂上に，質量 1 kg の鉄球がある．
① その位置エネルギーを求めよ．
② 鉄球を自由落下させて，地面に着くときの速さを求めよ．

6 運動量や力積とは，何だろう

運動量とは，どんなことか

　釘を金槌で打ち込むとき，金槌の質量と速度が大きいほど，釘に与える衝撃も大きい．実験によると，質量が 2 kg の金槌を 5 m/s の速度で振っても，5 kg のものを 2 m/s で振っても，その衝撃は同じになる．そこで，衝突時のように撃力が働く現象では，物体の運動の激しさを表す量として，その質量 m [kg] と速度 v [m/s] の積 mv を考え，この mv を運動量という．運動量 p は

$$p = mv \tag{6.1}$$

で表され，その単位には，kg·m/s を用いる．運動量は，物体の運動の激しさの程度を表す概念であって，スポーツでいう運動量とは全く異なる．

> 運動量は，速度と同じ向きをもったベクトルである．
>
> 運動量は運動エネルギーと混同されやすいが，前者はベクトルであるのに対して，後者はスカラーである．

力積とは，どんなことか

　図 6.1 のように，質量 m の物体が速度 v_0 で直線運動をしているとしよう．いま，この物体の速度の方向に，力 F が Δt 秒間だけ作用して，速度が v になったとすると，生じた加速度 a は，$a = (v - v_0)/\Delta t$ となる．したがって運動方程式は，$F = m(v - v_0)/\Delta t$ で表されるので，

$$mv - mv_0 = F\Delta t \tag{6.2}$$

が得られる．式 (6.2) の左辺は運動量の変化を表しているので，運動量の変化は，物体が受けた力 F と時間 Δt との積に等しいことが分かる．この $F\Delta t$ を力積と呼び，I で表す．力積の単位には，ニュートン・秒 (N·s) を用いるが，N·s = (kg·m/s^2) × s = kg·m/s から分かるように，これは運動量の単位に等しい．

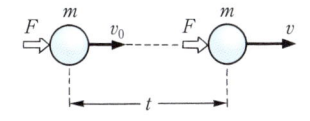

図 6.1 運動量の変化と力積

　ところで，コップをタイル張りの床の上に落とすと，簡単に割れるが，柔らかい敷物の上だと，同じ高さから落としても割れにくい．この違いを式 (6.2) を使って考えてみよう．

　いずれの場合も，コップの運動量の変化は同じであるが，衝突して止まるまでの時間 Δt は，柔らかい敷物のほうがタイル張りの床よりも長くなるので，衝突時に生じる力，つまり撃力 F は逆に小さくなる．柔らかい

野球のボールを手を引きながら受けると,手があまり痛くないのも,同じ理屈で説明できる.

敷物の方が割れにくいのは,そのためである.

また,高い所から飛び降りる際,着地と同時に膝関節を曲げると,足があまり痛くないのも,自動車のバンパーやシートベルトも,これと同じ理屈である.

上述の例のように,大きな力が瞬間的に働く衝突現象では,運動を力と加速度の関係で捉えるよりも,運動量と力積の関係で捉えるほうが便利である.式(6.2)から分かるように,力 F は運動量の時間的変化に等しいので,微分記号を使うと,式(6.1)と(6.2)より,次式が成り立つ.

$$F = \frac{dp}{dt} = \frac{d(mv)}{dt} = m\frac{dv}{dt} \tag{6.3}$$

【例題】 質量 800 g の金槌で,釘の頭を 15 m/s の速さで叩いたところ,金槌は 10^{-2} 秒後に停止した.①釘に働いた力積は何 N·s か,②平均の力は何 kgw か.

[解答] ① 式(6.2)より,$mv - 0 = 0.80 \times 15 = 12$ N·s,

② 同式より,$F = \dfrac{12 \text{ [N·s]}}{10^{-2} \text{ [s]}} = 1.2 \times 10^3$ [N] $= 1.2 \times 10^2$ kgw

【練習】 放水量が 10 l/s のホースを使って,流速 3 m/s の水流を窓ガラスに直角に当てた.窓ガラスは何 N の力を受けるか.

[答]　30 N

◆◆◆ 運動量保存の法則とは,どんなことか ◆◆◆

自動車が前の車に追突すると,追突した車の速度は小さくなるが,追突された車の速度は,その質量が軽いほど大きくなる.いずれも運動量が変化するので,衝突の際の運動量の変化につい調べてみよう.

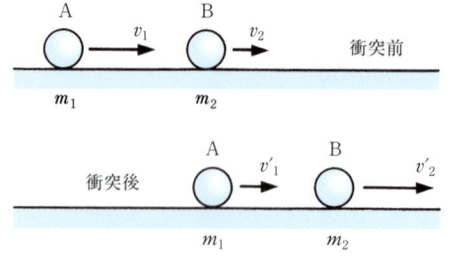

図 6.2 衝突と運動量の保存

図 6.2 のように,速度 v_1 で運動している物体 A が,同一直線上を速度 v_2 で運動している物体 B に衝突して,速度がそれぞれ v_1',v_2' になったと

6. 運動量や力積とは，何だろう

する．衝突の際に A が B に及ぼした力を F とすると，作用反作用の法則から，B が A に及ぼした力は $-F$ になる．A と B の接触時間を Δt，質量をそれぞれ m_1，m_2 とすると，両物体の運動量の変化と力積の関係は，式 (6.2) より，それぞれ次式で表される．

$$m_1 v_1' - m_1 v_1 = -F \Delta t$$
$$m_2 v_2' - m_2 v_2 = F \Delta t$$

両式の和をとって整理すると，次式が得られる．

$$m_1 v_1 + m_2 v_2 = m_1 v_1' + m_2 v_2' \tag{6.4}$$

この式の左辺は，衝突前の両物体の運動量の和を表し，右辺は衝突後の両物体の運動量の和を表しているので，2 物体の運動量の和は，衝突の前後で変わらないことが分かる．

ところで，物体の数が 2 つ以上の場合，物体同士が互いに及ぼし合っている力を内力，外部から働く力を外力と呼んでいる．これらの物体に外力が働かない限り，運動量の総和は式 (6.4) に示したように，衝突の前後で一定に保たれるので，この関係を運動量保存の法則という．運動量保存の法則はエネルギー保存の法則と並んで，物理学の基本法則の一つである．

> 2 物体が斜めに衝突する場合も，その運動量ベクトルを x 成分と y 成分に分けて扱うと，式 (6.4) は各成分について成り立つ．

> 運動量の保存則ともいう．

【例題】 図のように，質量 60 kg の人が速さ 6.0 m/s で走ってきて，静止していた質量 140 kg の台車に飛び乗った．台車が動きだす速さを求めよ．
[解答] 式 (6.4) より，
 $60 \times 6 + 0 = (60 + 140) v$ ∴ $200 v = 360$，∴ $v = 1.8$ m/s

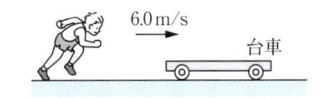

◆◆◆ ロケットは，どうして飛び立てるか ◆◆◆

人がボートを蹴って桟橋へ飛び降りると，ボートはその反動で，人と反対方向に動く．いま，人の質量を m，飛び降りる際の速度を v，ボートの質量を M，ボートが反動によって動く速度を V とすると，運動量保存の法則から，$(m+M) \cdot 0 = mv + MV$ が成り立つ．したがって，ボートが反動によって動く速度 V は，次式で表される．

$$V = -\frac{m}{M} v \tag{6.5}$$

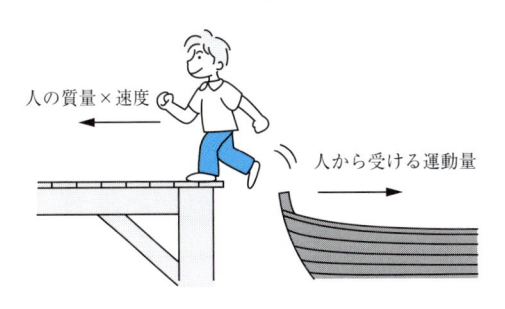

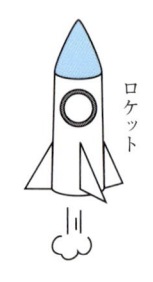

V は − なので，v と反対方向を意味する．この式から，子供が飛び降りたり，あるいは大型ボートから大人が飛び降りたりしても，ボートはほとんど動かないことが分かる．弾丸を銃から発射する際，銃がその反動で後退するのも，このボートの例と同じ理屈である．

ロケットもこの原理を利用したものであり，後方へ噴射する燃焼ガスが弾丸に相当し，ロケット本体が銃に相当する．ただ，銃は弾丸を一気に発射するのに対して，ロケットは燃焼ガスを一定の割合で連続的に噴射する点が異なる．したがって，燃焼ガスの地面に対する平均速度を v，燃焼ガスの全質量を m，ロケット本体の質量を M とすると，ロケットの最終速度 V も式(6.5)で表される．

【例題】 図のように台車に固定された，質量 3000 kg の大砲から，質量 30 kg の砲弾を水平方向に 180 m/s の速度で発射するとき，大砲が受ける反動の速度を求めよ．

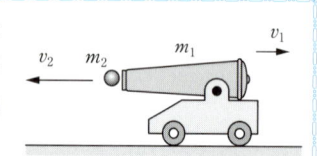

[解答] 式(6.5)より，$V = -\dfrac{30}{3000} \times 180 = -1.8$ m/s

◆◆◆ はね返り係数とは，どんなことか ◆◆◆

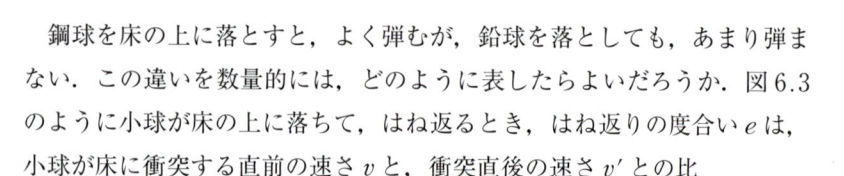

鋼球を床の上に落とすと，よく弾むが，鉛球を落としても，あまり弾まない．この違いを数量的には，どのように表したらよいだろうか．図 6.3 のように小球が床の上に落ちて，はね返るとき，はね返りの度合い e は，小球が床に衝突する直前の速さ v，衝突直後の速さ v' との比

$$e = -\frac{v'}{v} \tag{6.6}$$

で表される．− は v' と v が反対向きになることを示す．e を「はね返り係数」，または反発係数という．実験によると，反発係数は小球と床の材質によって決まる定数で，小球の質量や衝突前の速さには関係しない．衝突後の速さ v' は，式(6.6)より，$v' = ev$ となるが，反発係数 e は後述のように，$e \leq 1$ なので，衝突前の速さ v より小さくなる．

もし $e \geq 1$ なら，落とした小球は床面に衝突する度ごとに，速度が増して，より高く上がることになり，不自然である．

図 6.3 小球のはね返り

【練習】 ボールを高さ h [m] から床に落とすと，何 m の高さまで上がるか．ただし，はね返り係数を 0.8 とする．

[答] $0.64\,h$ [m]

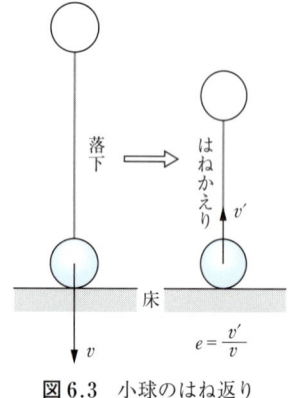

6. 運動量や力積とは，何だろう

運動している2物体が衝突すると，衝突後の運動はどうなるか

　図6.4のように，一直線上を運動している小球 A, B が衝突すると，両球は衝突後，どのような運動をするだろうか．小球が鋼球であれば，互いに勢いよく跳ね返るが，鉛球や粘土球だと，一緒にくっついて運動する．このように衝突後の運動の様相は，小球の材質によって異なる．

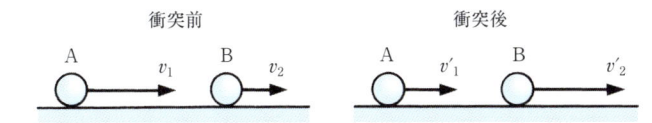

衝突前　　　　　　　衝突後

図6.4　一直線上の2球の衝突

　両球の衝突前の速度を v_1, v_2，衝突後の速度を v_1', v_2' とすると，衝突前の両球が互いに近づく速さ $v_1 - v_2$ と，衝突後の両球が互に遠ざかる速さ $v_2' - v_1' = -(v_1' - v_2')$ との比 e は，次式で表される．

$$e = -\frac{v_1' - v_2'}{v_1 - v_2} \tag{6.7}$$

e を「はね返り係数」と呼び，この式を衝突の法則という．はね返り係数は，両球の材質によって決まる．物体が床や壁に衝突する際のはね返り係数は，式(6.7)で，$v_2 = v_2' = 0$ と置くと得られ，式(6.6)と一致する．

　はね返り係数 e の値は $0 \leq e \leq 1$ になる．$e = 1$ の衝突を弾性衝突と呼び，衝突の前後で相対速度の大きさが等しいので，最も強くはね返る．鋼球同士の衝突がこれに近い．

　これに対して，$0 \leq e < 1$ の衝突を非弾性衝突といい，特に $e = 0$ の衝突を完全非弾性衝突という．$e = 0$ の場合は，式(6.7)から分かるように，$v_1' = v_2'$ となるので，衝突後2球は一体となって運動する．鉛球や粘土球同士の衝突がこれに近い．

　ところで，衝突後の両球の速度 v_1' と v_2' は，どのようにして求めるのだろうか．v_1' と v_2' は，式(6.4)だけからは求められないので，式(6.4)と(6.7)を連立させて解いて求める．特別な場合として，等質量の両球が弾性衝突をした後の速度 v_1' と v_2' を式(6.4)と(6.7)から求めると，$v_1' = v_2$，$v_2' = v_1$ となり，互いに速度が交換されていることが分かる．

【練習】　質量300 g の鋼球が10 m/s の速さで飛んで来た．これと反対方向から，質量100 g の鋼球が6 m/s の速さで飛んで来て，弾性衝突した．衝突後の両鋼球の速さを求めよ．　　［答］　8 m/s, 12 m/s

弾性衝突と非弾性衝突とは，どう違うか

衝突現象では，弾性・非弾性衝突を問わず，運動量保存の法則が普遍的に成り立つ．これに対して力学的エネルギー保存の法則は，弾性衝突のときのみ成立し，非弾性衝突では成立しない．それは非弾性衝突では，衝突の際に，力学的エネルギーの一部が2物体の変形や熱，光，音などのエネルギーとして失われるためである．したがって衝突の前後で，力学的エネルギーが保存されるような衝突が弾性衝突であり，保存されないような衝突が非弾性衝突といえる．

章末問題

問1 質量 1.5×10^3 kg の車が，速さ 36 km/h で壁に激突した．激突してから止まる間での時間を 3.0×10^{-3} 秒として，車が受けた平均の力を求めよ．

問2 質量 0.15 kg，速さ 40 m/s の直球をバットで打ったところ，ボールは外野へ 60 m/s の速さで飛んで行った．① ボールが受けた力積を求めよ．② バットの接触時間を 0.010 秒として，バットがボールに与えた平均の力を求めよ．

問3 質量 40 トンのロケットが，1秒間に 600 kg のガスを 2000 m/s の速度で噴出した．① ロケットの推進力を求めよ．② ロケットの加速度を求めよ．

問4 質量 0.20 kg の物体 A が，右向きに速さ 4.0 m/s で一直線上を進んでいたところに，質量 0.10 kg の物体 B が，左向きに速さ 6.0 m/s で進んできて衝突した．はね返り係数が，① $e=0$，② $e=1$，③ $e=0.60$ のそれぞれの場合について，衝突後の A，B の速度を求めよ．

問5 速さ V [m/s] で飛行中のロケットが，質量 m [kg] の燃料を後方へ，地上から見た速さ v [m/s] で噴射した．ロケットの全質量を M [kg] として，噴射後のロケットの速さを求めよ．

7 単振動と複雑な振動

◆◇・ 単振動とは，どんなものか ・◇◆

　柱時計の振り子やブランコのような単振り子，ばね振り子などは，静止点を中心にして，周期的に往復運動をする．このような運動を振動という．振動には，地震のような複雑なものもあるが，ばね振り子や単振り子のような，単純な振動を単振動という．

> ばねに重りを取り付けた振り子のことを「ばね振り子」という．

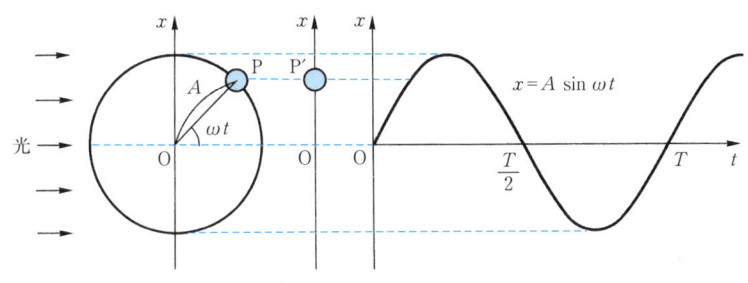

(a) 等速円運動とその影の運動　　(b) 影の運動の時間的変化

図 7.1 等速円運動と単振動の関係

　図 7.1(a) のように，等速円運動をしている物体に左側から平行光線を当てると，その影は右側のスクリーン上で往復運動するので，その時間的変化は，同図(b)のようなサインカーブになる．

> スクリーン上の影を正射影という．

　物体 P が半径 A の円周上を角速度 ω で等速円運動をすると，スクリーン上の点 P' の t 秒後の変位 $x\,[m]$ は，$x = A \sin \omega t$ で表される．時刻 $t=0$ のときの角度を ϕ とすると，回転角は $\omega t + \phi$ に等しいので，t 秒後の点 P' の変位 x は，

$$x = A \sin(\omega t + \phi) \tag{7.1}$$

で表される．式(7.1)は単振動の基本式であり，A を振幅，ω を角振動数（または角周波数），$\omega t + \phi$ を位相，ϕ を初期位相という．振幅 A は静止点からの変位の最大値を表す．また，1 秒間に振動する回数 ν を振動数（周波数）と呼び，その単位には Hz を用いる．

　角振動数，周期，振動数は表 7.1 のように，それぞれ等速円運動の角速度，周期，回転数に対応するので，ω, T, ν の間には，次式が成り立つ．

$$\omega = \frac{2\pi}{T} = 2\pi\nu \tag{7.2}$$

表 7.1 等速円運動と単振動

等速円運動	単振動
位置 x	変位 x
半径 r	振幅 A
角速度 ω	角振動数 ω
周期 T	周期 T
回転数 n	振動数 ν

> 振動数の逆数，つまり 1 振動に要する時間 T を周期という．

> 【例題】 時刻 t [s] における変位 x [m] が，$x=0.5\sin 4\pi t$ で表される単振動がある．この単振動の① 振幅 A，② 角振動数 ω，③ 振動数 ν，④ 周期 T を求めよ．
> [解答] ① 式(7.1)より，$A=0.5$ m，② $\omega=4\pi$，③ 式(7.2)より，
> $\nu=\dfrac{\omega}{2\pi}=\dfrac{4\pi}{2\pi}=2$ Hz．④ $T=\dfrac{1}{\nu}=\dfrac{1}{2}=0.5$ 秒

単振動の速度と加速度は，どのように表されるか．

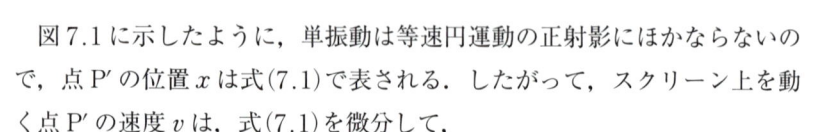

図7.1に示したように，単振動は等速円運動の正射影にほかならないので，点 P′ の位置 x は式(7.1)で表される．したがって，スクリーン上を動く点 P′ の速度 v は，式(7.1)を微分して，

$$v=\frac{dx}{dt}=A\omega\cos(\omega t+\phi) \tag{7.3}$$

で表される．同様にして，点 P′ の加速度 a は，式(7.3)を微分すると，

$$a=\frac{dv}{dt}=\frac{d^2x}{dt^2}=-A\omega^2\sin(\omega t+\phi) \tag{7.4}$$

で表される．そこで，式(7.4)に(7.1)を代入すると，単振動をしている点 P′ の加速度 d^2x/dt^2 は，次の微分方程式で表され，変位 x に比例する．

$$\frac{d^2x}{dt^2}=-\omega^2 x \tag{7.5}$$

> 【練習】 $x=0.3\sin\pi t$ で表される単振動がある．この単振動の，① 速さの最大値 v_m と ② 加速度の最大値 a_m を求めよ．
> [答] $v_m=0.9$ m/s，$a_m=3$ m/s^2

ばね振り子の周期は，何によって決まるか

図7.2のように，質量 m の重りを付けた，ばね振り子が滑らかな水平面上に置かれている．ばねを x だけ引き伸ばして放すと，ばねの弾性力が復元力となって，重りは振動をする．ばね定数を k とすると，復元力の大きさは式(1.3)より，$F=-kx$ となるので，重りの運動方程式は

$$m\frac{d^2x}{dt^2}=-kx \quad \therefore \quad \frac{d^2x}{dt^2}=-\frac{k}{m}x \tag{7.6}$$

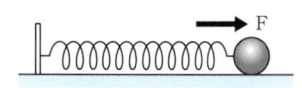

図7.2 ばねの振動

で表される．この式の右式を式(7.5)と比較すると，k/m が ω^2 に対応し

7. 単振動と複雑な振動

ているので，ばね振り子の角振動数 ω は次式で表される．

$$\omega = \sqrt{\frac{k}{m}} \quad \therefore \quad \nu = \frac{1}{2\pi}\sqrt{\frac{k}{m}} \quad (7.7)$$

このように単振動の角振動数 ω と振動数 ν は，振動系に固有な k と m で決まるので，ω を固有角振動数，ν を固有振動数という．したがって，ばね振り子の周期 T [s] は，重りの質量を m [kg]，ばね定数を k [N/m] とすると，次式で表される．

$$T = 2\pi\sqrt{\frac{m}{k}} \quad (7.8)$$

式(7.8)から分かるように，周期 T は重りの質量 m が大きく，ばね定数 k が小さいほど長くなるので，ゆっくり振動する．

【例題】 ばねに 2.0×10^{-2} kg の重りを吊るして，単振動をさせた．ばね定数を 2.0 N/m として，振動の周期を求めよ．

[解答] 式(7.8)より，$T = 2\pi\sqrt{\dfrac{m}{k}} = 2\pi\sqrt{\dfrac{2.0 \times 10^{-2}}{2.0}} = 0.63$ 秒

◆・◆ 単振り子の周期は，何によって決まるか ◆・◆

単振り子では，図7.3のように重りに働く重力が，重りを振動の中心に引き戻そうとする復元となるので，重りの質量を m，振れる角を θ とすると，復元力 F は $F = mg\sin\theta$ に等しい．したがって，重りの変位（円弧の長さ）を x とすると，次の運動方程式が成り立つ．

$$m\frac{d^2 x}{dt^2} = -mg\sin\theta \quad (7.9)$$

単振り子の「ひも」の長さを l とすると，振れる角 θ が小さいときは，$\sin\theta \fallingdotseq \theta = x/l$ が成り立つので，式(7.9)は次式で表される．

$$\frac{d^2 x}{dt^2} = -\frac{g}{l}x \quad (7.10)$$

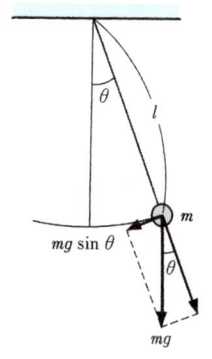

図7.3 単振り子

この式は，$g/l = \omega^2$ とおくと，ばね振り子の運動方程式(7.6)と同型になる．ところが，$g/l = (2\pi/T)^2$ にほかならない．したがって，ひもの長さが l [m] の単振り子の周期 T [s] は，次式で表される．

$$T = 2\pi\sqrt{\frac{l}{g}} \quad (7.11)$$

この式から，単振り子の周期は重りの質量や振幅によらず，ひもの長さ l だけによって決まることが分かる．周期が振幅に関係なく一定になる性質を振り子の等時性と呼び，16世紀にガリレイによって発見された．

式(7.11)から分かるように，単振り子の周期 T は，ひもの長さ l が長いほど長くなるので，ゆっくり振動する．
例えば $l = 9.8$ m のブランコには，大人が乗っても子供が乗っても，大振り小振りに関係なく，その周期は 6.28 秒になる．

単振り子の周期と長さを正確に測定すると，式(7.11)から逆に，その地点の重力加速度 g を求めることができる．

【練習】 長さが 1.0 m の単振り子の周期は何秒か． [答] 2.0 秒

表 7.2　単振動の合成

① 振動数の等しい単振動同士の合成
② 振動数が互いに異なる単振動の合成
③ 振動方向が互いに垂直な単振動の合成

◆◆◆　複雑な振動は，どんなとき起こるか　◆◆◆

自然界で起こる振動には，複数の単振動が重なった合成振動が多い．一口に単振動の合成といっても，表7.2のように振動数や振動方向の違いによって，振動の様相が大きく異なってくる．

さらに振動には，④ 地震のように，時間とともに減衰していく振動もあれば，⑤ 振動系の固有振動数に等しい振動数の外力を加えて，強制的に振動させると，振幅が極端に増大する共振現象もある．

◆◆◆　角振動数の等しい単振動を合成すると，どうなるか　◆◆◆

まず，同一直線上で振動している2つの単振動を，作図によって合成してみよう．2つの単振動は角振動数 ω が等しく，振幅と初期位相が異なるとすると，合成振動は図7.4のようになる．

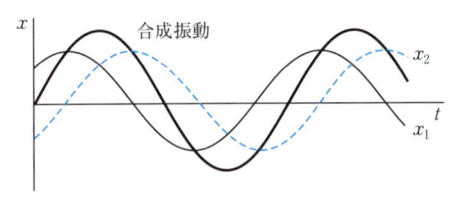

図 7.4　同一振動数の単振動の合成

次に，2つの単振動 $x_1 = A_1 \sin(\omega t + \phi_1)$, $x_2 = A_2 \sin(\omega t + \phi_2)$ の和を加法定理によって求めると，合成振動 $x = x_1 + x_2$ は

$$x = (A_1 \cos\phi_1 + A_2 \cos\phi_2) \sin\omega t + (A_1 \sin\phi_1 + A_2 \sin\phi_2) \cos\omega t$$
$$= A \sin(\omega t + \phi) \tag{7.12}$$

ただし，$A^2 = A_1^2 + 2A_1 A_2 \cos(\phi_1 - \phi_2) + A_2^2$

$$\tan\phi = \frac{A_1 \sin\phi_1 + A_2 \sin\phi_2}{A_1 \cos\phi_1 + A_2 \cos\phi_2}$$

で表されるので，$\phi_1 - \phi_2 = 0$ なら，合成振幅は $A = A_1 + A_2$ となって強め合うが，$\phi_1 - \phi_2 = \pi$ なら，$A = A_1 - A_2$ となって弱め合う．式(7.12)から分かるように，振動数の等しい単振動は，いくつ合成しても，合成振動は振幅と初期位相が異なるだけで，元の振動数と同じ単振動になる．

角振動数の異なる単振動を合成すると，どうなるか

角振動数の異なる単振動を合成しても，単振動にはならない．2つの単振動 $x_1 = A_1 \sin(\omega_1 t + \phi_1)$, $x_2 = A_2 \sin(\omega_2 t + \phi_2)$ の合成振動 x は，形の上では次のように表される．

$$x = x_1 + x_2 = A_1 \sin(\omega_1 t + \phi_1) + A_2 \sin(\omega_2 t + \phi_2) \quad (7.13)$$

しかし，これを $x = A \sin(\omega t + \phi)$ の形に表すことはできないので，合成振動は単振動にはならず，複雑な形の振動になる．

例えば，$x_1 = A_1 \sin \omega t$, $x_2 = A_2 \sin 2\omega t$ の合成振動 x は，図7.5のように，サインカーブにならないので，もはや単振動とはいえないが，合成振動は振動数の低いほうの基本振動と同じ周期 $2\pi/\omega$ で振動する．

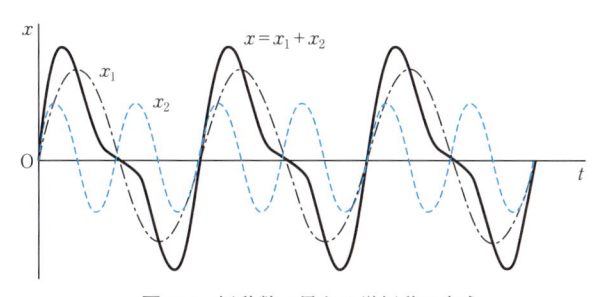

図7.5 振動数の異なる単振動の合成

つまり，振動数が基本振動の整数倍の単振動をいくつ合成しても，合成振動は形が複雑になるだけで，基本振動と同じ周期で振動する．しかし，この考え方を逆にすると，どんな複雑な振動でも，次式のように，その振動数の整数倍の振動数を持った，多くの単振動に分解できる．

$$x = A_0 + \sum_{n=1}^{\infty} A_n \cos n\omega t + \sum_{n=1}^{\infty} B_n \sin n\omega t \quad (7.14)$$

この考え方に基づく手法をフーリエ解析，式(7.14)をフーリエ級数という．フーリエ解析は地震による振動や音声，光波の解析，さらには心電図や脳波の解析などにも広く応用されている．

減衰振動とは，どんなものか

前節では，ばね振り子や単振り子の振幅は一定で，変わらないことを学んだが，現実の振動では，図7.6のように時間が経つにつれて，振幅が次第に小さくなり，やがて止まってしまう．これは，物体に単振動を起こさせる力，つまり復元力のほかに，振動を妨げる空気の抵抗や摩擦力が働くためである．このように，振幅が次第に小さくなっていく振動を減衰振動という．

ところで，抵抗や摩擦を伴わない理想的な単振動は，変位を x，振幅を

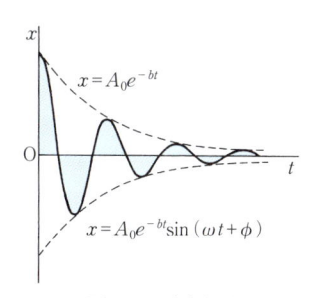

図7.6 減衰振動

A，角振動数を ω_0 とすると，式(7.1)と同じく，$x = A \sin(\omega_0 t + \phi)$，ただし $\omega_0 = \sqrt{k/m}$ で表されるが，抵抗や摩擦を伴う減衰振動は，どんな形で表されるだろうか．

いま，単振動をしている物体に，速度に比例する抵抗力 cdx/dt（c は比例定数）が働くと，運動方程式は式(7.6)の右辺に，$-cdx/dt$ を付け加えた次式で表される．

$$m\frac{d^2x}{dt^2} = -kx - c\frac{dx}{dt} \quad (7.15)$$

ここで，$c/m = 2b$，$k/m = \omega_0^2$ と置くと，式(7.15)は

$$\frac{d^2x}{dt^2} + 2b\frac{dx}{dt} + \omega_0^2 x = 0 \quad (7.16)$$

で表され，この微分方程式を解くと，その一般解は次式で表される．

$$x = A_0 e^{-bt} \sin(\omega t + \phi) \quad (7.17)$$

$$\text{ただし，} \omega^2 = \omega_0^2 - b^2 \quad (7.18)$$

ここで，A_0 と ϕ は振動の初期条件で決まる定数である．式(7.18)から分かるように，$\omega_0^2 > b^2$ なら，$\omega > 0$ となるので，振動は起こるが，逆に $\omega_0^2 \leq b^2$ なら，$\omega \leq 0$ となるので，振動は起こらない．

言い換えると，減衰振動は復元力＞抵抗力（$4mk > c^2$）のとき起こるが，逆に，復元力≦抵抗力（$4mk \leq c^2$）のときは，$\omega \leq 0$ となり，振動は起こらない．

一方，式(7.17)から分かるように，振動の振幅 $A = A_0 e^{-bt}$ は，時間とともに指数関数的に減衰する．その速さは $b = c/2m$ で決まり，抵抗力 c が大きいほど，急速に減衰する．

また，減衰振動の角振動数 ω は式(7.18)から分かるように，抵抗力がない（$c = 0$）ときの固有角振動数 ω_0 より，$b^2 = (c/2m)^2$ だけ低くなる．したがって，その周期 T も，抵抗力がないときの周期 $T_0 = 2\pi/\sqrt{k/m}$ より長くなる．

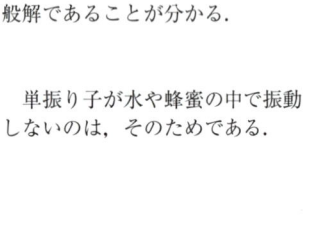

> 詳細な解法は省略するが，式(7.17)を式(7.16)に代入すると，式(7.17)は式(7.16)を満足しているので，式(7.17)は式(7.16)の一般解であることが分かる．
>
> 単振り子が水や蜂蜜の中で振動しないのは，そのためである．

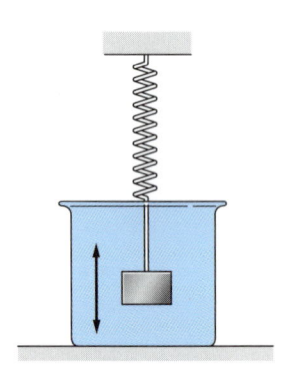

◆◆◆ 振動のエネルギーとは，どんなものか ◆◆◆

振動のエネルギーとは，重りの有する全エネルギーのことであり，ばね振動では，重りの運動エネルギー K と，ばねの弾性力による位置エネルギー U との和で表される．重りの質量を m，速度を v，ばね定数を k，ばねの伸びを x とすると，振動のエネルギー E は，5章で学んだように次式で表される．

$$E = K + U = \frac{1}{2}mv^2 + \frac{1}{2}kx^2 \quad (7.19)$$

一方，ばね振動は前述のように，$x = A\sin(\omega t + \phi)$, $\omega = \sqrt{k/m}$ で表されるので，速度は $v = dx/dt = A\omega\cos(\omega t + \phi)$ となる．したがって，これらの関係式を式(7.19)に代入すると，次式が得られる．

$$E = K + U = \frac{1}{2}m\left(\frac{dx}{dt}\right)^2 + \frac{1}{2}kx^2$$

$$= \frac{1}{2}mA^2\omega^2\cos^2(\omega t + \phi) + \frac{1}{2}m\omega^2 A^2\sin^2(\omega t + \phi)$$

$$= \frac{1}{2}m\omega^2 A^2 = \frac{1}{2}kA^2 \tag{7.20}$$

式(7.20)から分かるように，振動のエネルギー E は角振動数の2乗と振幅の2乗に比例する．

単振動では振幅が最大のとき，位置エネルギー U は最大になるが，速度が0なので，運動エネルギー K は0になる．逆に，振幅が0のときは，位置エネルギーも0になるが，運動エネルギーは最大になる．このように理想的な単振動では，位置エネルギー ⇨ 運動エネルギー ⇨ 位置エネルギー ⇨ 運動エネルギーへの変換が，一定の周期の下で，交互に繰り返されるだけで，両者の和は一定なので，振動は持続する．

しかし，抵抗や摩擦を伴う振動では，振動のエネルギーが次第に消耗するため，減衰振動になる．

【練習】 質量 2.0 kg の重りが振幅 0.3 m，振動数 40 Hz で単振動をしている．振動のエネルギーを求めよ． ［答］ 5.68×10^4 J

強制振動とは，どんなものか

振動を減衰させないためには，周期的に変化する外力を振動系に加えねばならない．外力を加えると，振動は持続するので，このような振動を強制振動という．その運動方程式は，式(7.16)の右辺に外力 $F_0\sin\omega t$ が加わるだけなので，$F_0/m = f_0$ と置くと，次の微分方程式

$$\frac{d^2x}{dt^2} + 2b\frac{dx}{dt} + \omega_0^2 x = f_0\sin\omega t \tag{7.21}$$

で表され，その一般解は次式で表される．

$$x = A_0 e^{-bt}\sin\left(\sqrt{\omega_0^2 - b^2}\, t + \phi\right) + B\sin(\omega t - \theta) \tag{7.22}$$

$$\text{ただし，}\ B = \frac{f_0}{\sqrt{(\omega_0^2 - \omega^2)^2 + 2b\omega^2}} \tag{7.23}$$

$$\tan\theta = \frac{2b\omega}{\omega_0^2 - \omega^2} \tag{7.24}$$

詳細な解法は省略するが，式(7.22)を式(7.21)に代入すると，式(7.22)は式(7.21)を満足していることが分かる．

ここに，ω_0 は固有角振動数（$=\sqrt{k/m}$）で，θ は外力と変位の間の位相差を表す．式(7.22)の第1項は式(7.17)と同形であり，外力が働かないときの振動にほかならない．第1項は時間が経つと減衰するので，第2項だ

けが残る．第 2 項は外力 $F_0 \sin \omega t$ による強制振動であり，外力と同じ振動数 $\omega/2\pi$ で振動する．

◆◆・ 共振とは，どんなことか ・◆◆

式(7.23)から分かるように，外力の角振動数 ω が振動系の固有角振動数 ω_0 に近づくと，分母が小さくなるので，振幅 B は急増し，図 7.7 のように極大になる．この現象を共振という．例えば，ブランコを大きく揺り動かすには，加える力の大きさよりも，むしろ加えるタイミングが重要で，たとえ小さな力であっても，ブランコの固有振動数に合わせて押してやると，次第に大きく揺れるようになる．

吊り橋や建造物は，その大きさと質量などで決まる固有振動数を持っており，これに近い振動数の外力が周期的に加わると，共振を起こして振幅が，図 7.8 のように時間とともに次第に大きくなり，倒壊することがある．高層ビルは倒壊を防ぐため，その固有振動数が地震の振動数に接近しないように建造されている．

吊り橋を渡る人の歩調が，吊り橋の固有振動数に一致すると，吊り橋は大きく揺れる．電車の吊り革も，車体の揺れが吊り革の固有振動数に一致すると，共振して大きく揺れる．人の話に感動することを共鳴・同調と呼ぶのも，そのためである．

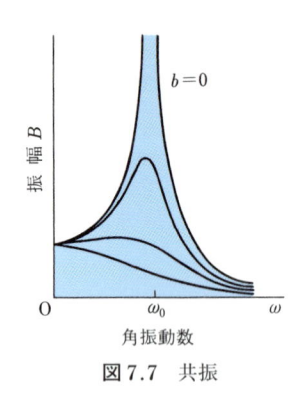

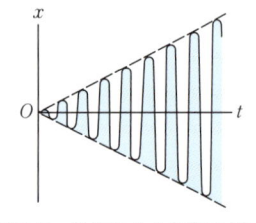

図 7.7 共振

図 7.8 共振による振幅の増大

●●●● 章末問題 ●●●●

問 1 変位 x [m] が $x = 0.3 \sin \pi t$ で表される単振動の，① 振幅，② 周期，③ 振動数，④ 速さの最大値，⑤ 加速度の最大値を求めよ．

問 2 左の図は，ばねに質量 1.0 kg の重りを付けて単振動をさせたときの，変位 x [m] と時間 t [s] の関係を示したグラフである．① 振幅 A，② 周期 T，③ 変位 x と時間 t の関係式，④ ばね定数 k を求めよ．

問 3 ばねに質量 0.50 kg の重りを吊るしたところ，ばねは 20 cm 伸びてつり合った．ばね振り子の振動の周期は何秒か．

問 4 ばねの一端に質量 0.5 kg の物体を取り付け，摩擦のない水平面上で振幅 3.0 cm の単振動をさせた．ばね定数を 20 N/m として，① 振動のエネルギー，② 物体の速さの最大値，③ 変位が 2 cm のときの物体の速さを求めよ．

問 5 共振は，どんな条件のとき起こるか．

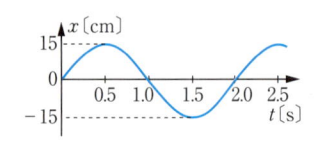

8 大きさのある物体の力学

◆••• モーメントや重心とは，何だろう •••◆

これまで学んできた物体の運動では，物体を単に質量を持った点状のものとして，取り扱ってきた．これを質点という．しかし，実際の物体は大きさを持っている．その中で金属や石などのように，変形しないものを剛体という．質点と剛体では，運動の様相がかなり異なる．質点に力が働いても，その合力が0であれば，質点は動かない（並進しない）が，剛体では，その合力が0であっても，剛体は回転できる．

◆••• 力のモーメントとは，どんなものか •••◆

ドアを開ける際，ノブを押すと小さな力ですむが，回転軸の近くを押すと，大きな力が要る．このように，剛体を回転させる能力は，力の大きさだけでは決まらず，図8.1のように力の大きさ F [N] と，力の作用点から回転の中心までの長さ l [m] との積で決まる．

$$N = Fl \tag{8.1}$$

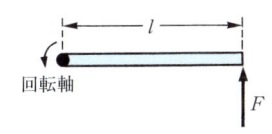

図8.1　力のモーメント

この N を力のモーメント（力の能率）と呼び，l を腕の長さという．モーメントの単位は N·m，または kgw·m で表す．図8.2のように，力が斜めに働いているときは，その垂直成分 $F\sin\theta$ を考えればよいので，力のモーメントは次式で表される．

力のモーメントを回転モーメント，トルク (toruque) ともいう．

$$N = Fl\sin\theta \tag{8.2}$$

力のモーメントは，回転の向きを考え，左（反時計）回りを ＋，右（時計）回りを － と定めている．そこで，剛体に複数の力 $F_1, F_2, \cdots F_n$ が働く場合は，左回りのモーメントの和と右回りのモーメントの和が等しければ，剛体は回転しない．したがって，剛体が次の条件を満たせば，並進も回転もしない．

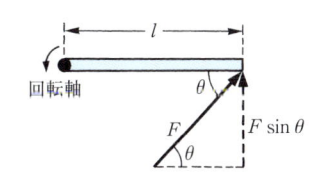

図8.2　斜めに働く力のモーメント

$$F_1 + F_2 + \cdots\cdots + F_n = 0 \tag{8.3}$$
$$N_1 + N_2 + \cdots\cdots + N_n = 0 \tag{8.4}$$

「てこ」は図8.3のように，このモーメントを利用して，小さな力を加えて大きな力を発生させる装置である．棒の一端 A に加えた下向きの力 F_1 と，石に与える上向きの力 F_2 との間に，$F_1 l_1 = F_2 l_2$ が成り立つと，

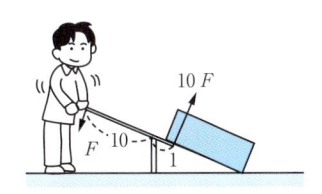

図8.3　「てこ」の原理

「てこ」を利用したものには，釘抜きや栓抜き，鋏，ピンセット，爪切りなどがある．天秤とシーソー(sea-saw)は，モーメントのバランスを利用したものである．

石は動き出す．したがって，例えば $l_1/l_2=10$ にすると，$F_2=200\,\mathrm{kgw}$ の重さの石を，$F_1=20\,\mathrm{kgw}$ の力で動かすことができる．

【練習】 ボルト・ナットを締めるのに，腕の長さが 40 cm のスパナーでは，1.5 kgw の力を要した．腕の長さが 10 cm のスパナーを使うと，何 kgw の力が要るか．

[答] $F=6.0\,\mathrm{kgw}$

【例題】 地面に横たわる，丸太の一端を持ち上げるには F_1 [kgw]，他端を持ち上げるには F_2 [kgw] の力を要した．丸太の重量を求めよ．
[解答] 丸太の全長を l，重量を W，一端から重心までの距離を x とすると，式(8.1)より，$F_1 l = Wx$，$F_2 l = W(l-x)$ が成り立つ．両式を足すと，$F_1 l + F_2 l = Wl$．∴ $W = F_1 + F_2$ [kgw]

偶力とは，どんなものか

剛体に働く2力の合力は，図1.2の平行四辺形の法則や式(1.1)の三平方の定理を使って求められるが，図8.4のように平行な2力が働くときの合力は，この方法では求められない．しかし，平行で同じ向きの力 F_1，F_2 が点 A と点 B に働く場合は，その合力は $F=F_1+F_2$ となり，力の作用点 C の位置は，$F_1 \cdot AC = F_2 \cdot CB$ より求められる．

一方，図8.5のように，平行で逆向きの力 F_1，F_2 が点 A と点 B に働く場合は，その合力は $F=F_2-F_1(F_2>F_1)$ となる．力の作用点 C は，A，B の延長線上に位置し，$F_1 \cdot AC = F_2 \cdot CB$ より求められる．

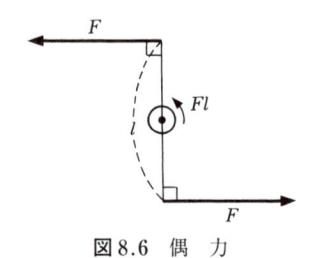

図8.6 偶力

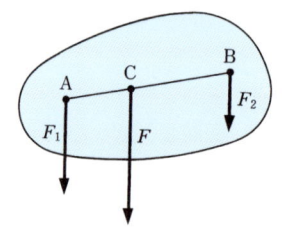

図8.4 平行で同じ向きの2力の合成

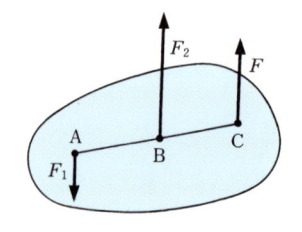

図8.5 平行で逆向きの2力の合成

偶力のことを couple という．
木ネジを締める際，ネジ回しの柄が太いほど力が小さくてすむのは，柄が太いほど，偶力のモーメントも大きくなるためである．車のハンドル操作にも，偶力を利用している．

ところが図8.6のように，平行で逆向きの同じ大きさの2力 F，$-F$ が働くときは，合力も作用点も求めることはできない．そこで，この2力を1対の力として考え，偶力という．偶力のモーメント N は，腕の長さ(両作用点間の距離)を l とすると，式(8.1)と同じく，$N=Fl$ で表される．

自転車は，ペダルに加えた偶力のモーメントによって動く．

8. 大きさのある物体の力学

重心とは，どんなものか

図8.7のように，長さlの棒の両端A，Bに，質量がそれぞれm_1，m_2の重りを取り付けると，両端にはm_1g，m_2gの重力が働くので，その合力の大きさは$(m_1+m_2)g$になる．作用点Cの位置は$m_1gl_1=m_2gl_2$で与えられるので，点Cは長さlの棒を$m_2:m_1=l_1:l_2$に内分する．したがって，点Cには全質量が集まっていると考えてよい（重心）．

さて，重心の位置は，どのようにして求めるのだろうか．点A，B，Cの位置をそれぞれx_1，x_2，xとすると，$l_1=x-x_1$，$l_2=x_2-x$になるので，式(8.1)から，$m_1(x-x_1)=m_2(x_2-x)$が成り立つ．これをxについて解くと，重心の位置xは次式で表される．

$$x = \frac{m_1 x_1 + m_2 x_2}{m_1 + m_2} \tag{8.5}$$

平板状の物体では同様に考えると，y方向については次式が成り立つ．

$$y = \frac{m_1 y_1 + m_2 y_2}{m_1 + m_2} \tag{8.6}$$

この考え方を質点が多数ある場合に拡張すると，重心の位置x，yは，

$$x = \frac{\sum m_i x_i}{\sum m_i}, \quad y = \frac{\sum m_i y_i}{\sum m_i} \tag{8.7}$$

で表される．また，密度が一様な連続体の場合は，次の積分で表される．

$$x = \frac{\int x\, dm}{\int dm}, \quad y = \frac{\int y\, dm}{\int dm} \tag{8.8}$$

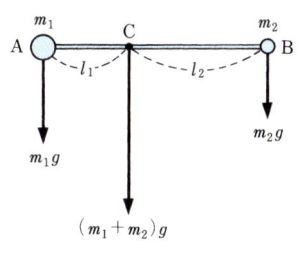

図8.7 重 心

全質量が集まった点を重心という．重心は物体の質量の中心にほかならないので，重心を支えれば，物体は動かない．

重心は実験的にも求められる．物体を糸でつるしたとき，重心は糸の延長線上にくるので，物体を異なる2点で吊るせば，その交点が重心になる．

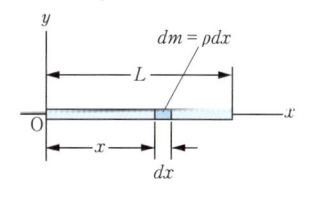

【例題】 図のように，質量M，長さLの一様な棒の重心は，棒の中央にあることを証明せよ．

[解答] 単位長当たりの質量（線密度）ρは，M/Lに等しい．棒を長さdxの要素に分割すると，各要素の質量は$dm=\rho dx$となる．したがって式(8.8)より，次式が得られる．

$$x = \frac{\int_0^L x\, dm}{\int_0^L dm} = \frac{\int_0^L x\rho dx}{\int_0^L \rho dx} = \frac{\left[\frac{x^2}{2}\right]_0^L}{[x]_0^L} = \frac{\frac{L^2}{2}}{L} = \frac{L}{2}$$

【練習】 長さ180 cm，重さ5 kgwの一様な棒ADがあり，BとCは，その3等分点である．A，B，C，Dにそれぞれ1，2，3，4 kgwの重りを吊るしたとき，重心の位置を求めよ．

[答] Aより110 cm

図 8.8 円盤の回転運動

慣性モーメントの単位は，kg·m² である．

◆◇◆ 慣性モーメントとは，どんなものか ◆◇◆

剛体は大きさを有しているので，その回転運動は質点の円運動と異なり，簡単に取り扱うことができない．実は図 8.8 のように，質量 M の円盤が回転軸の周りを，一定の角速度 ω で回転しているときの運動エネルギー K は，$K = (1/2)Mv^2 = (1/2)M(r\omega)^2$ にはならないのである．それは，角速度が一定であっても，質点が円盤上に分布して，その半径が各点で違うので，円盤の速度が各点で異なるからである．

そこで，円盤を多数の質点 m_i [kg] の集合体と考えると，回転軸から r_i [m] 離れた質点の運動エネルギーは，$(1/2)m_i v_i^2 = (1/2)m_i(r_i\omega)^2$ となるので，円盤全体としての回転の運動エネルギー K [J] は，

$$K = \sum \frac{1}{2} m_i (r_i \omega)^2 = \frac{1}{2}\omega^2 \sum m_i r_i^2 = \frac{1}{2}I\omega^2 \tag{8.9}$$

で表される．この $\sum m_i r_i^2$ を慣性モーメントと呼び，I で表す．

$$I = \sum m_i r_i^2 \tag{8.10}$$

慣性モーメントは剛体の質量だけでなく，質量の分布にも関係する．そのため，例えば長さ l，質量 M，密度 $\overset{\text{ロー}}{\rho}\ (=M/l)$ の棒を，図 8.9(a) および (b) のように回転させたときの慣性モーメント I_a，I_b は互いに異なり，それぞれ $Ml^2/3$，$Ml^2/12$ になる．

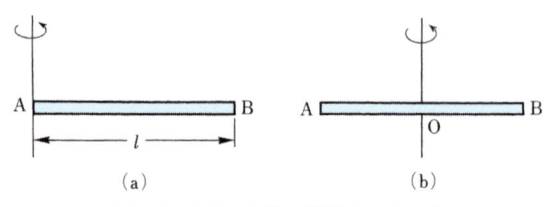

図 8.9 長さ l の棒の慣性モーメント

【例題】図 8.9 に示した棒の慣性モーメント I_a，I_b を求めよ．
［解答］式 (8.10) より，I_a と I_b は，それぞれ次のようになる．

$$I_a = \sum m_i r_i^2 = \int x^2 dm = \int_0^l x^2(\rho dx) = \rho\left[\frac{x^3}{3}\right]_0^l = \frac{\rho l^3}{3} = \frac{Ml^2}{3}$$

$$I_b = \int x^2 dm = \int_{-l/2}^{l/2} x^2(\rho dx) = 2\rho\left[\frac{x^3}{3}\right]_0^{l/2} = \frac{\rho l^3}{12} = \frac{Ml^2}{12}$$

この例から分かるように，慣性モーメントは回転軸の取り方によって異なる．それは回転軸の位置や方向によって，剛体の質量分布が変わるため

8. 大きさのある物体の力学

である．慣性モーメントは，回転軸が重心を通るとき最小になるので，剛体の質量を M，回転軸が重心を通るときの慣性モーメントを I_G とすると，重心から h だけ離れた回転軸に関する慣性モーメントは，$I = I_G + Mh^2$ で表される．

次に，半径 r，質量 M の円盤の慣性モーメントと，これと同径，同質量の円輪（図8.10）の慣性モーメントを比較してみよう．円輪の慣性モーメントは式(8.10)から分かるように，簡単に $I = Mr^2$ となるが，円盤の慣性モーメントは，次の例題で学ぶような複雑な計算を経て，$I = Mr^2/2$ となる．

図8.10 円盤の慣性モーメント

両者の比較から分かるように，円輪の慣性モーメントは，円盤のそれの2倍になっているが，その理由は，円輪は円盤に比べて，質量が周辺部に集中分布しているためである．円輪は慣性モーメントが大きいので，なかなか回転しにくいが，いったん回転し始めると，逆に止まりにくい．

【例題】図8.10の半径 r，質量 M の円盤の慣性モーメントを求めよ．

[解答] まず，円の面積 S は長さが $2\pi x$ で，幅が dx の環状の帯を 0 から r まで積分したものと考えると，次式で表される．

$$S = \int_0^r 2\pi x\, dx = \pi [x^2]_0^r = \pi r^2$$

この考え方を使うと，円盤の中心軸に関する慣性モーメント I_z は，式(8.10)より次のようになる．ただし，ρ（面密度）$= M/\pi r^2$．

$$I_z = \int x^2 dm = \int_0^r x^2 (\rho 2\pi x\, dx) = 2\rho\pi \left[\frac{x^4}{4}\right]_0^r = \frac{\rho \pi r^4}{2} = \frac{Mr^2}{2}$$

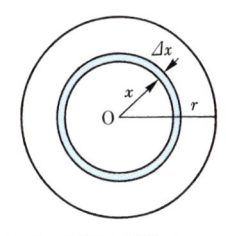

自動車のエンジンでは，爆発が間欠的に起こるので，均等な回転が得られない．そこで，回転を滑らかにするため，回転軸に慣性モーメントの大きな円輪を取り付けている．この種の円輪をフライ・ホイール（はずみ車）という．

剛体の回転の運動方程式は，どのように表されるか

図8.11のように，剛体に外力 F が働くと，各質点は次の運動方程式

$$F = m\frac{dv}{dt} = m\frac{d(r\omega)}{dt} = mr\frac{d\omega}{dt} \tag{8.11}$$

に従って回転する．多数の外力 F_i が各質点 m_i に働く場合には，多くのモーメントが作用するので，式(8.11)から

$$\sum F_i r_i = \sum m_i r_i^2 \frac{d\omega}{dt} \tag{8.12}$$

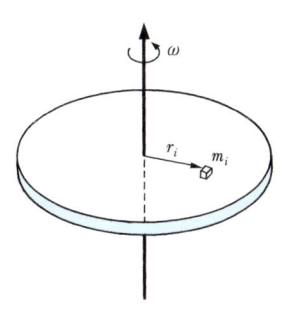

図8.11 回転軸のまわりの運動

$\sum F_i r_i$ はモーメントの総和 N を，$\sum m_i r_i^2$ は慣性モーメントを表すので，

$$N = I\frac{d\omega}{dt} = \frac{d(I\omega)}{dt} \tag{8.13}$$

が成り立つ．これが剛体の回転運動の基本式である．この式を並進運動の

基本式の(8.14)

$$F = m\frac{dv}{dt} = \frac{d(mv)}{dt} = \frac{dp}{dt} \tag{8.14}$$

と比較すると，表8.1のように，モーメントNは力Fに，慣性モーメントIは質量mに，角速度ωは速度vに相当することが分かる．

したがって，回転体の運動エネルギーも$(1/2)I\omega^2$で表される．さらに，dv/dtを加速度と呼んだように，$d\omega/dt$を角加速度という．また，mvを運動量pと呼んだように，$I\omega$を角運動量という．

表8.1 並進運動と回転運動の比較

並進運動		回転運動	
長 さ(距離)	x	角度	θ
速 度	$v=dx/dt$	角速度	$\omega=d\theta/dt$
質 量	m	慣性モーメント	I
運動量	$p=mv$	角運動量	$L=I\omega$
加速度	dv/dt	角加速度	$d\omega/dt$
力	F	力のモーメント	N
運動エネルギー	$(1/2)mv^2$	運動エネルギー	$(1/2)I\omega^2$
運動方程式	$F=mdv/dt$	運動方程式	$N=Id\omega/dt$

> 質量が並進運動のしやすさ・しにくさ，つまり慣性を表したように，慣性モーメントは回転運動のしやすさ・しにくさを表す概念である．

ここで，慣性モーメントの意味について考えてみよう．式(8.13)から分かるように，剛体に同じ大きさのモーメントNを加えても，慣性モーメントIが大きいと，角加速度$d\omega/dt$が小さくなるので，剛体は回転の始動・停止がしにくくなる一方，回転ムラも小さくなる．

◆◆・ 角運動量とは，どんなものか ・◆◆

回転運動における角運動量$I\omega$は，表8.1に示したように，並進運動の運動量mvに対応する概念である．いま，図8.12のように，質点mが半径rの円を描きながら，速度vで回転しているとき，$mv\cdot r$を角運動量と呼び，Lで表す．

$$L = mv\cdot r \tag{8.16}$$

したがって，剛体の角運動量Lは慣性モーメントをI，角速度をωとすると，次式で表される．

$$L = \sum m_i v_i \cdot r_i = \sum m_i r_i \omega \cdot r_i = (\sum m_i r_i^2)\omega = I\omega \tag{8.17}$$

この関係式を使うと，式(8.13)はさらに，次式で表される．

$$N = I\frac{d\omega}{dt} = \frac{d(I\omega)}{dt} = \frac{dL}{dt} \tag{8.13}'$$

図8.12 角運動量

上式は並進運動の式(8.14)の$F=dp/dt$に対応している．両式を比べると，運動量pを変化させる原因が力Fであり，角運動量Lを変化させる

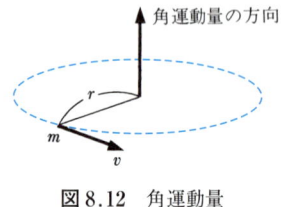

8. 大きさのある物体の力学

原因が力のモーメント N であることが分かる．

章末問題

問 1 長さ 4 m のシーソーの一端に，体重 25 kgw の子供が乗っている．このシーソーに体重 50 kgw の大人が乗ってバランスをとるには，他端から何 m の位置に乗ればよいか．

問 2 長さ 6 m の丸太の一端を持ち上げるには，30 kgw の力を要し，他端を持ち上げるには，20 kgw の力を要した．① 重心の位置，② 丸太の重さ求めよ．

問 3 長さ 180 cm，重さ 5 kgw の一様な棒 AD があり，B，C はその三等分点である．A，B，C，D にそれぞれ 1, 2, 3, 4 kgw の重りを吊るしたとき，棒の重心を求めよ．

問 4 図のような直角三角形の板の頂点に，それぞれ質量が 2 kg, 1 kg, 4 kg の重りが取り付けている．この直角三角形の板の重心を求めよ．

問 5 半径 1 m，質量 100 kg の円盤が中心 O を軸として，1 秒間に 60 回転している．① 慣性モーメント，② 回転の運動エネルギーを求めよ．

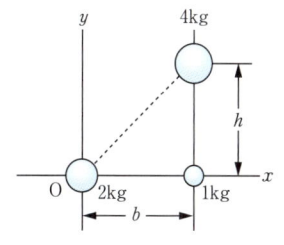

9 弾性体の力学

◆◆◆ 弾性とは，どんなものか ◆◆◆

固体に力を加えると，一般に形や体積が変化するが，固体には，ゴムやバネのように，力を取り去ると変形が元に戻るものもあれば，逆に針金や粘土のように，力を取り去っても元に戻らないものもある．前者のように変形が元に戻る性質を弾性と呼び，そのような物体を弾性体という．これに対して，後者のように変形が残る性質を塑性という．

外力によって固体の形や体積が変化するのは，物質を構成している原子や分子の位置が，平衡点から変位するためである．外力によって生じた形や体積の変化を「ひずみ(歪み)」という．歪みを受けた固体の内部では，歪みを元に戻そうする内力が生じ，それが外力とつり合う．これを応力と呼んでいる．

応力は，外力による原子間隔の伸び・縮みに伴って生じた，原子間の電気的な引力・反発力にほかならない．したがって，応力の大きさは外力に等しい．外力(または応力)と歪みの関係は，物質の種類によって異なるが，外力が小さいときは，歪み x は外力 F に比例する．この関係をフックの法則と呼び，式(1.3)と同じく，次式で表される．

$$F = kx \tag{9.1}$$

比例定数 k は一般に弾性率と呼ばれ，物質によって決まる定数であり，物質の大きさや形には無関係である．針金に力 F を加えて引っ張ると，伸び x は図9.1のように変化する．OA間では，歪みは外力に比例するので，点 A を比例限界という．式(9.1)はOA間で成り立つ．比例限界を越えた後，外力を減らすと，BO′のように変化し，元には戻らない．これが塑性であり，点 B を弾性限界という．

弾性限界の点 B を越えると，さほど外力を増さなくても針金は伸びるので，点 C を降伏点という．さらに外力を増すと，針金は切れるので，点 D を破断点という．鋼線は 80 kgw/mm² の力で切れるが，鉛の針金は 2 kgw/mm² の力で切れる．

針金を何回も折り曲げると，切れるように，弾性体に ＋ と － の歪みを繰り返して加えると，弾性が次第に弱くなり，破断しやすくなる．これを

弾性 (elastic)

塑性 (そせい，plastic)．金属が種々の形に曲げて加工できるのは，塑性に富んでいるためである．

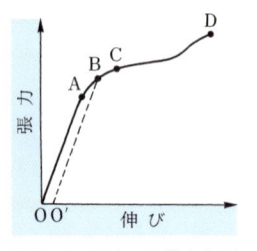

図9.1 応力-ひずみ曲線

弾性体とは，弾性限界の広いものにほかならない．

9. 弾性体の力学

弾性疲労という．飛行機は離着陸の度ごとに，新幹線はトンネルへの出入りの度ごとに，圧力の加わり方が逆になるので，弾性疲労を受ける．

なお，弾性は固体だけでなく，液体や気体にも存在する．音は空気の弾性振動にほかならない．

1985年に起きた日航ジャンボ機の墜落事故も，かつて胴体を修理した際に使っていた連結用の金属板が，弾性疲労（金属疲労）を起こしたためである．

◆◆◆ 歪みには，どんな種類があるか ◆◆◆

歪みの中で最も簡単なものは，① 伸びで，その反対が縮みである．その他の歪みには，②「ずり」がある．気体や液体には，形は変わらないが，体積が変化する性質があるので，③ 圧縮と膨張がある．棒の「たわみ」や「曲げ」は，伸びと縮みで説明されるのに対して，「ねじれ」は「ずり」で説明できる．それぞれの歪みに対して，次のような3つの弾性率が定められている．

◆◆◆ ヤング率とは，どんなものか ◆◆◆

図9.2のように，長さ l[m]，断面積 S[m^2]の棒の両端に，張力 F[N]を加えると，棒は Δl だけ伸びる．実験によると，伸び率 $\Delta l/l$ は単位面積当たりの外力 F/S に比例するので，比例定数を E とすると，

$$\frac{F}{S} = E \cdot \frac{\Delta l}{l} \tag{9.2}$$

が成り立つ．E はヤング率，または伸びの弾性率と呼ばれ，物質に固有な値である．ヤング率が大きいほど伸びにくい．棒を両端から圧縮するときは，外力が圧力になるので，Δl は − になる．

ところで，歪みを元の長さに対する変化量の割合 $\Delta l/l$ で表し，応力の大きさを単位面積当たりの力 F/S で表すと，上式は式(9.1)と同形になる．一方，式(9.2)を次のように変形すると，ヤング率 E の単位は，N/m^2 になることが分かる．

$$E = \frac{F/S}{\Delta l/l} \tag{9.3}$$

この式から分かるように，図9.3に示す棒や針金の下端に外力 F を加えて，その伸び Δl を測定すると，ヤング率 E を実験的に求めることができる．逆に，棒や針金の長さ l と断面積 S，ヤング率 E，外力の大きさ F が与えられると，その伸び Δl は式(9.2)から求められる．代表的な物質のヤング率を，他の弾性率と合わせて表9.1に示す．

なお，ヤング率以外の弾性率も，式(9.3)に示したように，歪みに対する応力の比，[弾性率 = 応力/歪み]で表される．

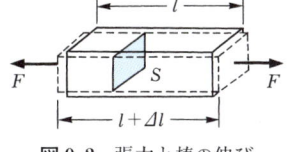

図9.2 張力と棒の伸び

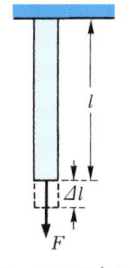

図9.3 ヤング率の測定

表9.1 主な物質の弾性率（10^{10} N/m^2）

	ヤング率	剛性率	体積弾性率
アルミニウム	7.03	2.61	7.55
ガラス	7.13	2.92	4.12
金	7.8	2.7	21.7
鋼鉄	20.1〜21.6	7.8〜8.4	16.5〜17.0
ゴム	$(1.5〜5.0)\times 10^{-4}$	$(5〜15)\times 10^{-5}$	—
鉛	1	0.559	4.58
ポリエチレン	0	0.026	—

【例題】 長さ2 m，直径1 mmの針金に，質量2.5 kgの重りをかけたら，0.6 mm伸びた．この針金のヤング率を求めよ．

［解答］ 式(9.3)のF, S, l, Δlにそれぞれの数値を代入すると，次のようにして求められる．

$$E = \frac{F/S}{\Delta l/l} = \frac{2.5\times 9.8/\pi(0.5\times 10^{-3})^2}{(0.6\times 10^{-3})/2} = \frac{2.5\times 9.8}{\pi(5\times 10^{-4})^2}\times \frac{2}{6\times 10^{-4}}$$

$$= \frac{5\times 9.8}{\pi\times 25\times 10^{-8}\times 6\times 10^{-4}} = \frac{5\times 9.8}{150\pi\times 10^{-12}} = \frac{9.8}{3\pi\times 10^{-11}}$$

$$= 10.4\times 10^{10}\ \mathrm{N\cdot m^{-2}}$$

【練習】 長さ1 m，半径0.1 mm，ヤング率20×10^{10} N·m^{-2}のワイヤに，1 kgwの重りを吊すと，ワイヤは何m伸びるか．

［答］ 1.6×10^{-3} m

◆◆◆ 剛性率とは，どんなものか ◆◆◆

図9.4のように物体の底面を固定し，上面(面積S)に沿って力Fを加えると，物体は角θだけ横ずれを生じて変形する．このように形だけが変化して，体積の変化を伴わない歪みを「ずり」という．フックの法則によると，「ずり」の応力F/Sは「ずり」の大きさθに比例するので，

$$\frac{F}{S} = n\theta \tag{9.4}$$

が成り立つ．比例定数nを剛性率，または「ずり」の弾性率という．nが大きいものほど，変形しにくい．主な物質の剛性率を表9.1に示した．

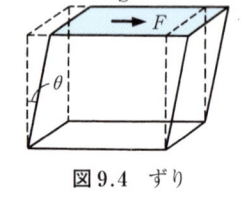

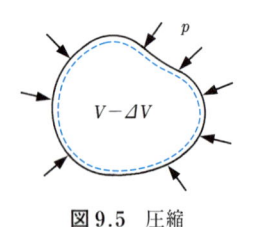

図9.4 ずり

◆◆◆ 体積弾性率とは，どんなものか ◆◆◆

図9.5のように，体積Vの物体に一定の外力pを加えると，体積はdVだけ減る．フックの法則によると，応力pは歪みdV/Vに比例するので，

図9.5 圧縮

9. 弾性体の力学

$$p = -k\frac{dV}{V} \quad (9.5)$$

が成り立つ．比例定数 k は体積弾性率と呼ばれ，表 9.1 のように，物質の種類によって異なる．なお，気体と液体には，ヤング率も剛性率もないが，体積弾性率だけは存在する．体積弾性率 k の逆数 $(-dV/V)/p$ を圧縮率と呼び，これは単位圧力当たりの体積減少率を意味する．

【例題】 水の体積弾性率は 0.22×10^{10} N・m^{-2} である．水の体積を 1 % だけ減少させるに必要な圧力を求めよ．

［解答］ 式 (9.5) から，次のようにして求められる．

$$p = -k\frac{dV}{V} = -0.22 \times 10^{10} \times (-1 \times 10^{-2}) = 2.2 \times 10^7 \text{ N・m}^{-2}$$

◆◆◆ 棒の「曲げ」や「たわみ」は何によって決まるか ◆◆◆

図 9.6 のように，厚さ a，幅 b の長方形の断面を有する棒の両端に，モーメント N の偶力を加えて棒を曲げると，棒は円弧を描いてバランスする．弾性体の理論によれば，円弧の曲率半径 r は，

$$r = \frac{Ea^3b}{12N} \quad (9.6)$$

で与えられる．E は棒のヤング率である．このように，棒の曲げ現象にヤングが関係するのは，棒の外側では伸び，内側では縮むためである．伸び縮みの全くない層を中間層という．

ところで，式 (9.6) の中の $a^3b/12$ は，密度が $\rho = 1$ の長方形の慣性モーメントにほかならないので，これを I と置くと，式 (9.6) は次式で表される．

$$r = \frac{EI}{N} \quad (9.7)$$

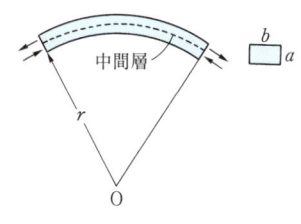

図 9.6 棒の曲げ

円弧に内接するような円の半径 r を曲率半径という．

この式は断面が長方形に限らず，種々の形状の棒の曲げについて成り立つ．この式から分かるように，偶力のモーメント N が大きいほど，曲率半径 r は小さくなるので，棒は大きく曲がる．また，ヤング率 E が小さく，慣性モーメント I が小さいほど，棒は大きく曲がる．

そこで，直径も質量も等しい同じ円筒パイプと円柱棒は，どちらが曲がりにくいかを比べると，式 (9.7) から，I の大きな円筒パイプのほうが曲がりにくいことが分かる．体操の鉄棒や動物の骨が円筒パイプになっているのは，そのためである．

次に，棒の「たわみ」について考えてみよう．図 9.7 のように，長さが

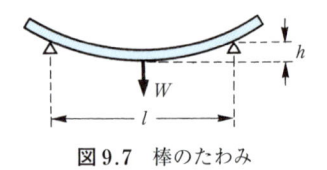

l で，厚さ a，幅 b の長方形断面の棒に荷重 $W(=mg)$ を吊るすと，棒はたわむ．棒のヤング率を E とすると，降下量 h は次式で与えられる．

$$h = \frac{l^3 W}{4a^3 bE} \tag{9.8}$$

この式から，建物の梁（はり）は厚さ a の3乗に反比例して，たわみにくくなることが分かる．また，金属製の組立式書棚（ラック）は，全体が重くならないように，薄い鉄板を L 型に曲げて，実効厚を大きくしたアイデア製品である．

図 9.7 棒のたわみ

◆◆◆ 次元とは，どんなものか ◆◆◆

物理量には，長さ，面積，体積，時間，速度，加速度，質量，密度，力，仕事，仕事率，エネルギー，運動量，力のモーメント，温度，熱量，比熱，電気量，電位，電気容量，電気抵抗，電流などがあるが，基本になる物理量は，① 長さ(Length)，② 質量(Mass)，③ 時間(Time) の 3 つである．そのため，L，M，T を基本単位と呼んでいる．

これに対して，速度や加速度，力などの物理量は，この L，M，T を使って，それぞれ $[LT^{-1}]$，$[LT^{-2}]$，$[MLT^{-2}]$ のように組立て・誘導することができるので，組立単位，または誘導単位という．

組立単位は $[L^a M^b T^c]$ で表され，a，b，c を次元(dimension)と呼ぶ．$[LT^{-2}]$ や $[MLT^{-2}]$ などを次元式という．

L，M，T の単位に，それぞれ [m]，[kg]，[s] を使った単位系を MKS 単位系という．SI 単位(国際単位系)は，この MKS 単位系を拡張したものである．物理量の単位には，10^n を表す接頭語として，キロやメガ，ギガ，テラ，…，あるいはミリやマイクロ，ナノ，ピコ，…などが使われる．その種類と記号の関係を表 9.2 に示す．

表 9.2 単位の 10^n の接頭語

名称	記号	大きさ	名称	記号	大きさ
エクサ (exa)	E	10^{18}	デシ (deci)	d	10^{-1}
ペタ (peta)	P	10^{15}	センチ (centi)	c	10^{-2}
テラ (tera)	T	10^{12}	ミリ (milli)	m	10^{-3}
ギガ (giga)	G	10^9	マイクロ (micro)	μ	10^{-6}
メガ (mega)	M	10^6	ナノ (nano)	n	10^{-9}
キロ (kilo)	k	10^3	ピコ (pico)	p	10^{-12}
ヘクト (hecto)	h	10^2	フェムト (femto)	f	10^{-15}
デカ (deca)	da	10	アト (atto)	a	10^{-18}

【練習】 次の物理量の次元を導け．
① エネルギー ② 仕事率 ③ 角速度 ④ 慣性モーメント

［答］ ① $[ML^2T^{-2}]$ ② $[ML^2T^{-3}]$ ③ $[T^{-1}]$ ④ $[ML^2]$

章末問題

問1 針金の上端を固定し，下端に重りを吊るした．針金の長さと半径を各々 a 倍にして，伸びも a 倍にするには，重りを何倍にすればよいか．

問2 地殻岩盤の歪みは，大規模な「ずり」の証拠である．厚さ 10 km の層をなす岩盤に応力が加わり，5 m の「ずり」が生じた．岩盤の「ずり」の弾性率を $1.5×10^{10}$ N·m^{-2} として，加わった応力を求めよ．

問3 長さ 2 m，断面積 0.1 cm² のワイヤに，102 kgw の荷重をかけたところ，ワイヤが 0.22 cm 伸びた．① 引っ張り応力 (F/S)，② 歪み ($\Delta l/l$)，③ ヤング率 E を求めよ．

問4 図のように，長さ l，断面積 S，密度 ρ，ヤング率 E の一様な棒を鉛直に吊り下げると，棒は自重によって，どれだけ伸びるか．

問5 力積は運動量の変化に等しいことを，次元を使って証明せよ．

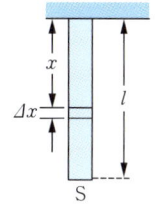

10 流体の力学

◆◆◆ 圧力とは，どんなことか ◆◆◆

　図 10.1 のようにスポンジの上にレンガを載せると，底面積の違いにより，その沈み方が異なる．これは，底面に加わる力の大きさは同じでも，単位面積当たりの力の大きさが違うためである．単位面積当たりに加わる力の大きさ p を圧力の強さと呼び，面積を S [m²]，力の大きさを F [N] とすると，p [Pa] は次式で定義される．圧力の強さを単に圧力ともいう．

$$p = \frac{F}{S} \tag{10.1}$$

Pa (パスカル) = N/m²

圧力の強さ p と面積 S の積 pS を全圧と呼び，P [N] で表す．

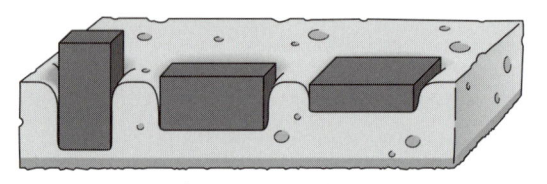

図 10.1　接触面積による圧力の強さの違い

【練習】　レンガの大きさは縦 20 cm，横 10 cm，厚さ 5 cm，質量は 3 kg である．レンガの置き方を変えたとき，それぞれの圧力の強さを求めよ．　　　　　　　　　　　［答］　6000 Pa，3000 Pa，1500 Pa

◆◆◆ 流体とは，どんなものか ◆◆◆

　水や空気は固体と異なり，決まった形を持たず，外力を加えると流れるので，液体と気体をまとめて流体と呼んでいる．しかし同じ流体でも，液体は一定の体積を有し，気体は一定の体積を有していない．この違いは，液体と気体では，分子間の結合力が異なるためである．
　まず気体では，分子間の距離が離れ，結合力がない．分子は図 10.2(a) のように自由に飛び回り，絶えず容器壁面に衝突して力を及ぼしている．壁面の単位面積当たりのこの力が，気体の圧力にほかならない．そのため，容器内の気体の圧力は，どこでも等しい．
　次に液体では，分子は同図(b) のように密集して，互いに接触し合って

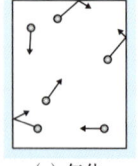

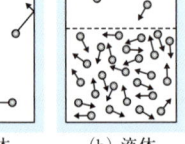

(a) 気体　(b) 液体
（矢印は速度を示す．）
図 10.2　気体と液体の熱運動

10. 流体の力学

いるが，分子間の結合力が固体ほどには強くないので，外力が働くと，隣合った分子は滑り合いながら動くようになる．液体が一定の体積を有し，決まった形を持たないのは，そのためである．

◆◆ 液体の深さと圧力の関係は，どうなっているか ◆◆

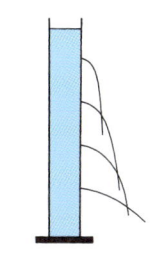

図10.3 水深と水圧

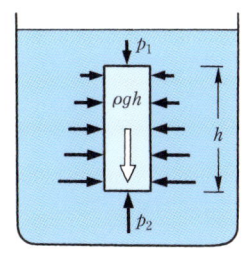

図10.4 静水圧の変化

図10.3のように，側面に孔を開けた容器に水を入れると，水は水圧によって側面から噴出し，その勢いは下の孔ほど強くなる．このことから，水圧は側面にも働き，水深が深くなるほど高くなることが分かる．

次に図10.4のように，密度 ρ [kg/m³] の液体の中で，断面積 S [m²]，高さ h [m] の液柱を考えると，液柱の上面には下向きの力 $p_1 S$ が，底面には上向きの力 $p_2 S$ が働き，液柱自身には重力 $\rho S h g$ が下向きに働く．この3力はつり合っているので，

$$p_1 S + \rho g h S = p_2 S \quad \therefore \quad p_2 = p_1 + \rho g h$$

が成り立つ．したがって，深さが h だけ深くなると，圧力は $\rho g h$ だけ高くなるので，液面から深さ h における圧力 p [Pa] は，次式で表される．

$$p = \rho g h \tag{10.2}$$

g/cm³=kg/l=t/m³=10³kg/m³

ダムの壁や堤防が下側ほど厚く丈夫に造られているのは，水圧が深さに比例して増大するためである．

> 実用的な圧力の単位には，kgw/cm² が使われる．kgw/cm² 単位の圧力 p は，式(10.2)より $p=\rho h$ で表されるので，水圧は次に示すように，水深が 10 m 深くなるごとに，1 kgw/cm² だけ増大する．
>
> $$p = \rho h = 1(t/m^3) \times 10(m) = 10^3 \times 10 \text{ kgw/m}^2 = 1 \text{ kgw/cm}^2$$

1 kgw/cm² の圧力は後述のように，約1気圧に等しいので，水深 5000 m の深海の水圧は約 500 気圧にもなる．そのため，深海艇は耐圧構造に造られている．

◆◆ 大気圧とは，どんなものか ◆◆

地球は大気に取り囲まれ，人は大気の海の底に住んでいる．大気は上空ほど薄くなるので，密度は小さくなるが，数百 km の高さまで達している．その密度は地表面で 1.3×10^{-3} g/cm³ なので，水の約 1/800 である．

大気の質量は 1m³ で 1.3 kg もある．

大気圧は，水圧が水の重さによって生じたように，空気の重さによって生じる．しかし，大気の密度が上空に行くほど小さくなるので，大気圧も高さとともに次第に低くなる．

大気に圧力があることは，17世紀に図10.5のような実験によって発見されている．長さが約1mの肉厚の試験管に水銀を満たし，出口を指でふさぎながら，それを逆さにして水銀槽の中に立てると，管内の水銀は多少流れ出るが，管内には約76cmの水銀柱が残る．

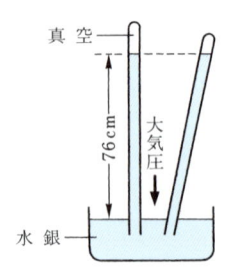

図10.5 大気圧による水銀柱の上昇

> 管内の上部にできた真空を，発見者の名に因んでトリチェリーの真空という．

これは，管内の上部が真空になったため，水銀槽の表面に働いている下向きの大気圧が，水銀柱を押し上げているからである．つまり，約76cmの水銀柱の自重を大気圧が支えているのである．大気圧は天候によって変動するが，760 mmの水銀柱を支える大気圧を760 mmHgと表し，これを1気圧（1 atm）と定義している．

> mmHgは血圧の単位にも使われている．

【例題】 1気圧の大気は76 cmの水銀柱を支えるが，水柱ならば何cm支えることができるか．ただし，水銀の密度は13.6 g/cm³で，水の密度は1.0 g/cm³である．
［解答］ 13.6×76＝1033.6 cm≒10 m
なお，次式に示すように，1 atm（気圧）は約1 kgw/cm²に等しい．
1 atm＝ρh＝13.6 (g/cm³)×76 (cm)＝1033.6 gw/cm²≒1 kgw/cm²

1 hPa＝100 Pa＝100 N/m²

【例題】 天気予報では，ヘクトパスカル（hPa）が使われる．1 atmが1013 hPaに等しいことを示せ．
［解答］ 1 atm＝ρgh＝13.6×10³ (kg/cm³)×9.8 (N/kg)×0.76 (m)＝13.6× 10³×9.8×0.76 N/m²＝1.013×10⁵ Pa＝1013 hPa
以上のことから，次の関係が得られる．
1 atm＝760 mmHg＝10.336 mH₂O＝1013 hPa≒1 kgw/cm²

> 牛乳をストローで吸うと，牛乳が上昇するのも，口の中が減圧されるため，大気圧が牛乳を押し上げるからである．その際，頬が凹むのも，口の中と外の圧力のバランスが崩れ，大気圧が頬を押すためである．
> また，真空吸盤を滑らかな面上で強く押すと，吸盤が面に吸い付くのも，真空状態になった吸盤を大気圧が押し付けるためである．

ところで，地表面の大気圧は約1 kgw/cm²で，人の頭は断面積が約300 cm²なので，頭上には約300 kgwの全圧が加わっているが，それを

10. 流体の力学

感じないのは，身体の内部にも大気圧が加わり，バランスしているからである．

◆◇・ 浮力とは，どんなものか ・◇◆

木片を水中に沈めると，浮き上がってくる．これは木片を重力に逆らって浮き上がらせる力が働くためであり，この力を浮力という．

浮力は，なぜ生じるのだろうか．木片を水中に沈めると，図10.6のような水圧が木片の表面に働く．側面に働く水圧はバランスするが，底面に働く水圧が上面に働く水圧よりも大きいので，全表面に働く水圧の合力は上方を向く．この合力が浮力にほかならない．

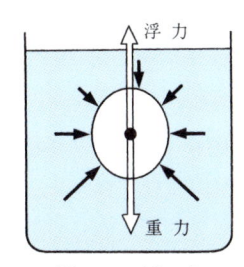

図 10.6 浮 力

ところで，木片を同形の水柱で置き換えても，合力の大きさ，つまり浮力の大きさは変わらないはずである．しかも，下向きに働く水柱の自重と上向きに働く浮力は，つり合っている．木片に働く浮力は，木片と同体積の水の重さに等しいので，浮力の大きさは，物体が排除した流体の重さに等しい．

そのため，物体の重さは，物体と同体積の流体の重さだけ軽くなる．これをアルキメデスの原理という．質量 M，密度 ρ の物体が，密度 ρ_0 の流体の中で受ける浮力 B(buoyancy)の大きさは，

$$B = \frac{M}{\rho} \rho_0 g \tag{10.3}$$

で表される．M/ρ は物体の体積を表し，$(M/\rho)\rho_0$ は物体が排除した流体の質量を表している．

式(10.3)から分かるように，$\rho_0 > \rho$ なら，$B > Mg$ となるので，物体は浮き上がって液面から顔を出す．$\rho_0 < \rho$ なら，$B < Mg$ となるので，物体は沈む．また $\rho = \rho_0$ なら，物体は液体の中を漂うことになる．

浮力は B.C.250 年頃，アルキメデスが発見している．

【練習】 質量 120 kg，密度 6 g/cm³ の銅塊は，水中では何 kgw になるか． ［答］ 100 kgw

死海で浮かびながら新聞を読む人

中東のヨルダンの「死海」の密度は，$1.17\,\mathrm{g/cm^3}$（塩分濃度25％）もあるので，人も卵も容易に浮き，沈まない．

水素（$\rho=0.0898\,\mathrm{g}/l$）は爆発しやすいので，使われなくなった．

さて，鉄板は沈むのに，鉄板で作った船は，なぜ海面に浮くのだろうか．これは，船の中が中空なので，その平均密度が海水の密度より小さいためである．物体が浮く場合，液面下の物体が排除した液体の重さ（浮力）と物体の自重がつり合う位置で，物体は静止する．

なお，式(10.3)から分かるように，浮力は液体の密度 ρ_0 が大きいほど大きくなる．プールよりも海の方が浮きやすいのは，そのためである．

浮力は液体中だけでなく，空気中でも働く．空気の密度は $1.3\,\mathrm{g}/l$ なので，その浮力は小さいが，それでも体積 $1\,\mathrm{m^3}$ の物体には，$1.3\,\mathrm{kgw}$ の浮力が働く．ヘリウム（$\rho=0.179\,\mathrm{g}/l$）入りの風船が空気中に浮くのは，その密度が空気の密度より小さいためである．

◆◆◆ 運動している流体は，どんな性質を持っているか ◆◆◆

流体の運動は，一般に川の流れのように複雑であり，各点の速度は時々刻々と変化している．流体の通った経路を示す曲線を流線と呼び，流線は各点における流れの向きを表すので，流れの様子はこの流線で図示する．流速が比較的小さく，流れの様子が時間的に変わらないような流れを定常流という．定常流の下では，次の2つの式が成り立つ．

(1) 連続の式

図10.7のように，太さの異なる管を流体が流れていると，点Aと点Bを1秒間に通る流体の質量は，常に等しくなるので，その流速を v_1，$v_2\,\mathrm{[m/s]}$，断面積を S_1，$S_2\,\mathrm{[m^2]}$，密度を ρ とすると，次式が成り立つ．

$$\rho S_1 v_1 = \rho S_2 v_2$$

Sv は1秒間に通る流体の体積，つまり流量（$\mathrm{m^3/s}$）を表し，ρSv は1秒間に通る流体の質量を表す．したがって，$S_1 v_1 = S_2 v_2$ となるので，

$$Sv = \mathrm{const.}\,(一定) \tag{10.4}$$

が成り立つ．この式を連続の式という．連続の式は流体の質量保存則を表している．この式から分かるように，流速は管の断面積に反比例し，狭いところほど速くなる．川幅が狭くなると，確かに流速は速くなる．

道路幅と自動車の速度の関係は，これと全く逆になる．

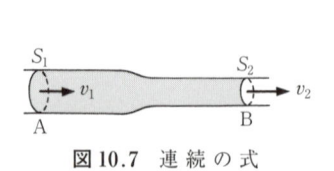

図10.7 連続の式

図10.8 ベルヌーイの定理

(2) ベルヌーイの定理

水鉄砲や注射器に圧力を加えると，その中の液体はエネルギーを得て，勢いよく飛び出すが，これは，液体に加えた仕事が運動エネルギーに変換されるためである．そこで，仕事とエネルギーの関係を調べてみよう．

図10.8のように，断面積Sも流速vも高さhも異なる管内を，密度ρの液体が移動するとき，次のベルヌーイの定理が成り立つ．

$$p + \rho g h + \frac{1}{2}\rho v^2 = \text{const.（一定）} \tag{10.5}$$

pを静圧，$\rho v^2/2$を動圧という．

流体が運動すると，質量の移動に伴ってエネルギーも移動するが，ベルヌーイの定理は，そのときの流体のエネルギー保存則を表している．ちなみに，上式に体積Vを掛けると，第1項のpVは圧力による仕事を表し，第2項は位置エネルギーを，第3項は運動エネルギーを表している．このようにベルヌーイの定理は，エネルギー保存則を流体に拡張したものである．この定理を使うと，以下に述べるような現象が理解できる．

◆◆・ 飛行機が空中に浮くのは，なぜか ・◆◆

図10.9のように，卓上に紙を置いて一端を固定し，力強く息を吹くと，紙は上昇する．これは，紙の上側では空気の流れが速くなるので，ベルヌーイの定理から分かるように，圧力が下側より低くなる．そのため，紙が上向きの力を受けるからで，この力を揚力という．

飛行機の翼は図10.10のように迎え角を持ち，断面が凸面になっているので，翼の上面を流れる空気の流速は下面より速くなる．そのため，翼の両面で圧力差が生じ，翼は揚力を受ける．

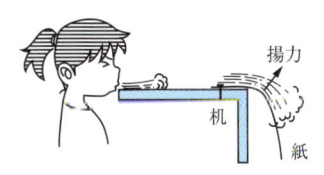

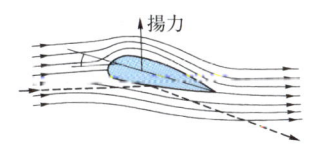

図10.9 揚力の発生　　　図10.10 飛行機の揚力

翼はこのほかにも，同図の点線のように，空気の流れの運動量が翼によって下向きに曲げられるため，その反作用として，より大きな揚力を受ける．凧が上がるのも，これと同じ理屈である．

◆◆・ ボールが曲がるのは，なぜか ・◆◆

野球のボールは図10.11のように，捻って回転を与えて投げると，カー

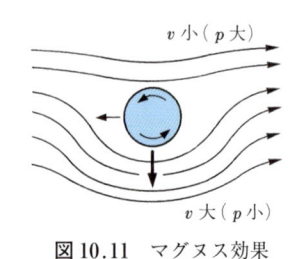

ブを描く．これは，ボールに回転を与えると，空気の流れの向きと回転の向きが一致するボールの下側では，空気の流速が速くなり，逆にボールの上側では遅くなって，圧力差が生じるからである．

ボールは圧力の低い下側へ曲げられるので，ボールに垂直方向の回転を与えると，フォークになる．この現象をマグヌス効果という．

図 10.11 マグヌス効果

◆・◆　粘性とは，どんなことか　◆・◆

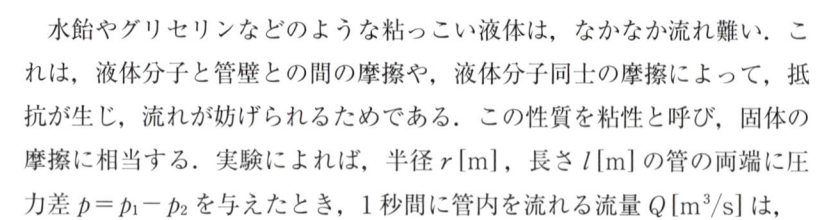

水飴やグリセリンなどのような粘っこい液体は，なかなか流れ難い．これは，液体分子と管壁との間の摩擦や，液体分子同士の摩擦によって，抵抗が生じ，流れが妨げられるためである．この性質を粘性と呼び，固体の摩擦に相当する．実験によれば，半径 r [m]，長さ l [m] の管の両端に圧力差 $p = p_1 - p_2$ を与えたとき，1 秒間に管内を流れる流量 Q [m³/s] は，

$$Q = \frac{\pi r^4}{8\eta l} p \qquad (10.6)$$

式 (10.6) をハーゲン-ポアズの法則という．

粘性率の単位には，パスカル秒 (Pa·s) やポアズ (P) を用いる．

動脈硬化が起こると，血管がコレステロールの付着によって細くなり，血流量が減るので，これを一定に保つために血圧が高くなる．

で表される．η は粘性率や粘度と呼ばれ，η の大きな流体ほど，粘っこいので流れ難い．この式から分かるように，流量が r^4 に比例するので，r が 20 % 細くなるだけで，流量は約 41 % に激減する．

●●●●　章末問題　●●●●

問 1 女性のハイヒールで踏まれたときの圧力の強さ [atm] を求めよ．ただし，その体重を 50 kgw，かかとの底面積を 1 cm² とする．

問 2 図のような内部が真空の容器に，縦横 20 cm の上蓋が付いている．大気圧が 1.0×10^3 hPa のとき，この蓋を開けるに必要な力の大きさを求めよ．

問 3 グラスの中の氷 ($\rho = 0.917$ g/cm³) は，その何 % が水面上に顔を出すか．

問 4 直径 2 cm の水道ホースを使って，20 l の容器に水を満たすのに，1 分間を要した．ホースから出る水の流速を求めよ．

問 5 ダムの水を放水するのに，半径 1 m，長さ 100 m の配管を使って，10 時間かかった．半径 2 m，長さ 200 m の配管を使うと，何時間かかるか．

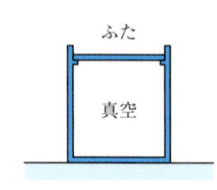

11 波動とその性質

◆•◆ 波とは，どんなものか ◆•◆

　池に蛙が飛び込むと，水面は上下に振動し，その振動は次々と周囲に伝わっていく．このように振動が空間を伝わる現象を波，または波動と呼び，最初に振動し始めた点を波源，波を伝える物質を媒質という．音波は空気を媒質として，地震波は地殻を媒質として伝わる．いずれも，弾性振動による弾性波である．波動には，力学的な弾性波だけでなく，電波や光，X線，γ線のような電磁波があり，電磁波は真空中でも伝わる．

波紋の広がっている水面上の木の葉から分かるように，波が進むといっても，媒質はその位置で単に振動を繰り返すだけで，媒質自体は進まない．

◆•◆ 波動には，横波と縦波がある ◆•◆

　波動には，横波と縦波がある．図11.1(a)に示す「ひも」や水面を伝わる波のように，振動方向が波の進行方向に垂直な波を横波という．横波は弦や固体中を伝わる．地震波のS波や電磁波も横波である．
　一方，同図(b)示す「ばね」を伝わる波のように，振動方向が進行方向に平行な波を縦波という．縦波は疎な部分と密な部分が交互に現れるので，疎密波とも呼ばれ，固体・液体・気体中を伝わる．

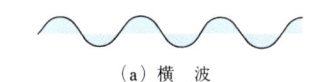

(a) 横　波

(b) 縦　波

図 11.1 波の種類

音波や地震波のP波は縦波である．縦波は横波のように直感的ではないが，横波と同じように取り扱うことができる．

◆•◆ 波動は，どんな式で表されるか ◆•◆

　図11.2のように波源Oを中心にして，$y = A\sin\omega t$ で表されるような振動が y 軸に沿って起こり，その振動が x 軸方向に v の速さで次々と伝わっていくとしよう．波源から x だけ離れた位置にあるP点は，O点より x/v 秒だけ遅れて振動するので，P点での振動は次式で表される．

$$y = A\sin\omega\left(t - \frac{x}{v}\right) \tag{11.1}$$

$y = A\sin\omega t$　　　　$y = A\sin\omega\left(t - \dfrac{x}{v}\right)$

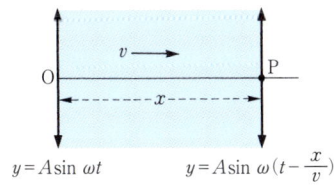

図 11.2 波の伝わり方

　これが波動を表す式であり，$\omega(t-x/v)$ を波の位相という．このように波動の式は，$y = f(t, x)$ の形で表され，2変数の関数になる．ある時刻 t における波の変位は，式(11.1)から分かるように，図11.3のようなサインカーブになる．隣り合った波の山と山，または谷と谷との長さを波長という．

波動関数や波動方程式とも呼ぶ．

図 11.3 波長と振幅

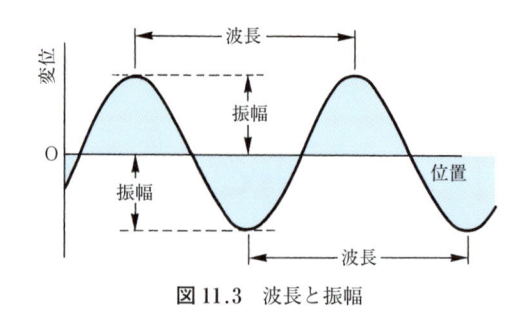

ところで波は，波源が 1 振動する度に 1 波長だけ進むので，1 周期の間に 1 波長だけ進む．したがって，波長を λ [m]，振動の周期を T [s]，振動数を ν [Hz] とすると，波の伝わる（進む）速さ v [m/s] は，

$$v = \frac{\lambda}{T} = \nu\lambda \tag{11.2}$$

波は T [s] 間に λ [m] 進むので，波の速さ v は λ/T に等しい．

で表される．この関係式を使うと，式(11.1)は次のように表される．

$$y = A \sin 2\pi \left(\frac{t}{T} - \frac{x}{\lambda} \right) \tag{11.3}$$

t/T と x/λ は，いずれも無次元である．式(11.3)は，x 軸の正の向きに進む波動を表しているが，負の向きに進む波動の式は次式で表される．

$$y = A \sin 2\pi \left(\frac{t}{T} + \frac{x}{\lambda} \right) \tag{11.4}$$

波動には，「ひも」や「ばね」を伝わる波のような 1 次元 (x 軸) の波のほかに，水面を伝わる波のような 2 次元の波や，音波・電磁波・地震波のような 3 次元の波がある．

【練習】 周期が 0.4 秒，波長が 2 m の波の速さを求めよ．
　　　　　　　　　　　　　　　　　　　　［答］ 5 m/s

【例題】 $y = 3 \sin 2\pi (5t - 0.5x)$ で表される波動がある．① この波動の振幅，② 振動数，③ 波長，④ 波の速さを求めよ．

［解答］ 式(11.3)と比較すると．① $A = 3$ m，② $\frac{1}{T} = 5$ ∴ $\nu = \frac{1}{T} = 5$ Hz，③ $\frac{1}{\lambda} = 0.5$ ∴ $\lambda = 2$ m，④ $v = \nu\lambda = 5 \times 2 = 10$ m/s

【練習】 振幅が 20 cm で，波長が 50 cm の正弦波が，x 軸の正の向きに速さ 2.0 m/s で進んでいる．この波動の変位を表す式を求めよ．
　　　　　　　［答］ $y = 0.20 \sin 2\pi (4.0t - 2.0x)$

11. 波動とその性質

◆◆◆ 波動のエネルギーとは，どんなものか ◆◆◆

波が媒質中を伝わると，それまで静止していた部分も振動し始め，その振動のエネルギーは，波の移動に伴って運ばれる（図11.4）．これを波動のエネルギーという．ところで，振動のエネルギー E は式(7.20)に示し

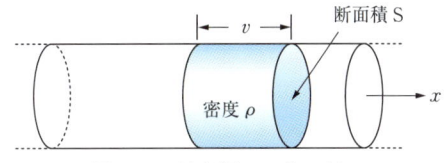

図11.4 波が運ぶエネルギー

> 波によって運ばれるのは媒質ではなく，振動のエネルギーである．

たように，$E=(1/2)m\omega^2 A^2$ で表されるので，媒質の密度を ρ とすると，媒質中の波動のエネルギー密度 $J\,[\text{J/m}^3]$ は，次式で表される．

$$J = \frac{1}{2}\rho\omega^2 A^2 \tag{11.5}$$

したがって，波の伝わる速さを $v\,[\text{m/s}]$ とすると，波の進行方向に垂直な単位面積を単位時間に通過する波動のエネルギー $I\,[\text{J/m}^2\text{s}]$ は，

$$I = Jv = \frac{1}{2}\rho\omega^2 A^2 v \tag{11.6}$$

で表され，この I を波の強さという．一般に，波の強さは波源から離れると弱くなるが，音波のように，そのエネルギーが球面状に広がる波では，波源の出力を $P\,[\text{W}]$ とすると，波源から $r\,[\text{m}]$ 離れた点での波の強さ I は，

$$I = \frac{P}{4\pi r^2} \tag{11.7}$$

で表され，距離の2乗に反比例して弱くなる．

なお，波の伝わる速さは，媒質の種類や波動の種類によって異なる．

> 波の強さ I は振幅の2乗と振動数の2乗に比例する．その単位の $\text{J/m}^2\text{s}$ は W/m^2 に等しい．

> 例えば音波や地震波のように，波が弾性体（媒質）の変形による振動によって生じる際には，波の速さは，媒質の変形を元に戻そうとする復元力（弾性率）と，その変形が元に戻るのを妨げようとする媒質の慣性（密度）によって決まる．

【例題】 $y=0.20\sin(4.0t-2.0x)$ で表される波動が，密度 $1.5\,\text{kg/m}^3$ の媒質中を進んでいる．この波の強さを求めよ．

[解答] まず，式(11.1)と比較すると，$A=0.20$，$\omega=4.0$，$\dfrac{\omega}{v}=2.0$

∴ $v=\dfrac{4.0}{2.0}=2.0$．次に，各数値を式(11.6)に代入すると，

$$I = \frac{1}{2}\rho\omega^2 A^2 v = 0.5 \times 1.5 \times 4.0^2 \times 0.2^2 \times 2.0 = 0.96\,\text{W/m}^2$$

【練習】 出力が 314 W の音源から，5 m 離れた点の音波の強さを求めよ． [答] $1\,\text{W/m}^2$

定常波とは，どんなものか

図 11.5 のように，波長，振幅，速さの等しい 2 つの波が，互いに逆向きに進んできて重なると，合成波はどうなるだろうか．x の正の方向へ進む波 y_1 と，負の方向へ進む波を y_2 をそれぞれ

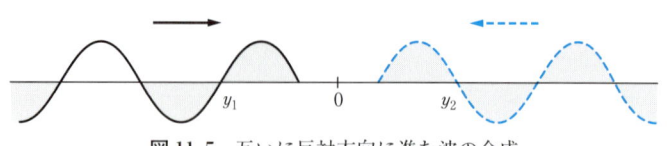

図 11.5 互いに反対方向に進む波の合成

$$y_1 = A\sin 2\pi\left(\frac{t}{T} - \frac{x}{\lambda}\right), \quad y_2 = A\sin 2\pi\left(\frac{t}{T} + \frac{x}{\lambda}\right)$$

で表すと，合成波は $y = y_1 + y_2$ で表されるので，これに三角関数の公式

$$\sin A + \sin B = 2\cos\left\{\frac{(A-B)}{2}\right\} \cdot \sin\left\{\frac{(A+B)}{2}\right\}$$

を適用して和を積に直すと，次式が得られる．

$$y = y_1 + y_2 = 2A\cos\frac{2\pi x}{\lambda} \cdot \sin\frac{2\pi t}{T} \tag{11.8}$$

この式は x 軸上の各点が，それぞれ $2A\cos 2\pi x/\lambda$ で表される振幅と角振動数 $2\pi/T$ で単振動していることを示している．しかも，x 軸上の各点が一斉に揃って振動するので，各点は同時に上か下に動くだけなので，波は進行しない．その時間的変化は図 11.6 のようになる．

このように，振幅が時間に無関係で，位置だけで決まり，波形が進行しない波を定常波という．これに対して，式(11.3)で表されるような波を進行波という．

式(11.8)から分かるように，定常波の式は進行波の式(11.3)と異なり，時間的に変化する項と空間的に変化する項とに分離しており，cos の項は x だけを含み，sin の項は t だけを含んでいる．定常波の振幅は場所によって異なるが，m を任意の整数($m = 0, 1, 2, \cdots$)として，次の条件

$$2\pi\frac{x}{\lambda} = m\pi \quad \therefore \quad x = m\frac{\lambda}{2} \tag{11.9}$$

を満たすような位置では，cos の項が ± 1 になるので，最大の振幅を示す．このように，大きく振動するところを「腹」という．これに対して，

$$2\pi\frac{x}{\lambda} = (2m+1)\frac{\pi}{2} \quad \therefore \quad x = (2m+1)\frac{\lambda}{4} \tag{11.10}$$

を満たすような位置では，cos の項が 0 になるので，振幅が 0 になる．このように，全く振動しない点を「節」と呼んでいる．腹と節の位置は時間

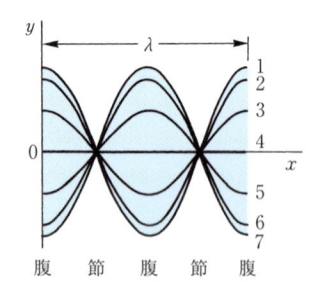

図 11.6 定常波
(定常波は 1 → 2 → 3 → ⋯ 6 → 7 → 6 → ⋯順に変化する)

定常波は一般に，入射波と反射波が重なり合って干渉(後述)すると生じる．例えば，岸壁に打ち寄せる波と岸壁で反射した波が重なり合うと，波は少しも進まないで，海面が単に上下運動をする情景が見られる．

隣り合った節と節，または腹と腹の距離は $\lambda/2$ である．

11. 波動とその性質

に無関係なので，定常波は同じ場所に止まった波に見える．

【例題】 波源 S_1 から振幅 1 m，波長 2 m，速さ 1 m/s の正弦波を発射し，波源 S_2 からも同じ正弦波を逆方向に発射したところ，両波動が重なり，定常波が発生した．① 定常波の腹の振幅と② 周期を求めよ．
[解答] 式(11.8)を(11.3)と比較すると，① 定常波の腹の振幅は進行波の振幅の 2 倍になるので，$2A = 2 \times 1 = 2$ m．② 定常波の周期は進行波の周期に等しいので，$T = \dfrac{\lambda}{v} = \dfrac{2}{1} = 2$ 秒．

◆◆◆ ドップラー効果とは，どんなことか ◆◆◆

救急車が警笛を鳴らしながら近づくときは，音は高く聞こえ，遠ざかるときは低く聞こえる．このように，音源が人に近づくときと，遠ざかるときとで，人に聞こえる音の高さ(振動数)が変わる現象をドップラー効果という．ドップラー効果は音源が静止していて，人が音源に近づいたり，遠ざかる際にも起こる．つまり，音源と観測者が相対的に近づいたり，遠ざかる際に起こるが，いったい振動数は，どれほど変わるのだろうか．

ドップラー効果は音波だけに限らず，光や電波でも起こる．

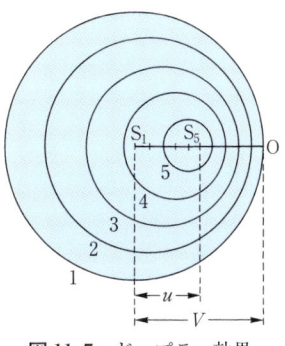

(1) 観測者 O が静止し，波源 S が近づいて来る場合

波源の振動数を ν_0（波長を λ_0），波の伝わる速さを V，波源の動く速さを u とすると，波源から出た波面は図 11.7 のように，1 秒後には半径 V だけ進むが，その間に波源も距離 u だけ進むので，$V-u$ の距離間には，1 秒間に波源から出て行った ν_0 個の波が含まれる．したがって，観測者に伝わる波の波長 λ は，次式で表される．

$$\lambda = \frac{V-u}{\nu_0} \qquad (11.11)$$

したがって，観測者が実際に受ける波の振動数 ν は，

$$\nu = \frac{V}{\lambda} = \frac{\nu_0 V}{V-u} \qquad (11.12)$$

で与えられる．上式で，$V > V-u$ なので，$\nu > \nu_0$ となり，波源の速さ u が速いほど，観測者が受ける波の振動数 ν は高くなる．逆に，波源が遠ざかるときは，u が負になるので，振動数 ν は低くなる．

図 11.7 ドップラー効果

【例題】 1000 Hz の音を出す音源が，速さ 100 m/s で運動している．音速を 340 m/s として，音源の後方に伝わる音波の波長を求めよ．
[解答] 式(11.11)に，$V = 340$，波源が遠ざかるので $u = -100$，$\nu_0 = 1000$ を代入すると，$\lambda = \dfrac{340 + 100}{1000} = 0.44$ m

(2) 波源 S が静止し，観測者 O が近づいて行く場合

観測者が波源に近づく速さを v とすると，1 秒間に観測者に到達する波の数は，本来の波の数 ν_0 より，その間に近づいた距離 v の中に連なっている波の数 v/λ_0 だけ多くなる．したがって，観測者が実際に受ける波の振動数 ν は，次式で表される．

$$\nu = \nu_0 + \frac{v}{\lambda_0} \qquad (11.13)$$

一方，$\lambda_0 = \dfrac{V}{\nu_0}$ なので，これを上式に代入すると，

$$\nu = \nu_0 + \frac{v}{V/\nu_0} = \nu_0 \left(1 + \frac{v}{V}\right) \qquad (11.14)$$

が得られる．この式から分かるように，観測者が波源に近づく速さ v が速いほど，観測者が受ける波の振動数 ν は高くなる．逆に，観測者が遠ざかるときは，v が負になるので，振動数は低くなる．

(3) 波源も観測者も同一直線上を動いている場合

波源から観測者に向かう向きを正とすると，観測者が受ける波の振動数 ν は，式(11.12)と(11.14)から次式で表される．

$$\nu = \nu_0 \frac{V-v}{V-u} \qquad (11.15)$$

> 式(11.15)は，まず式(11.12)から求まる振動数 ν を，式(11.14)の ν_0 に代入すると求められる．

自動車やピッチャーの投げたボールの速さを測定するスピードガンは，ドップラー効果を利用したもので，電磁波の一種のマイクロ波を運動体に当て，その反射波の振動数の変化量から，スピードを求めている．

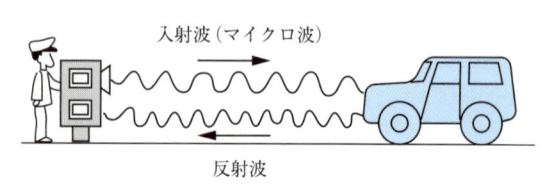

入射波（マイクロ波）

反射波

章末問題

問 1 音速を 340 m/s として，振動数が 500 Hz の波長と周期を求めよ．

問 2 地震波には，P(primary)波と S(secondary)波がある．ある町に，速さが 9.1 km/s の P 波が到達して 4 秒後に，速さが 3.7 km/s の S 波が到達した．震源までの距離を求めよ．

問 3 図のように，実線で示した正弦波が矢印の向きに進んでいる．1.5 秒後に

点線で示した状態になり，山のPがP′の位置まで進んだ．この波の，① 振幅，② 波長，③ 速さ，④ 周期，⑤ 振動数を求めよ．

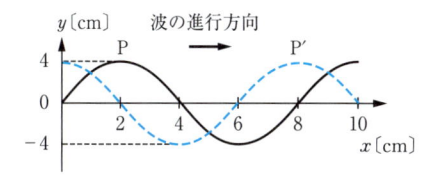

問4 上図は x 軸に沿って左から右へ進む正弦波の，時刻 $t=0$ における波形を示し，下図は時間を横軸にとって，この波の $x=0$ における変位を示したものである．この波の，① 振幅，② 波長，③ 振動数，④ 速さ，⑤ 任意の時刻 t，任意の場所 x における変位 y を表す式を求めよ．

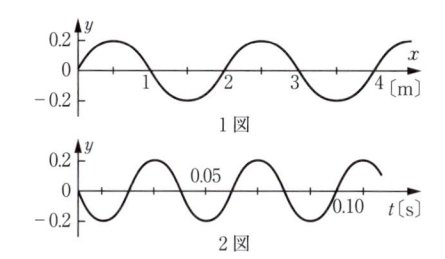

問5 波源 S_1 と S_2 から，同じ正弦波を同時に逆方向に発射したところ，両波動が重なって定常波 $y = 2A\cos\pi x \cdot \sin\pi t$ が発生した．① 進行波の振幅，② 波長，③ 周期，④ 波動の式を求めよ．

問6 振動数が 1000 Hz の音源がある．音速を 340 m/s として，① 音源が 20 m/s の速さで近づくとき，静止している人に聞こえる音の振動数を求めよ．② 静止している音源に，人が 20 m/s の速さで近づくとき，その人に聞こえる音の振動数を求めよ．

12 波の伝わり方

◆◆◆ ホイヘンスの原理とは，どんなことか ◆◆◆

光には反射や屈折のほかに，干渉や回折などの現象がある．17世紀の中頃，ニュートンは光の本性（光とは，いったい何なのか）を粒子と考えて，光の反射と屈折は説明できたが，干渉や回折は説明できなかった．

そこに登場したのが，光の本性を波動と考えた，ホイヘンスの波動説であり，光の反射や屈折，干渉，回折などの諸現象を見事に説明したのである．その基本になる考え方が，ホイヘンスの原理である．

ホイヘンスの原理によると，波は図12.1のように伝わり，ある時刻における波面 S_1 上の各点から，小さな球面波（素元波という）が発生し，それらの無数の素元波が重なり合って，次の時刻における波面 S_2 になり，波は順次，伝わっていく．

光の本性は粒子であるとする説を，ニュートンの「光の粒子説」という．

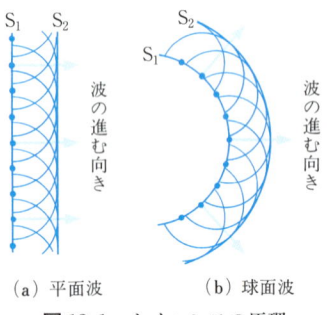

(a) 平面波　(b) 球面波
図 12.1　ホイヘンスの原理

波が媒質を伝わっていくとき，一連の山または谷，つまり位相の等しい点を連ねた面を波面と呼び，波面の形により，平面波，球面波という．いずれも波面は波の進行方向に垂直である．

◆◆◆ 反射や屈折は，どのように起こるか ◆◆◆

波動は均一な媒質中では直進するので，この性質を波の直進性という．ところが図12.2のように，光が水面に当たると，一部は反射して空気中に戻り，残りは屈折して水中を進む．一般に，波が媒質の種類の異なる境界面に入射すると，反射や屈折が起こり，波の進む方向が変化するが，反射波と屈折波の進む方向は，入射波の方向と簡単な関係にある．この関係を反射の法則，屈折の法則と呼び，それぞれ次式で表される．

反射の法則　　　入射角 θ ＝反射角 θ' 　　　　　(12.1)

屈折の法則　　　$\dfrac{\sin \theta}{\sin \phi} = n\,(一定)$ 　　　　　(12.2)

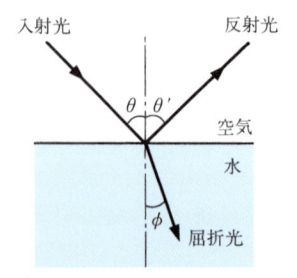

図 12.2　反射と屈折の法則

12. 波の伝わり方

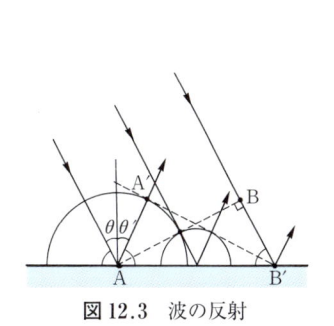

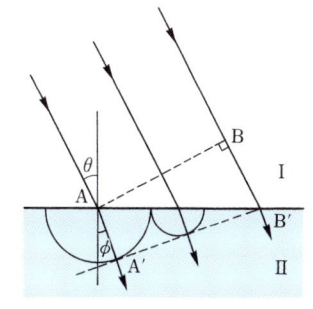

図12.3 波の反射

図12.4 波の屈折

ここで，反射の法則をホイヘンスの原理によって説明しよう．図12.3のように，入射波の波面 AB の一端 A が境界面に達すると，A に近い方から順次，素元波が広がり，B が B′ に達したときには，A から出た素元波は A′ に達しているから，A′B′ が反射波の波面になる．

それゆえ，AA′＝BB′ となるので，△ABB′ は △B′A′A と合同である．したがって，∠BB′A＝∠A′AB′ となり，反射角 θ' が入射角 θ に等しくなる．反射波の振動数，波長，速さも入射波のそれと変わらない．

次に，屈折の法則について説明しよう．波の速さは媒質の種類によって異なるので，媒質Ⅰと媒質Ⅱの中での波の速さをそれぞれ v_1, v_2 とする．図12.4のように，入射波の波面 AB の一端 A が境界面に達すると，A に近い方から順次，素元波が広がる．B が B′ に達するまでの時間を t とすると，BB′＝$v_1 t$ となる．一方，その間に A から出た素元波は，すでに媒質Ⅱの中を進み，A′ に達しているので，AA′＝$v_2 t$ となる．したがって，A′B′ が屈折波の波面になるので，屈折角を ϕ とすると，

$$\frac{\mathrm{BB'}}{\mathrm{AA'}} = \frac{v_1 t}{v_2 t} = \frac{v_1}{v_2} \qquad ①$$

$$\frac{\mathrm{BB'}}{\mathrm{AA'}} = \frac{\mathrm{BB'/AB'}}{\mathrm{AA'/AB'}} = \frac{\sin\theta}{\sin\phi} \qquad ②$$

が成り立つ．したがって，①と②より，次式が得られる．

$$\frac{\sin\theta}{\sin\phi} = \frac{v_1}{v_2} = n\,(\text{一定}) \qquad ③$$

n を媒質Ⅰに対する媒質Ⅱの屈折率という．n は入射角に関係なく，物質の種類によって決まる．$v_1 > v_2$ のとき，媒質ⅠはⅡより疎(媒質ⅡはⅠより密)であるという．このように，屈折波の速さは入射波と異なるが，振動数 ν は入射波のそれに等しいので，次の屈折の法則が得られる．

$$\frac{\sin\theta}{\sin\phi} = \frac{v_1}{v_2} = \frac{\lambda_1}{\lambda_2} = n \qquad (12.3)$$

> 音も波であるから反射する．音波の反射現象と反射波を，ともに反響(echo)と呼び，特に森や山での反響を，山彦や「こだま」という．

> もし，屈折波の振動数が入射波と異なれば，境界面で波数に過不足が生じ，不自然である．そのため，屈折波の波長は入射波と異なる．

【例題】 波長 2.0 m の波が,媒質Ⅰの中を速さ 0.28 m/s で進み,入射角 45° で媒質Ⅱに入射して,屈折角 30° で屈折した.① 媒質Ⅰに対する媒質Ⅱの屈折率を求めよ.② この波の媒質Ⅱの中での速さを求めよ.③ 媒質Ⅱの中での波長を求めよ.

[解答] 式(12.3)より,① $n = \dfrac{\sin\theta}{\sin\phi} = \dfrac{\sin 45°}{\sin 30°} = \dfrac{1/\sqrt{2}}{1/2} = \sqrt{2} = 1.4$

② $\dfrac{v_1}{v_2} = n$ ∴ $v_2 = \dfrac{v_1}{n} = \dfrac{0.28}{1.4} = 0.2$ m/s ③ $\dfrac{\lambda_1}{\lambda_2} = n$ ∴ $\lambda_2 = \dfrac{\lambda_1}{n} = \dfrac{2.0}{1.4} = 1.4$ m

【練習】 振動数 500 Hz の波が,媒質Ⅰの中を速さ 300 m/s で,媒質Ⅱの中を速さ 200 m/s で進んでいる.① 媒質Ⅰの中での波長を求めよ.② 媒質Ⅱの中での波長を求めよ.③ 媒質Ⅰに対する媒質Ⅱの屈折率を求めよ. [答] ① 60 cm ② 40 cm ③ 1.5

◆◆・ 波の重ね合わせの原理とは,どんなことか ・◆◆

水面の 2 点 S_1,S_2 に石を同時に投げ込むと,図 12.5 のような同心円状の波紋が広がる.両波が重なる部分では,2 つの振動を同時に受けるので,各瞬間における変位をそれぞれ y_1,y_2 とすると,合成波の変位 y は,$y = y_1 + y_2$ で表される.このことを波の重ね合わせの原理という.

粒子同士の衝突では,衝突後は進路も速さも変化するので,重ね合わせの原理は成り立たない.このように,波動が粒子と大きく異なるのは,波動が物質の移動ではなく,変位の移動だからである.

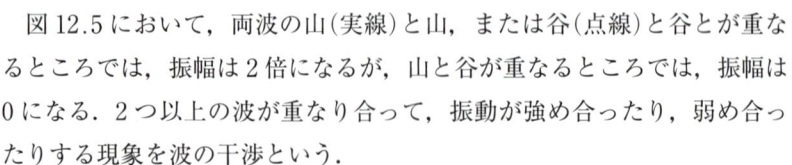

◆◆・ 波の干渉とは,どんなことか ・◆◆

図 12.5 において,両波の山(実線)と山,または谷(点線)と谷とが重なるところでは,振幅は 2 倍になるが,山と谷が重なるところでは,振幅は 0 になる.2 つ以上の波が重なり合って,振動が強め合ったり,弱め合ったりする現象を波の干渉という.

図 12.6 は,波長の等しい 2 つの波が同一方向に進行し,干渉する様子を示したもので,位相の違いによって,(a)振動が強め合ったり,(b)弱め合ったりする.

さて,水の波紋はどんな点で強め合ったり,逆に弱め合うのだろうか.

図 12.5 の波源 S_1,S_2 から水面上の 1 点 P までの距離(半径)をそれぞれ r_1,r_2,波長を λ とすると,次式のように,r_1 と r_2 の差が半波長の偶数倍(波長の整数倍)のところでは,両波の位相が揃っているので,波は強め合う.

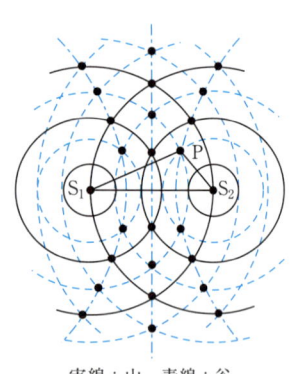

実線:山,青線:谷
図 12.5 球面波の干渉

12. 波の伝わり方

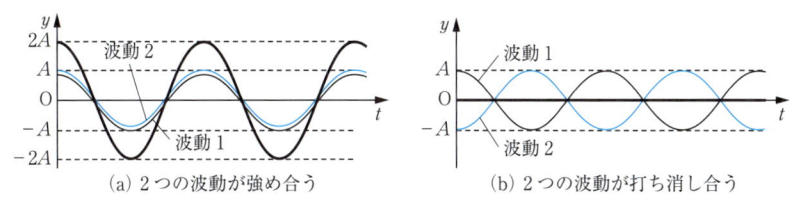

(a) 2つの波動が強め合う　　(b) 2つの波動が打ち消し合う

図 12.6　波の干渉

$$|r_1 - r_2| = \frac{\lambda}{2} \cdot 2m = m\lambda \quad (m = 0, 1, 2, \cdots) \tag{12.4}$$

これに対して，r_1 と r_2 の差が半波長の奇数倍のところでは，

$$|r_1 - r_2| = \frac{\lambda}{2} \cdot (2m+1) \quad (m = 0, 1, 2, \cdots) \tag{12.5}$$

両波の位相が逆位相(位相差 π)になっているので，波は弱め合う．両式を満たさない他の点では，両波の位相差に応じて，0～2倍の振幅になる．

両式を満たす点は，いずれも波源からの距離の差が一定なので，それらの点を連ねると，図 12.5 のように，S_1，S_2 を焦点とする双曲線になる．なお，干渉は水の波だけでなく，音波や電磁波でも起きる．

テレビの画像が2重映りや多重映り(ゴースト)になるのは，テレビの電波が建物に当たり，その反射波と干渉を起こすためである．

【例題】　水面上の2点 S_1，S_2 から，波長 5 cm，振幅 0.5 cm の波が同じ位相で広がり，干渉が生じている．① S_1 から 50 cm，S_2 から 42.5 cm 離れた点 P での干渉波の振幅を求めよ．② S_1 から 40 cm，S_2 から 30 cm 離れた点 P での干渉波の振幅を求めよ．
[解答]　① $S_1P - S_2P = 50 - 42.5 = 7.5 = 3 \times (5/2)$　∴　半波長の奇数倍なので，波は消え，振幅 = 0　② $S_1P - S_2P = 40 - 30 = 10 = 4 \times (5/2)$　∴　半波長の偶数倍なので，波は強め合い，振幅 = $0.5 \times 2 = 1$ cm

【練習】　水面上で 0.6 m 離れた波源 S_1，S_2 から，波長が 0.2 m で振幅も位相も揃った波が出ている．S_1 と S_2 の間に生ずる節の数を求めよ．　　　[答]　$0.6/(0.2/2) = 6$

◆◆◆ 反射波の位相は，どんな場合に変化するか ◆◆◆

干渉には，上述のような2波源から出る波による干渉のほかに，入射波が媒質の境界で生じる反射波と重なって起こる干渉がある．ところが，その反射にも次の2通りがあり，互いに反射の様相が異なる．

①は，水の波が防波堤に当たって，反射される場合であり．②は，棒が振動して生じた波が，棒の端で反射される場合である．①は防波堤の

一般に，波が疎な媒質から密な媒質に当たると，固定端型の反射が起こり，逆に，密な媒質から疎な媒質に当たると，自由端型の反射が起こる．

いずれも，入射波と反射波が干渉して定常波を生じるが，固定端の反射面は節になり，自由端の反射面は腹になる．

面が全く振動しないので，固定端での反射と呼ばれ，②は棒の端が自由に振動できるので，自由端での反射と呼んでいる．

固定端での反射では，固定端が全く動かないので，反射波は入射波の変位を打ち消すように生じる．そのため，反射波は入射波に対して，位相がπ(半波長)だけずれ，波の山が谷となって，逆向きに進行する．

これに対して自由端での反射では，媒質が自由に変位できるので，反射波に位相の変化はなく，波の山がそのまま山として反射される．

◆◆・ 回折とは，どんな現象か ・◆◆

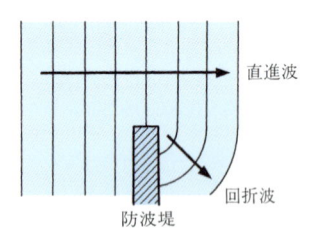

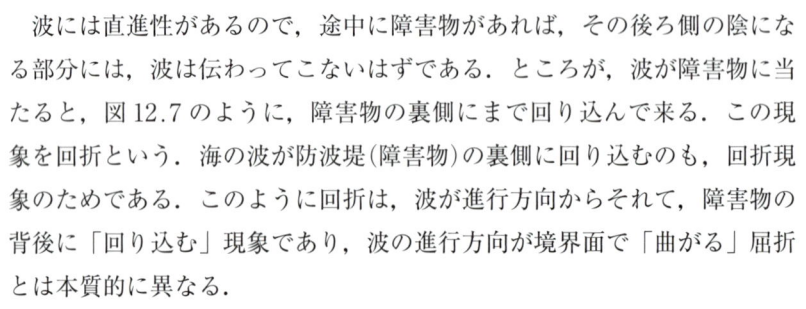

波には直進性があるので，途中に障害物があれば，その後ろ側の陰になる部分には，波は伝わってこないはずである．ところが，波が障害物に当たると，図12.7のように，障害物の裏側にまで回り込んで来る．この現象を回折という．海の波が防波堤(障害物)の裏側に回り込むのも，回折現象のためである．このように回折は，波が進行方向からそれて，障害物の背後に「回り込む」現象であり，波の進行方向が境界面で「曲がる」屈折とは本質的に異なる．

図12.7 波の回折

回折現象は図12.8(a)のように，波が隙間や小さな孔のあいた板を通るときにも起こり，波は隙間の幅や小孔の直径より広がって進む．これはホイヘンスの原理から分かるように，波が隙間に達したとき，隙間上の各点から無数の素元波が出て，それらが重なり合って，新しい波面を次々と作りながら，広がるためである．

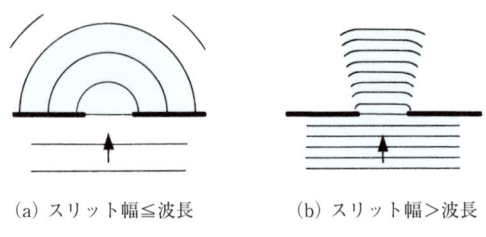

(a) スリット幅≦波長　　(b) スリット幅>波長

図12.8 小孔による回折

図12.9 音波の回折

音波と異なり，光が塀の裏側に届かないのは，その波長(10^{-7} m)が極端に短いので，回折せずに直進するためである．

回折の度合いは，波の波長λと隙間(または障害物)の大きさdに関係し，λ/dに比例する．したがって，長波長の波ほど回折しやすく，短波長の波は回折しにくい．回折は同図(a)のように，波長が隙間の大きさと同程度か，それ以上になると強く現れ，逆に同図(b)のように，波長のほうが短いと，さほど目立たず，波の直進性が強くなる．

図12.9のように，音が塀の裏側ででも聞こえるのは，その波長(数 m)が塀の高さと同程度なので，容易に回折するためである．

「うなり」とは，どんなものか

固有振動数がわずかに異なる2つの音叉を同時に叩くと，ウォーン，ウォーンと，うなるような音が周期的に聞こえる．これは図12.10のように，振動数の近い2つの音波が干渉して生じた合成波の振幅，つまり音の強さが周期的に大きくなったり，小さくなったりするためであり，この種の現象を「うなり」と呼んでいる．

「うなり」は，合成波の振幅が周期的にゆっくり変化する現象で，両波の山と山が重なると，音は大きく聞こえ，山と谷が重なると，聞こえなくなる．この図から分かるように，山の数が1つずれるごとに，音の強さが1回強くなるので，「うなり」も1回生じる．したがって，振動数が ν_1，ν_2 の波が干渉すると，1秒間に生じる「うなり」の回数 ν は，

$$\nu = \nu_1 - \nu_2 \qquad (12.6)$$

で表される．「うなり」の身近かな例には，お寺の鐘の「うなり」がある．

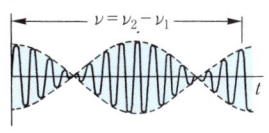

図12.10 うなり

釣り鐘の側面を打つと，その側面と直角方向の側面でも振動が起こるが，両振動数はわずかに異なるため，鐘の音同士が干渉し，「うなり」を生じる．

【例題】 振動数 512 Hz の音叉と 515 Hz の音叉を同時に鳴らしたとき，聞こえる「うなり」の振動数を求めよ．
[解答] 式(12.6)より，$\nu = 515 - 512 = 3$ Hz

章末問題

問1 媒質Ⅰの中を速さ 0.25 m/s，波長 2.0 m で進む波が，入射角 30°で媒質Ⅱに入射し，屈折角 45°で屈折した．① 媒質Ⅰに対する媒質Ⅱの屈折率，② この波の媒質Ⅱでの速さ，③ 波長を求めよ．

問2 媒質Ⅰに対する媒質Ⅱの屈折率が 1.5 のとき，① 媒質Ⅰ，Ⅱ内での波の波長の比，② 振動数の比，③ 波の速さの比を求めよ．

問3 波長 10 cm の球面波が，図のように波源 S_1，S_2 から同位相で送り出されている．① 干渉によって，A点で2つの波は強め合うか，弱め合うか．② B点では，どうなるか．

問4 ラジオ用の中波の波長は約 300 m で，テレビ用の UHF の波長は約 0.3 m である．どちらが回折して遠方へ届きやすいか．

問5 振動数が 440 Hz の音叉Aと，Aよりわずかに低い音叉Bを同時に鳴らすと，毎秒3回の「うなり」が生じた．音叉Bの振動数を求めよ．

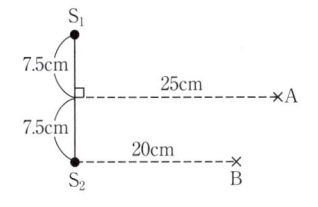

13 音波とは，何だろう

音とは，どんなものか

物体が空気中で振動すると，周囲の空気の圧力が変化するので，空気の密度に疎密が生じる．これが波動となって人の耳に達し，鼓膜を振動させるので，音として聞こえる．このように，音波は空気密度の疎密の変化によって生じるので，その波は図 13.1 のような縦波になる．

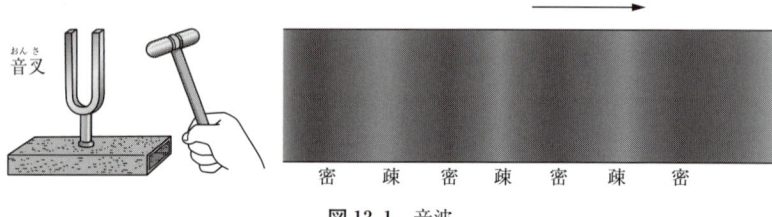

図 13.1 音波

耳に聞こえる音は可聴音と呼ばれ，振動数が約 20～20,000 Hz（波長 1.7 cm～17 m）の音波である．可聴音の範囲は人により，また動物によって異なる．

音波は空気中だけでなく，液体や固体中でも伝わる．真空中は媒質がないので，伝わらない．音の速さは表 13.1 のように，媒質の種類によって異なり，固体中では速くなる．空気中での音速は気温によって違い，15 ℃のとき，約 340 m/s である．空気中での音速 v [m/s] と気温 t [℃] の関係は，気圧や振幅，振動数に関係なく，次式で表される．

$$v = 331.5 + 0.6\,t \tag{13.1}$$

表 13.1 音の速さ [m/s]

媒 質	速 さ
空　気(15 ℃)	340
水　素(0 ℃)	1269.5
水	1482
海　水(20 ℃)	1513
窓ガラス	5440
鉄	5950

音速が液体や固体中で速くなるのは，物質を構成している原子や分子の数が気体より密で，しかも原子や分子の間には力が働いているので，その振動が隣の原子や分子に次々と伝わるためである．

【例題】 振動数 450 Hz の音波が，20 ℃の教室から 5 ℃の室外へ進んで行った．① 教室内での波長と，② 室外での波長を求めよ．

[解答] $v_1 = 331.5 + 0.6 \times 20 = 343.5$ m/s ∴ $\lambda_1 = \dfrac{343.5}{450} = 76.3$ cm

$v_2 = 331.5 + 0.6 \times 5 = 334.5$ m/s ∴ $\lambda_2 = \dfrac{334.5}{450} = 74.3$ cm

13. 音波とは，何だろう

◆◇・ 音の3要素とは，どんなものか ・◇◆

私たちは人の声や楽器の音の違いを，① 音の強さ，② 音の高さ，③ 音色によって識別している．これを音の3要素という．

(1) 音の強さ

太鼓を強く叩くと分かるように，音の強弱は振動の振幅に関係する．音の強さは，単位時間に単位面積を通過する音波のエネルギーであるから，式(11.6)に示したように，振幅の2乗と振動数の2乗に比例する．人の耳に聞きとれる最弱音の強さは 10^{-12} W/m² で，耳が痛くなる最強音の強さは約 10 W/m² である．

音が発生すると，空気の圧力が変化するが，その圧力変化が音圧であるから，音の強さ I は音圧 p [N/m²] で表すこともできる．最弱音と最強音の音圧は，それぞれ 2×10^{-5} Pa，60 Pa である．

(2) 音の高さ

音は振動数が大きいほど，高い音に聞こえ，小さいほど，低い音に聞こえる．NHK の時報信号音の振動数は，最初が 440 Hz で，最後は 880 Hz である．このように，振動数が2倍の音を1オクターブ高いという．

人の音声は，声帯膜の大きさと厚さなどによって，その人固有の振動数が決まる．図13.2は，声楽と楽器の振動数範囲を示したものである．

ドレミファ… 音の最後のドも，最初のドより振動数が2倍大きいので，1オクターブ高い．1オクターブの間に特別な振動数の6つの音を設けて，それを低い方から順番に並べた音の階段を音階という．

また，2つの音の高さの間隔は，両振動数の差でなく，比で表す．この振動数の比を音程という．

(3) 音色

音の強さと高さが同じでも，ピアノとクラリネットでは，音の感じが全く異なる．このような音の感じを音色という．楽器によって音色が違うのは，図13.3のように，音の波形が楽器によって異なるためである．人の声が誰の声であるかを判断できるのも，人によって音色，つまり音声の波形が異なるためである．

指紋が人によって異なるように，声も人によって違う．この違いを声紋という．声帯に限らず，一般に物体が振動すると，基本音のほかに数個の倍音が生じる．

各倍音の振幅は，振動体の種類によって異なるので，それらの合成音の波形も異なる．同じ高さの音でも違った音色に聞こえるのは，そのためである．

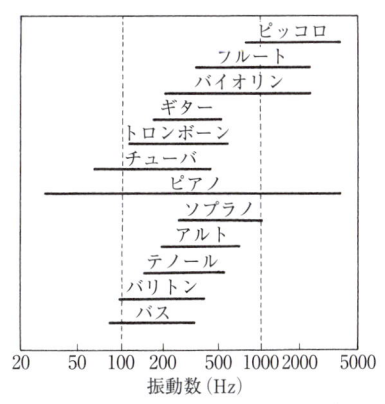

図13.2 声楽と楽器の振動数範囲

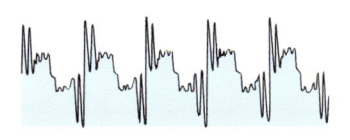

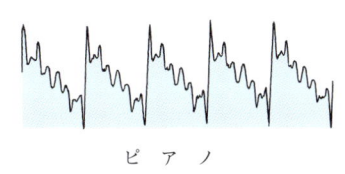

図13.3 楽器による波形の違い（『新物理Ⅰ』改訂版，実教出版，1979による）

音の強さと音の大きさは，どう違うか

耳に聞こえる音の大きさは，耳に入ってくる音波のエネルギー，つまり物理的な音の強さに比例しない．実験によると，感覚的な音の大きさは，物理的な音の強さの対数に比例する．言い換えると，音の強さが10倍，100倍，1000倍に増大しても，音の大きさは1倍，2倍，3倍にしかならないのである．そこで，人の感覚に近くなるように，音の強さ I の代わりに，次式で定義される音の強さのレベル（音圧レベル）L を用いる．

$$L = 10 \log_{10} \frac{I}{I_0} \tag{13.2}$$

音の強さのレベル L は，音の強さ I の最弱音 $I_0 (= 10^{-12}\,\text{W/m}^2)$ に対する比の対数をとり，それを10倍したものである．その単位にはデシベル（dB）を用いる．最弱音は 0 dB で，最強音の $10\,\text{W/m}^2$ は 130 dB になる．図 13.4 は，音の強さ I と音圧レベル L の関係を示したものである．

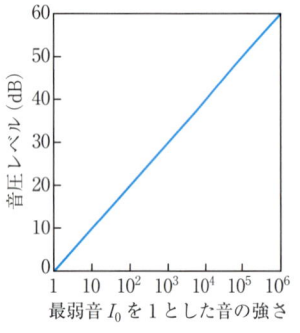

dB は音の分野だけではなく，一般にエネルギーの増幅や減衰の度合いを表す際にも使われる．

図 13.4 音の強さと音圧レベルの関係

【例題】音の強さが $I = 10^{-4}\,\text{W/m}^2$ のとき，音圧レベル L を求めよ．
[解答] 式(13.2)より，
$$L = 10 \log_{10} \frac{I}{I_0} = 10 \log_{10} \frac{10^{-4}}{10^{-12}} = 10 \times \log_{10} 10^8 = 10 \times 8 = 80\,\text{dB}$$

【練習】音の強さが2倍になると，音圧レベルは何 dB 上がるか．
[答] $L = 10 \log_{10} 2 = 10 \times 0.301 = 3\,\text{dB}$

ところで，音の大きさは音圧レベル L にほぼ比例するが，音圧レベルが同じでも，音の大きさは振動数によって異なる．人の耳には図 13.5 のように，1000 Hz 付近の音が最も聞こえやすく，その両側では聞こえに難

図 13.5 の1つの曲線上では，振動数が違っても，同じ音の大きさに聞こえる．なお，可聴音以外の音波は，どんなに音圧レベルが大きくても聞こえない．

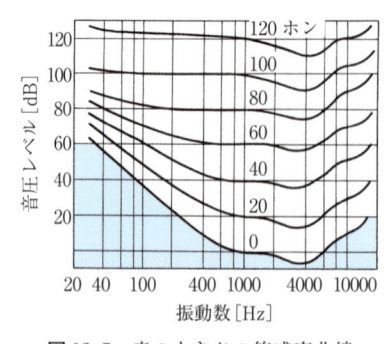

図 13.5 音の大きさの等感度曲線

表 13.2 いろんな音の大きさ（ホン）

削岩機	130
ロックバンド（聴覚の上限）	120
ガード下	100
地下鉄の車内	90
繁華街	80
電気掃除機	70
普通の会話	60
事務室	50
静かな住宅地	40
ささやき声	30
夜の郊外	20
静寂な寺院	10
やっと聞こえる音	0

13. 音波とは，何だろう

くなる．そこで，最も感じやすい 1000 Hz の音を基準にし，1000 Hz の音の音圧レベルが L [dB] なら，音の大きさを L [ホン] と定義している．

例えば，1000 Hz で 60 dB の音の大きさは 60 ホンである．他の振動数の音の大きさは，それと等しい大きさに感じられる 1000 Hz の音圧レベルで表す．いろいろな音の大きさを表 13.2 に示した．

【練習】 100 Hz で 60 dB の音の大きさを求めよ． ［答］40 ホン

弦楽器や管楽器からは，どんな音が出るか

(1) 弦の振動

両端を固定した弦の一点を弾いて振動させると，その点から弦の両端へ進んだ波動は，固定端で反射されるので，入射波と反射波が干渉して，図 13.6 のように，節の数が異なる複数の定常波ができる．この振動によって，周囲の空気の密度が変化して，音が発生する．いずれの定常波の波長も弦の長さで決まり，m を整数とすると，次式を満たす．

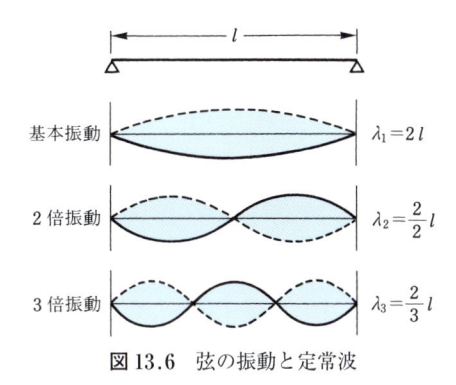

図 13.6 弦の振動と定常波

$$\lambda_m = \frac{2l}{m} \quad (m=1,2,3,\cdots) \tag{13.3}$$

$m=1$ の振動を基本振動，$m=2$ の振動を 2 倍振動，$m=3$ の振動を 3 倍振動…という．m は腹の数にほかならない．そこで，弦を伝わる波の速さ v [m/s] とすると，それぞれの振動数 ν_m [Hz] は，式(11.2)と(13.3)より，次式で表される．

$$\nu_m = \frac{v}{\lambda_m} = \frac{mv}{2l} \tag{13.4}$$

一方，弦を伝わる波の速さ v [m/s] は，弦の張力を S [N]，弦の単位長当たりの質量を ρ [kg/m] とすると，理論的にも実験でも，

$$v=\sqrt{\frac{S}{\rho}} \tag{13.5}$$

で表されることが分かっているので，弦に生じる定常波の振動数 ν_m は，式(13.4)と(13.5)より，次式でで表される．

$$\nu_m=\frac{m}{2l}\sqrt{\frac{S}{\rho}} \tag{13.6}$$

この式から分かるように，弦は短く，細いほど，また張力が大きいほど，高い音が得られる．弦には，式(13.6)で定まる振動数の定常波しか生じないので，このような振動を固有振動，ν_m を固有振動数という．また，$m=1,2,3\cdots$ に応じた音を基本音，2倍音，3倍音…と呼んでいる．基本音以外の音を倍音と呼び，その波動を高調波という．

弦楽器や管楽器に限らず，一般に物体を振動させると，基本振動のほかに多くの倍振動が起こり，基本音と倍音が同時に発生するので，人はその合成音を聞いていることになる．

逆にシンセサイザーでは，基本音，2倍音，3倍音…を電気振動によって発生させ，種々の音色を作り出している．

> 【例題】 長さ50 cm，質量 2.0×10^{-3} kg の弦を10 N の力で引っ張り，両端を固定した．① そのとき生じる基本振動の波長，② 振動数を求めよ．
>
> [解答] ① 式(13.3)より，$\lambda_1=\dfrac{2\times 0.5}{1}=1.0$ m
>
> ② $\rho=\dfrac{2.0\times10^{-3}}{0.5}=4\times10^{-3}$ kg/m ∴ 式(13.6)より，
>
> $\nu_1=\left(\dfrac{1}{2\times 0.5}\right)\sqrt{\dfrac{10}{4\times10^{-3}}}=\sqrt{2.5\times10^3}=50$ Hz

(2) 気柱の振動

フルートやトランペットのような管楽器では，これを強く吹くと，管内の空気が振動して，気柱には管の長さで決まる定常波が生じる．一端を閉じた閉管では，図13.7(a)のように，閉端部が節になる定常波を生じる．両端を開いた開管では，同図(b)のように，開口部が腹になる定常波を生じる．管の長さを l とすると，閉管では，

$$\lambda_m=\frac{4l}{2m-1} \qquad (m=1,2,3,\cdots) \tag{13.7}$$

を満たす波長をもった定常波だけが生じる．これに対して開管では，

$$\lambda_m=\frac{2l}{m} \qquad (m=1,2,3,\cdots) \tag{13.8}$$

を満たす波長の定常波だけが生じる．λ_1 が基本振動(基本音)の波長である．管楽器も弦楽器も，指で長さ l を変えて，種々の音を発生させている．

トロンボーンでは，2重になっている管をスライドさせて，管長を変え，音の高さを変えている．

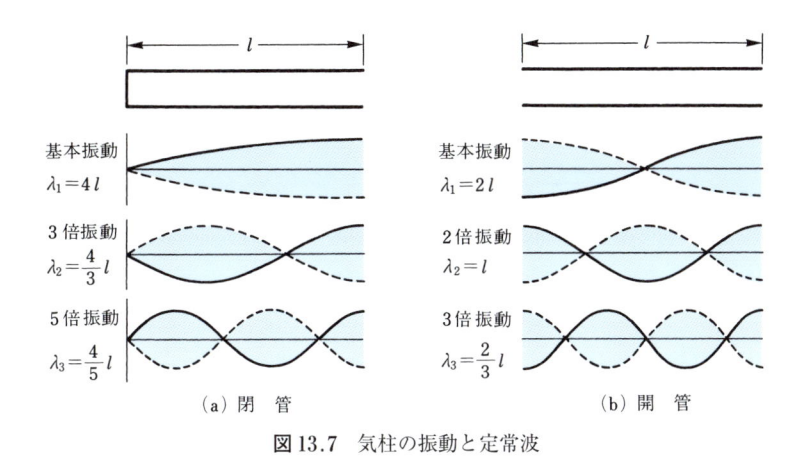

13. 音波とは，何だろう

基本振動
$\lambda_1 = 4l$

3倍振動
$\lambda_2 = \dfrac{4}{3}l$

5倍振動
$\lambda_3 = \dfrac{4}{5}l$

(a) 閉 管

基本振動
$\lambda_1 = 2l$

2倍振動
$\lambda_2 = l$

3倍振動
$\lambda_3 = \dfrac{2}{3}l$

(b) 開 管

図13.7 気柱の振動と定常波

【練習】 音速を340 m/sとして，長さが0.25 mの閉管の気柱の基本振動数を求めよ．

［答］ 式(13.7)より，$\lambda_1 = 4 \times 0.25$ m ∴ $\nu_1 = 3.4 \times 10^2$ Hz

共鳴とは，どんなことか

振動数の等しい2つの音叉A，Bを約1 m離して置き，一方の音叉Aを鳴らすと，その音波によって刺激されて，音叉Bが共に鳴り出す．Aを止めても，Bは鳴っている．これは，ブランコをその振動周期に合わせて漕ぐと，揺れが次第に大きくなる共振現象と同じなので，特に共鳴という．共鳴は2つの音波の振動数が等しくないと起こらない．2つの音波の振動数がわずかに違う場合は，「うなり」が生じる．

弦楽器の箱の部分は，弦から出る音に共鳴して音を大きくする働きがあるので，共鳴胴と呼ばれている．

超音波とは，どんなものか

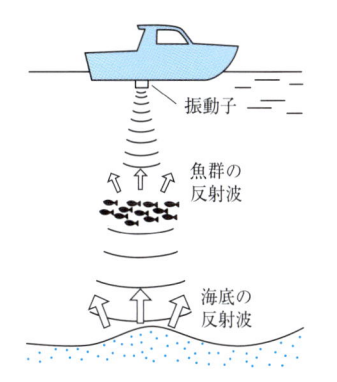

超音波とは，人には聞こえない20,000 Hz以上の音波のことである．コウモリやイルカは，超音波を発射して交信している．また，超音波は10^{10} Hzにも及ぶ高周波なので，これが物質に当たると，分子に大きな加速度を与える．そこで超音波は，その加速度（力）を利用して，噴霧型の加湿器やビール製造工程での脱気，メガネなどの固体表面の洗浄，微生物の破壊，水と油などの乳化・混合などに使われている．

また，超音波は短波長なので，入射波も反射波も直進性が極めて強い．そこで，その反射波を検知して画像化したものが魚群探知機や，胎児の異

常や体内のガンの有無を検査するエコー診断装置，金属探傷器，潜水艦用ソナーである．

◆◆・ 衝撃波とは，どんなものか ・◆◆

ジェット機が超音速で飛んでいるとき，「ドーン」という爆発音を耳にする．これが衝撃波(音)である．物体の速さ u が音速 V を超えると，図13.8のように波面が，物体を頂点とする円錐形を描きながら伝わっていく．

エネルギー密度の高い波面は，爆発と同じように，空気を急激に強く圧縮するので，衝撃波が生じ，これが爆発音となって聞こえるのである．

衝撃波は弾丸が空気中を飛ぶときや，猛獣の調教師が「むち」を強く振る際にも生じる．いずれも衝撃音は物体から出ているのではなく，超音速で運動中の物体が，空気を急激に強く圧縮するために生じたものである．

物体の速さ u と音速 V の比 u/V をマッハ数という．

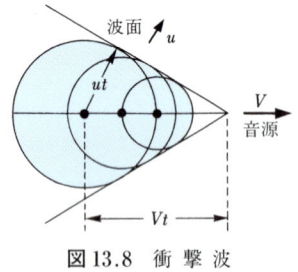

図13.8 衝撃波

衝撃波によって，ビルの窓ガラスが割れることがある．衝撃波は，物体の先端ほど音波が重なり合って，エネルギー密度が高いので，これを腎臓結石や膀胱結石に当てて破壊する治療法にも使われている．

●●●● 章末問題 ●●●●

問1 漁船に設置された魚群探知器から，20 kHz の超音波を真下に発射したところ，0.05秒後に魚群からの反射音を検知した．海水中の音速を 1440 m/s として，次の問いに答えよ．
① 海面下の魚群までの距離を求めよ．
② 海水中での波長を求めよ．
③ 深さ 144 m からの反射音は，何秒後に届くか．

問2 音源から 1 m 離れた点で，音の強さのレベルが 80 dB であった．音波が球面状に広がるものとして，10 m 離れた点の音の強さのレベルを求めよ．

問3 長さ l [m] の弦が張力 T [N] で張られている．この弦の固有振動数を 1.5 倍にしたい．① 長さを変えなければ，張力を何倍にすればよいか．② 張力を変えなければ，長さを何倍にすればよいか．

問4 気柱の長さが 12.5 cm の閉管と開管がある．① 閉管の基本音の波長を求めよ．② 音速を 340 m/s として，基本振動数を求めよ．③ 開管の基本音の波長を求めよ．④ 基本振動数を求めよ．

14 光とは，何だろう

　人は視覚，聴覚，嗅覚，味覚，触覚の5つの感覚を有し，ものの認識や情報伝達には，主として視覚（光）と聴覚（音）を利用しているが，情報量としては，視覚のほうが圧倒的に多い．暗闇の中では，ものを認識することはできないので，光はもっぱら，照明の目的で利用されてきたが，近年，情報通信にも利用され，情報通信の手段も，電気通信から光通信へと変わりつつある．

> 物が見えるのは，その反射光が眼に入るからである．そのため，物が発光体でなくても，周りが明るいと，物の存在を認識できる．

◆◆◆ 光とは，いったい何なのだろう ◆◆◆

　光は均一な媒質中では直進するので，ニュートンは光を高速の微粒子の流れと考えたが，その後，光は干渉や回折をしたり，振動方向が偏ったりする偏光現象が発見されるに至って，光は横波の波動であると考えられるようになった．現在では光は，電場と磁場が振動しながら空間を伝わる波動，つまり電磁波の一種と考えられている（図14.1）．

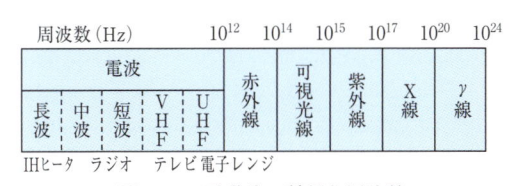

周波数(Hz)					10^{12}	10^{14}	10^{15}	10^{17}	10^{20}	10^{24}
電波					赤外線	可視光線	紫外線	X線	γ線	
長波	中波	短波	VHF	UHF						
IHヒータ		ラジオ	テレビ	電子レンジ						

図14.1　電磁波の種類と周波数

　電磁波は電波からγ線に至るまで，広い波長範囲に及ぶが，その中で，波長範囲が380（紫）〜780（赤）nmのものだけが，目に見えるので，これを可視光線という．つまり，光は眼に見える電磁波であり，その範囲は音波と同じく，動物の種によっても異なる．

　波長が780 nmより長い電磁波，つまり振動数が赤より低い電磁波は，赤の外側に位置するので赤外線と呼ばれ，これを受けると温かく感じる．逆に，波長が380 nmより短い電磁波，つまり振動数が紫より高い電磁波は，紫の外側に位置するので紫外線（ultra violet, UV）と呼ばれ，これを受けると皮膚が黒くなる．太陽光には可視光線だけでなく，赤外線も紫外線も含まれている．一般に，赤外線と紫外線も含めて光と呼ぶ．

> ナノメートル（10億分の1 m），1 nm=10^{-9} m

> 光は直進するので，その進路を光線という．光に関する諸現象の中で，反射や屈折は，この光線を使って幾何学的に取り扱うことができるが，干渉や回折などは，光を波動として取り扱わねばならない．そこで，前者を幾何光学，後者を波動光学（物理光学）という．
> なお，光は音波に対応して，光波とも呼ばれる．

光の速さは，どれだけか

光は瞬時に伝わるので，光の速さは無限に大きいと長い間，考えられていたが，すでに19世紀の中頃には，光の速さは有限で，約30万 km/s であることが実測されている．精密な測定によると，真空中の光速 c は振動数や波長にはもちろん，光源や観測者の運動の有無に関係なく，

$$c = 2.99792458 \times 10^8 \text{ m/s} \qquad (14.1)$$

である．物質中の光速は真空中より遅くなるが，空気中の光速は真空中の光速にほぼ等しい．光が1年間に進む距離を1光年と呼び，1光年は9兆4670億 km に等しい．宇宙の大きさは137億光年もある．

光速は音速(340 m/s)より，約100万倍も速いが，「ひかり号」と「こだま号」の速さは，ほとんど変わらない．

【練習】 太陽から地球までの距離は1億4960万 km である．光速で何分かかるか． ［答］ 約8分

影は，なぜ生じるか

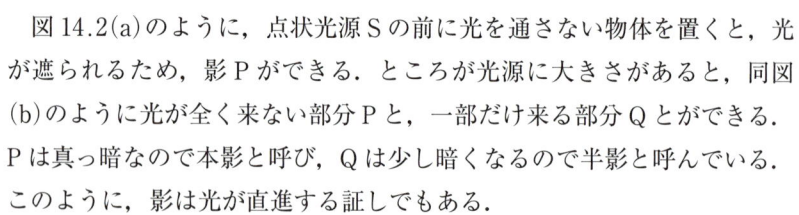

図14.2(a)のように，点状光源Sの前に光を通さない物体を置くと，光が遮られるため，影Pができる．ところが光源に大きさがあると，同図(b)のように光が全く来ない部分Pと，一部だけ来る部分Qとができる．Pは真っ暗なので本影と呼び，Qは少し暗くなるので半影と呼んでいる．このように，影は光が直進する証しでもある．

日食や月食も，本影と半影で説明できる．日食は図14.3(a)のように，地球が月の影に入ると起こる．地球上の人が月の本影の中にいると，太陽は完全に隠れるので，皆既日食が見られる．半影の中にいると，太陽の一部が欠けた部分日食が見られる．これに対して月食は，月が同図(b)のように，地球の影の中に入ると起こる．月が地球の本影の中に入ると，月は完全に欠けるので，皆既月食が見られる．

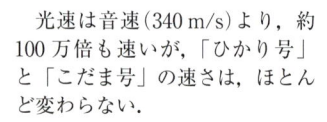

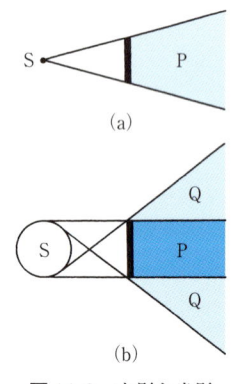

図14.2 本影と半影

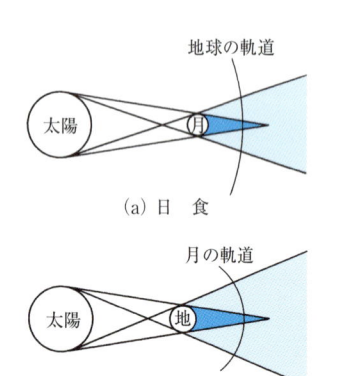

図14.3 日食と月食

鏡に物が映るのは，なぜだろうか

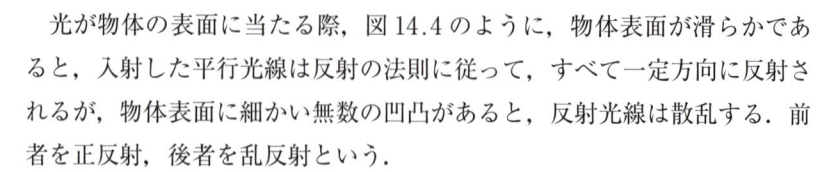

光が物体の表面に当たる際，図14.4のように，物体表面が滑らかであると，入射した平行光線は反射の法則に従って，すべて一定方向に反射されるが，物体表面に細かい無数の凹凸があると，反射光線は散乱する．前者を正反射，後者を乱反射という．

鏡は光をよく反射する．図14.5のように，光源Aから四方に放射される光線のうち，任意の2本 AB，AC が鏡 MM′ に当たると，式(12.1)に

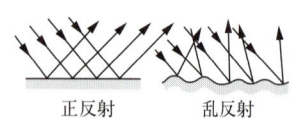

図14.4 正反射と乱反射

よって反射するので，反射光はすべて，鏡の裏側の A′ 点から出ているかのように見える．A′ は虚像と呼ばれ，鏡と対称の位置に生じる．なお，鏡(平面鏡)に全身を映すには，図 14.6 から分かるように，身長の半分の高さがあれば，十分である．

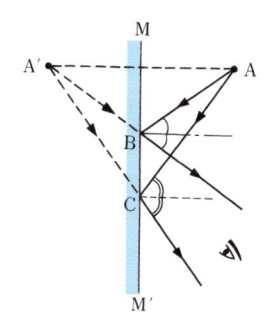

図 14.5 鏡に映る像

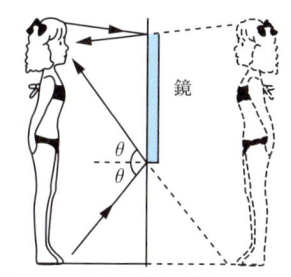

図 14.6 全身の姿見(鏡)の大きさ

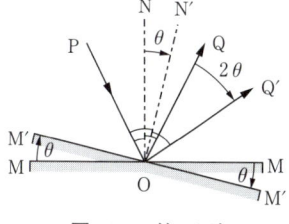

図 14.7 鏡の回転

ところで図 14.7 のように，入射光線 PO の方向は変えないで，平面鏡の鏡面を θ だけ傾けると，反射光線は 2θ だけ傾く．このことは次章の球面鏡の場合も当てはまり，バックミラーやサイドミラーの鏡面を少し傾けただけで，視野が大きく変わるのも同じ理屈である．

光が屈折すると，どんなことが起こるか

水の中の底にコインを沈めると，図 14.8 のように，浮き上がって見えるが，これは光が屈折するために起こる現象である．水中のコイン P から出た光は水面で屈折して，空気中を BA の方向に進むので，上から見ると，コインは AB の延長線上の Q にあるかのように見える．θ と ϕ は微小角なので，$\sin\theta \fallingdotseq \tan\theta$, $\sin\phi \fallingdotseq \tan\phi$ が成り立つ．したがって，屈折率 n は式(12.2)より，次式で表される．

$$n = \frac{\sin\theta}{\sin\phi} \fallingdotseq \frac{\tan\theta}{\tan\phi} = \frac{\text{OB}}{\text{QO}} \Big/ \frac{\text{OB}}{\text{PO}} = \frac{\text{PO}}{\text{QO}}$$

そのため，QO＝PO/n となるので，浮き上がって見える．水の屈折率は 4/3 なので，コインは真の深さの 3/4 の位置に浮き上がって見える．

さて，真空中の光速を c，物質中の光速を v とすると，屈折率 n と入射角 θ と屈折角 ϕ の関係は，式(12.3)より，

$$n = \frac{c}{v} = \frac{\sin\theta}{\sin\phi} \tag{14.2}$$

となる．物質の屈折率は表 14.1 のように，$n \geqq 1$ である．したがって，物質中の光速 v は，真空中の光速 c より遅くなるので，真空中の光速を越え

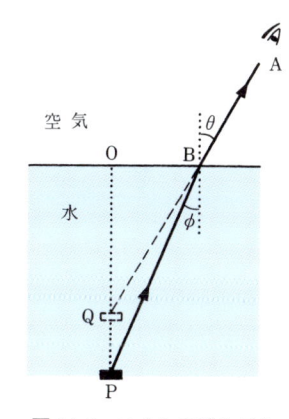

図 14.8 コインの浮上がり

プールを上から見ると，水深が浅く見えるのも，水中の箸が折れ曲がって見えるのも，同じ理屈である．箸が水面で折れ曲がるのは，箸の各点が真の深さの 3/4 の位置に，浮き上がって見えるからである．

ることはない．例えばガラス中では，光速は 2.0×10^8 m/s になる．

なお，光が屈折率 n_1 の物質から，屈折率 n_2 の物質に入射するときの屈折率 n_{12} は，式(12.3)より次式で表される．

$$n_{12} = \frac{n_2}{n_1} \tag{14.3}$$

n_{12} を相対屈折率，または媒質Ⅰに対する媒質Ⅱの屈折率という．一方，真空に対する屈折率 n を絶対屈折率という．

表14.1 絶対屈折率
（波長 5.893×10^{-7} m の光に対する値）

物　　質	絶対屈折率
空　　気	1.000292
水	1.3334
セ ダ 油	1.516
石英ガラス	1.4589
ダイヤモンド	2.4202
ゲルマニウム	4.093

【例題】 式(14.3)を導け．

［解答］ 式(12.3)より，$n_{12} = \dfrac{v_1}{v_2} = \dfrac{c/v_2}{c/v_1} = \dfrac{n_2}{n_1}$

ところで，光は物質の境界面で屈折するだけでなく，同一物質中でも密度が異なると，屈折率が異なるので，密度の大きい方へ屈折する．蜃気楼や「逃げ水」などの現象も，地表の空気の密度が温度によって変化するために起こる．

富山湾で見られる蜃気楼は，次のような機構で起こる．5月になると立山連峰から，冷たい雪解け水が富山湾に流れ込むので，海面に接した空気は冷やされて，密度(屈折率)が大きくなるが，上層の空気は暖かいので，密度(屈折率)は小さい．そのため，光線は図14.9(a)のように曲がって来るので，対岸の町の風景が浮き上がって見える．

これに対して，真夏の日中に舗装道路の路面で見られる「逃げ水」は，同図(b)のように，蜃気楼とは逆の現象を呈する．路面に接した空気は熱せられるので，密度は小さく，逆に上層の空気は冷たいので，密度は大きくなる．そのため，遠方の景色が逆さになって見える．

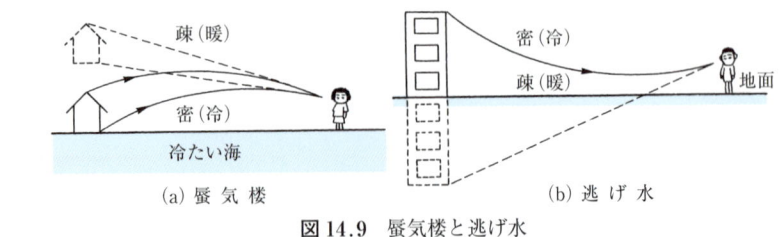

一方，九州の不知火海で，旧暦の8月1日(八朔)の未明に見える「しらぬい」は，海上に生じた空気の密度の濃淡によって，沖合の漁火の光が異常屈折して人の目に届くために起こる現象で，「かげろう」や「星のきらめき」と同じく，漁火の光が揺らいで見える．

図14.9 蜃気楼と逃げ水

全反射とは，どんなことか

光が屈折率の大きい物質から小さい物質へ，例えば図14.10のように，水中から空気中へ進むときは，屈折角 θ が入射角 ϕ より大きくなるので，

入射角がある値 ϕ_c を越えると，光は空気中に出られず，すべて反射されて水中に戻ってくる．この現象を全反射と呼び，ϕ_c を臨界角という．光が屈折率 n の物質から，空気中へ入射するときは，式(14.2)より，

$$\frac{\sin \phi}{\sin \theta} = \frac{1}{n} \tag{14.4}$$

が成り立つので，これに $\theta = 90°$ を代入すると，屈折率と臨界角の関係は，

$$\sin \phi_c = \frac{1}{n} \tag{14.5}$$

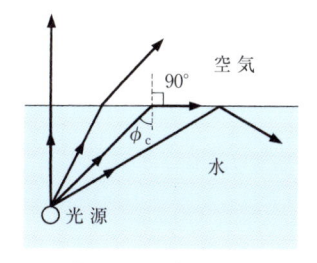

図14.10 全反射

で表される．空気に対する水，ガラス，ダイヤモンドの臨界角は，それぞれ 48.5°，42°，24.4° となる．

ダイヤモンドは屈折率が大きく，臨界角が小さいので，入射光の大部分が全反射する．キラキラと輝くのは，そのためである．

全反射を巧みに利用したものには，光ファイバーがある．光ファイバーケーブルは直径が数 μm のガラス繊維（光ファイバー）を多数束ねたものであり，中心部は屈折率が高く，周辺部は屈折率が低い材質なので，臨界角は小さい．そのため，光ファイバーケーブルが曲がっていても，光信号は図14.11のように全反射を繰り返しながら中心部を進む．

光ファイバーは，屈折光線として逃げていくものがなく，反射によるエネルギー損失が少ないので，胃カメラのような内視鏡用の導光管や光通信ケーブルに利用されている．

図14.11 光ファイバー

> 【例題】 ダイヤモンドの屈折率は 2.4202 である．計算器を使って，光がダイヤモンドから空中へ出る際の臨界角を求めよ．
>
> ［解答］ $\sin \phi_c = \dfrac{1}{n} = \dfrac{1}{2.4202} = 0.4132$　∴　$\phi_c = 24.4°$

◆◇・ 光度と照度は，どう違うか ・◇◆

光の明るさを表す用語には，光度と照度の2つがあるが，両者は全く違った物理量である．光度は光源の明るさを，照度は照らされる面の明るさを表し，単位には，それぞれカンデラ(cd)とルクス(lx)を用いる．

光度は，その光源から出る光のエネルギーが多いほど大きい．身近な光源の光度を表14.2に示す．これに対して照度は，ある面に入射してくる光のエネルギーが多いほど大きくなる．そのため照度は，光源の明るさ，つまり光度に比例して明るくなるが，光源からの距離にも関係する．

これは図14.12のように，光源から出る光のエネルギーが四方八方に球面状に広がるので，光源から離れるに従って，単位面積当たりに入射してくる光のエネルギーが少なくなるためである．球面の表面積は $4\pi r^2$ なので，照度は光源からの距離の2乗に反比例して暗くなる．実験によると，

表14.2 身近な光源の光度

光　　源	光度 [cd]
ホタル	$10^{-2} \sim 10^{-3}$
ろうそく，マッチ	$0.5 \sim 2$
白熱電球（60 W）	約 64
〃　（100 〃）	約 126
蛍光灯（20 〃）	約 128
月（反射光）	6×10^{17}
太陽	3×10^{27}

1 cd の光源から 1 m 離れた点の照度が，ちょうど 1 lx である．100 W の白熱電球（120 cd）から 1 m 離れた点の照度は，120 lx になる．

光源の光度を I [cd] とすると，光源から r [m] 離れた点の照度 E [lx] は，

$$E = \frac{I}{r^2} \tag{14.6}$$

で表される．いろいろな照度の大きさを表 14.3 に示す．

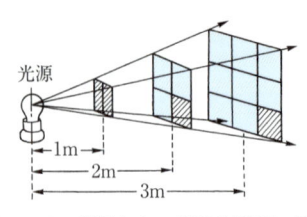

図 14.12 光源からの距離と照度の関係

表 14.3 いろいろな照度 [lx]

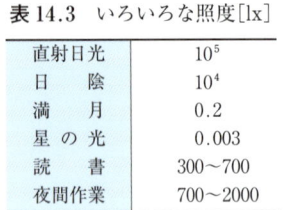

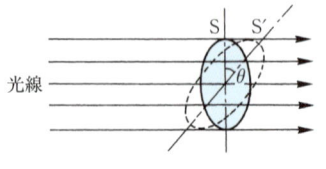

直射日光	10^5
日　陰	10^4
満　月	0.2
星の光	0.003
読　書	300〜700
夜間作業	700〜2000

図 14.13 傾いた面の照度

図 14.13 のように，照らされる面が角度 θ だけ傾いている場合は，同じ量の光が広い面積に入射することになるので，照度 E は次式で表される．

$$E = \frac{I}{r^2} \cos\theta \tag{14.7}$$

なお，光の明るさも音の大きさと同じく，光量が同じでも，その波長によって比視感度が異なる（図 14.14）．人の眼は，波長が 555 nm の光（黄緑）を最も明るく感じる．太陽光の波長分布曲線（スペクトル）も黄緑部にピークがあるので，人の眼も太陽光のスペクトルに一致するように進化してきたものと思われる．

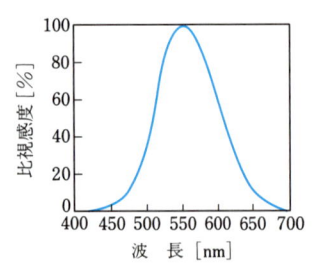

図 14.14 比視感度曲線

【練習】 30 W の丸型蛍光灯の光度は，約 167 cd である．蛍光灯から 0.5 m 離れたところの照度を求めよ． ［答］ 668 lx

章末問題

問 1　屈折率が $1.73(=\sqrt{3})$ のガラス面に，光が入射角 60° で進んできた．その屈折角を求めよ．

問 2　水深 6 m のプールがある．飛び込み台から真下を見ると，水深は何 m に見えるか．ただし，水の屈折率は 4/3 とする．

問 3　屈折率が 1.5 のガラスと空気が接している境界面では，① 光がどちらに向かうとき，全反射が起こるか．② その臨界角を求めよ．

問 4　水の屈折率は 4/3 で，ガラスの屈折率は 3/2 である．光が水からガラスへ進むときの相対屈折率を求めよ．

問 5　200 cd の光源から 2 m 離れた点の照度を求めよ．

15 球面鏡とレンズの性質

鏡には，平面鏡のほかに球面鏡がある．球面鏡にも，球面の内側が反射面になっている凹面鏡と，外側が反射面になっている凸面鏡がある．

一方，レンズにも凸レンズと凹レンズがある．球面鏡が光の反射を利用しているのに対して，レンズは光の屈折を利用して光を集めたり，発散させることができるので，物体の像を拡大したり，縮小することができる．

そのため，カメラや虫めがね（ルーペ），めがね，映写機，コピー機，顕微鏡，望遠鏡などの光学機器に広く使われている．

> 凹面鏡は集光機能があるので，太陽炉の集光鏡や耳鼻咽喉科医師の額帯鏡に使われ，また，物を拡大して見ることができるので，顔の拡大鏡などに使われている．

◆◆◆ 凹面鏡は，どんな性質をもっているか ◆◆◆

凹面鏡は図 15.1 のように，その内面に小さな平面鏡を数多く張り付けたものと考えると，点 A から出た光は鏡面 P で反射の後，光軸 OA との交点 B を通る．入射角 i は反射角に等しいので，入射光と反射光，および半径 CP が光軸となす角を，それぞれ α, β, γ とすると，

$$\alpha + i = \gamma, \qquad \gamma + i = \beta \qquad ①$$

が成り立つ．そこで，両式から i を消去すると，次式が得られる．

$$\alpha + \beta = 2\gamma \qquad ②$$

ここで AO=a，BO=b，CO=r とすると，鏡面 OP≪a のときは，

$$\alpha \fallingdotseq \frac{\mathrm{OP}}{a}, \quad \beta \fallingdotseq \frac{\mathrm{OP}}{b}, \quad \gamma = \frac{\mathrm{OP}}{r} \qquad ③$$

に等しいので，式②に式③を代入すると，次の凹面鏡の式が得られる．

$$\frac{1}{a} + \frac{1}{b} = \frac{2}{r} \qquad (15.1)$$

> 点 A から出た光は点 P の位置に関係なく，反射した後すべて点 B に集まる．

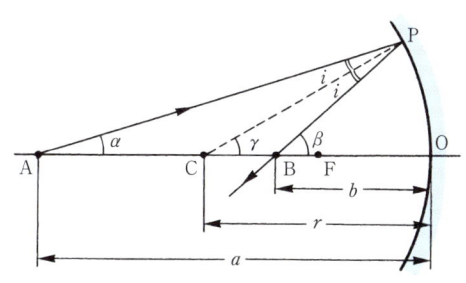

図 15.1 凹面鏡による反射

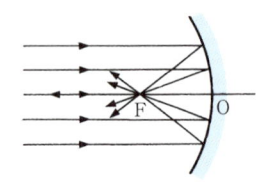

図 15.2 凹面鏡の焦点

太陽光のような平行光線を，図 15.2 のように凹面鏡に当てると，反射光はすべて点 F に集まるので，そこに物を置くと焦げる．そのため，F点を焦点(focus)という．FO を焦点距離と呼び，f で表す．

光源が太陽光のように遠く離れているときは，$a \to \infty$ に相当するので，反射光は式(15.1)から分かるように，$b = r/2$ の位置に集まる．したがって，焦点距離は $f = r/2$ となるので，式(15.1)は次式で表される．

$$\frac{1}{a} + \frac{1}{b} = \frac{1}{f} \tag{15.2}$$

直径 10 m の太陽炉の集光鏡では，焦点は 4000 ℃ にも達する．なお，額帯鏡は患部を照らすため，病室の照明からくる光を焦点に集めている．

パラボラアンテナも，遠方からくる電波を焦点に集めているが，アンテナの形状が球面でなく，放物面(パラボラ)になっているので，その名が付いている．

集光鏡とは逆に，凹面鏡の焦点に光源を置くと，式(15.2)で $b \to \infty$ となり，反射光は平行光線となって出て行く．これを利用したのが懐中電灯である．

◆◆◆ 凹面鏡の前に物体を置くと，どんな像ができるか ◆◆◆

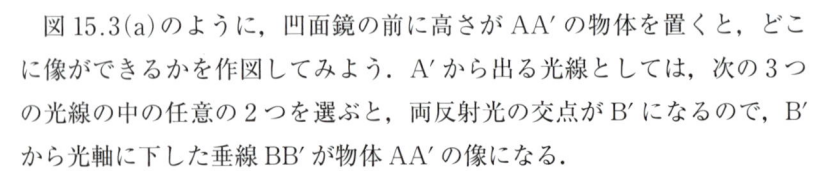

図 15.3(a)のように，凹面鏡の前に高さが AA′ の物体を置くと，どこに像ができるかを作図してみよう．A′ から出る光線としては，次の3つの光線の中の任意の2つを選ぶと，両反射光の交点が B′ になるので，B′ から光軸に下した垂線 BB′ が物体 AA′ の像になる．

ⅰ) 球面の中心 C を通る光線は，反射後も同じ経路を逆進する．
ⅱ) 光軸 OA に平行な光線は反射後，焦点 F を通る．
ⅲ) 焦点 F を通る光線は反射後，光軸に平行に進む．

物体と像の大きさの比を倍率という．倍率 m は同図(a)から分かるように，O から A′ と B′ に線を引くと，△AA′O ∽ △BB′O なので，

$$m = \frac{BB'}{AA'} = \frac{b}{a} \tag{15.3}$$

で表される．同図(a)のように，物体が焦点の外側にあると，倒立の実像ができる．逆に同図(b)のように，物体が焦点の内側(FO 間)にあると，反射光は鏡面の裏側から出たかのように見えるので，$m > 1$ の正立した像になる．しかし，この像は実際に光線が集まってできた像ではないので，虚像という．なお，虚像のできる位置 b は，鏡面の裏側なので，式(15.2)では − になる．

虚像は平面鏡と同じく鏡の裏側にできるので，眼には見えるが，スクリーンに映すことはできない．

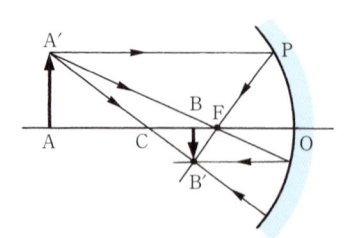

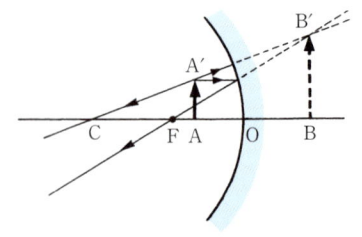

(a) 物体が焦点の外側にあるとき(実像) (b) 物体が焦点の外側にあるとき(虚像)

図 15.3 凹面鏡による像

15. 球面鏡とレンズの性質

> **【例題】** 焦点距離が 30 cm の凹面鏡がある．① 鏡の前方 50 cm の位置にある物体の像の位置を求め，実像か虚像かを答えよ．② 鏡の前方 10 cm の位置に物体を置いた場合は，どうなるか．
>
> [解答] ① 式(15.2)より，$\dfrac{1}{50}+\dfrac{1}{b}=\dfrac{1}{30}$　∴　$b=75$ cm．像は凹面鏡の前方に生ずるので，実像．② $\dfrac{1}{10}+\dfrac{1}{b}=\dfrac{1}{30}$　∴　$b=-15$ cm．像は鏡の後方に生ずるので，虚像．

◆◆◆ 凸面鏡は，どんな性質をもっているか ◆◆◆

図 15.4 のように，凸面鏡に平行光線を当てると，反射光は鏡面の裏側にある点 F から出たかのように見えるので，点 F が焦点になる．

次に，光源 A から出た光は，図 15.5(a) のように鏡面で反射されるので，鏡面の裏側の点 B から出たかのように見える．そのため，点 B は光源の位置に関係なく，常に虚像になる．

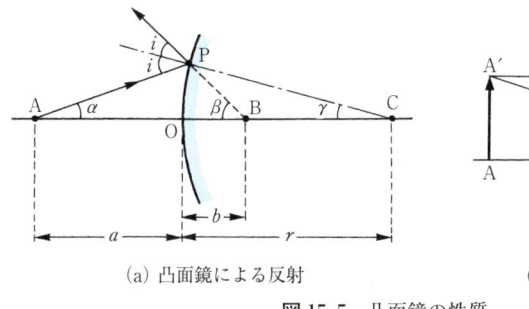

図 15.4　凸面鏡の焦点

式(15.2)は焦点距離 f を − にするだけで，凸面鏡にも適用できる．得られる像が虚像なので，b は常に − になる．

(a) 凸面鏡による反射　　(b) 凸面鏡による像

図 15.5　凸面鏡の性質

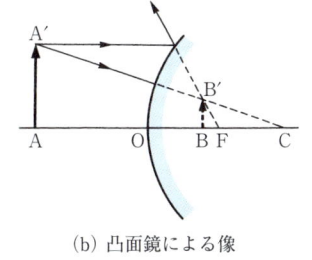

また，凸面鏡の前に物体を置くと，図 15.5(b) のような像が生じるが，像の種類は距離 a に関係なく，$m<1$ の正立の虚像になる．

このように凸面鏡では，実物より小さいが，正立の像が得られる．しかも図 15.6 のように，平面鏡より広い視野が得られるので，バックミラーやカーブミラーに使われている．

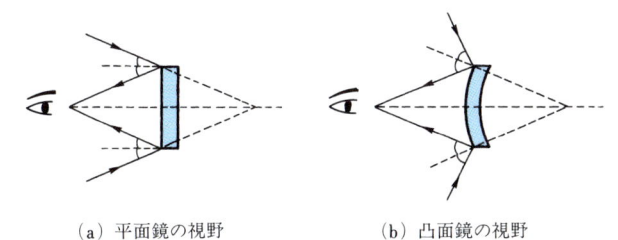

(a) 平面鏡の視野　　(b) 凸面鏡の視野

図 15.6　凸面鏡と平面鏡の視野の比較

遊園地などにあるマジックミラーには，およそ自分の顔とは思われない像が映るが，これはマジックミラーの鏡面が波形になっているので，凹の部分は凹面鏡として，凸の部分は凸面鏡として働くためである．

【練習】 高さ 2 cm の物体が，半径 100 cm の凸面鏡の前方 60 cm の位置にあるとき，鏡に映る像の大きさと位置を求めよ．

[答] 後方 27 cm, 0.9 cm の正立像．

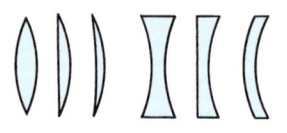

◆•◆ レンズは，どんな性質をもっているか ◆•◆

レンズには，図 15.7 のように凸レンズと凹レンズがある．いずれも，ガラスやプラスチックなどの透明体で作られている．

まず，図 15.8(a) のように，凸レンズの正面に平行光線を当てると，外側ほど入射角が大きいため，強く屈折するので，レンズを通った光は，すべて光軸上の 1 点 F に集まる．F を焦点，FO = f を焦点距離という．

水の入った金魚鉢や瓶も凸レンズの働きをするので，これに西日が当たると，焦点に置いた可燃物が焦げだして燃えることがある．

逆に，同図(b)のように，焦点に光源を置くと，レンズを通った光は平行光線になる．レンズには，焦点が前方と後方にある．

次に，同図(c)のように，凹レンズに平行光線を当てると，外側ほど強く屈折するので，レンズを通った光は，点 F (焦点) から出たかのように見える．なお，光の進む向きを逆にして考えると，凹レンズの焦点に向かって進んできた光は，レンズを通った後は平行光線になる．

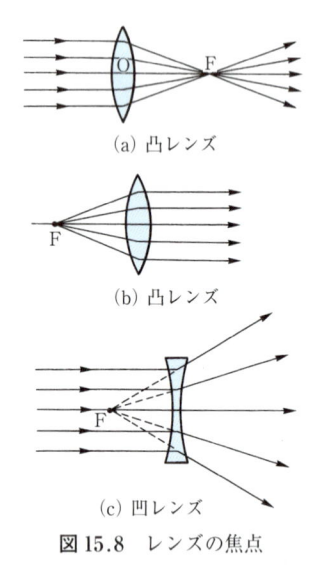

図 15.7 レンズの種類

(a) 凸レンズ
(b) 凸レンズ
(c) 凹レンズ

図 15.8 レンズの焦点

上述のレンズの性質を球面鏡のそれと比較すると，凸レンズは凹面鏡に，凹レンズは凸面鏡に似ていることが分かる．

◆•◆ 凸レンズの前に物体を置くと，どんな像ができるか ◆•◆

まず，凸レンズで生じる像を作図によって求めるには，図 15.9 のように，物体から出ていく光線としては，次の 3 つの光線に着目するとよい．

 i) 光軸に平行な光線はレンズを通過した後，焦点 F_2 を通る．
 ii) 中心 O を通る光線は直進する．
 iii) 焦点 F_1 を通る光線は，レンズを通過した後，光軸に平行に進む．

次に，物体の位置 a と像の位置 b とレンズの焦点距離 f との相互関係

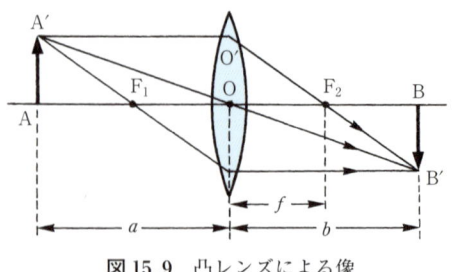

図 15.9 凸レンズによる像

を，同図から幾何学的に求めてみよう．$OA=a$, $OB=b$, $OF_1=OF_2=f$ とすると，$\triangle OAA' \infty \triangle OBB'$ なので，次の関係が成り立つ．

$$\frac{BB'}{AA'}=\frac{b}{a} \quad ① \qquad \frac{BB'}{AA'}=\frac{BB'}{OO'}=\frac{b-f}{f} \quad ②$$

①式と②式は等しいので，$b/a=(b-f)/f$　∴ $af+bf=ab$．そこで両辺をabfで割ると，球面鏡と同じく，次のレンズの公式が得られる．

$$\frac{1}{a}+\frac{1}{b}=\frac{1}{f} \tag{15.4}$$

ただし，aは物体がレンズの前方にあるときを＋，bは像がレンズの後方にあるときを＋とし，fは凸レンズでは＋とする．

この図から分かるように，倍率mも球面鏡と同じく次式で表される．

$$m=\frac{BB'}{AA'}=\frac{b}{a} \tag{15.5}$$

凸レンズで得られる像の位置bと像の大きさは，図15.10のように，物体の位置aとレンズの焦点距離fとの相互関係によって変化し，物体が焦点に近づくにつれて，像は大きくなる．

同図(a)のように，物体がレンズから$2f$より離れていると，物体より小さな倒立実像が得られる．これを利用したのがカメラである．

カメラでは，画面上に鮮明な実像を結ばせるため，レンズが前後に動くようになっている．これを焦点合わせ(ピント合わせ)という．

同図(b)のように，物体を$2f$の位置に置くと，等倍の倒立実像が得られ，同図(c)のように，物体を$2f>a>f$の位置に置くと，物体より大きな倒立実像が得られる．これを利用したのが映写機である．

同図(d)のように，物体を焦点に置くと，ルーペで拡大し過ぎたときと同じように，像はできない．しかし同図(e)のように，物体を焦点の内側に置くと，像の位置は一変し，物体より大きな正立虚像が得られる．これを利用したのがルーペである．

ルーペの像は虚像なので，レンズの裏側からでないと見えない．ルーペでは，明視の距離(普通の人で25 cm)Dに生じた虚像を見るので，その倍率mは次式で表され，焦点距離fが短いほど大きくなる．

$$m=\frac{b}{a}=\frac{BB'}{AA'}=\frac{BB'}{OO'}=\frac{f+D}{f}=1+\frac{D}{f} \tag{15.6}$$

球面鏡の焦点距離fは球面の曲率半径rで決まる($f=r/2$)が，レンズは光の屈折を利用しているので，その焦点距離はレンズの材質の屈折率nに関係する．

さらに，入射光がレンズの表面と裏面で2回屈折するので，その曲率半径r_1, r_2にも関係する．

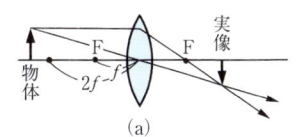

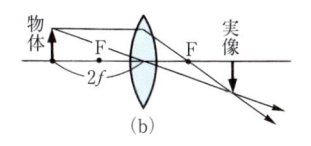

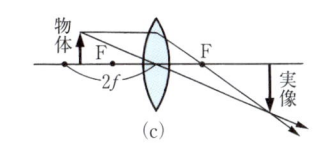

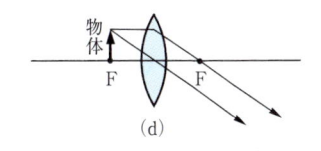

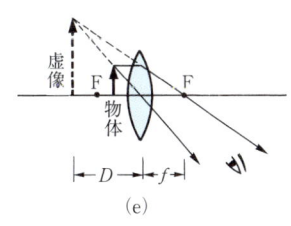

図15.10　凸レンズによる像の変化

【例題】　焦点距離が50 cmの凸レンズがある．レンズの前方25 cmの位置に物体を置くとき，像の位置と倍率を求め，実像か虚像かを答えよ．

［解答］　式(15.4)より，$\frac{1}{25}+\frac{1}{b}=\frac{1}{50}$　∴ $b=-50$ cm．像はレンズの前方に生ずるので，虚像．倍率は，$m=\left|\frac{b}{a}\right|=\frac{50}{25}=2$倍

凹レンズの前に物体を置くと，どんな像ができるか

凹レンズによる像は，図15.11のように，物体の位置に関係なく，常に倍率<1の正立虚像になる．この点，凸面鏡に似ている．凹レンズでは，焦点距離 f を－にとれば，レンズの公式(15.4)は，そのまま成り立つ．

図15.11 凹レンズによる像

【練習】 焦点距離が50 cm の凹レンズがある．レンズの前方25 cm の位置に物体を置くとき，像の位置と倍率を求め，実像か虚像かを答えよ． ［答］レンズの前方16.6 cm，0.66倍，虚像

顕微鏡の原理は，どうなっているか

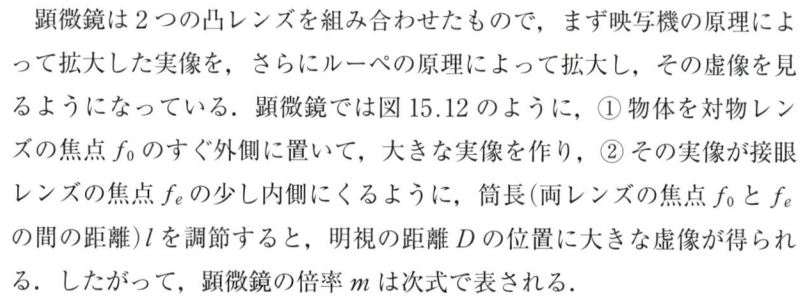

顕微鏡は2つの凸レンズを組み合わせたもので，まず映写機の原理によって拡大した実像を，さらにルーペの原理によって拡大し，その虚像を見るようになっている．顕微鏡では図15.12のように，① 物体を対物レンズの焦点 f_0 のすぐ外側に置いて，大きな実像を作り，② その実像が接眼レンズの焦点 f_e の少し内側にくるように，筒長(両レンズの焦点 f_0 と f_e の間の距離) l を調節すると，明視の距離 D の位置に大きな虚像が得られる．したがって，顕微鏡の倍率 m は次式で表される．

$$m = \frac{l}{f_0} \cdot \frac{D}{f_e} \tag{15.7}$$

(光学)顕微鏡の倍率は，f_0 と f_e を小さくすれば，限りなく大きくなるように思われるが，実際上は像のひずみと光の回折現象によるボケのため，2000倍が限度である．

それ以上の倍率を得るには，光波の代わりに電子波を用いた，電子顕微鏡(10万倍以上)が使われる．

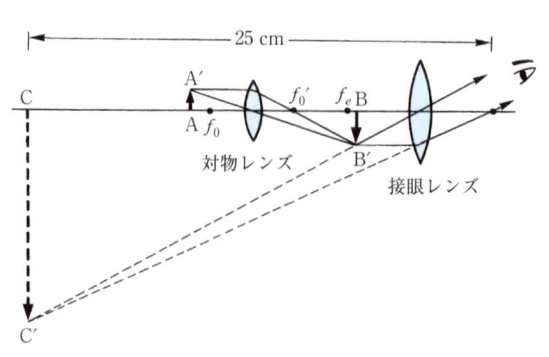

図15.12 顕微鏡の原理

めがねの原理は，どうなっているか

眼には，水晶体と呼ばれる凸レンズがあり，その奥には，物体の実像が

15. 球面鏡とレンズの性質

映る網膜がある．水晶体はカメラのレンズに相当し，網膜は液晶画面に相当する．健康な眼では，見ようとする物体の距離が変わると，毛様筋が水晶体の厚さ，つまり焦点距離を調節するので，物体の像は網膜上に正しく生じる．

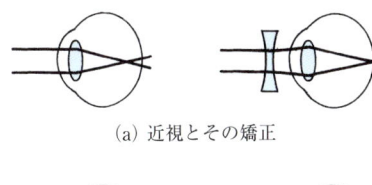

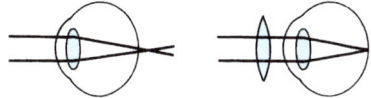

(a) 近視とその矯正

(b) 遠視とその矯正

図 15.13 近視と遠視

ところが，近視眼では図 15.13(a) のように，遠くの物体の像が網膜の手前に生じ，逆に遠視眼では同図 (b) のように，近くの物体の像が網膜の後に生じる．そこで近視眼では，凹レンズの眼鏡によって矯正し，遠視眼では，凸レンズの眼鏡によって矯正する．高齢になると，毛様筋の働きの低下によって，近くの物体の像が網膜上に生じなくなる．これが老眼である．老眼は遠視眼と同じく，凸レンズによって矯正する．

章末問題

問1 半径 60 cm の凹面鏡の前方 20 cm の位置に物体を置くとき，像の位置と倍率を求め，実像か虚像かを答えよ．

問2 焦点距離 12 cm の凸レンズの前方 20 cm の位置に，高さ 4.0 cm の物体を置いた．① 像の位置，② 倍率，③ 像の種類を求めよ．

問3 明視の距離を 25 cm として，焦点距離 5 cm のルーペの倍率を求めよ．

問4 接眼レンズと対物レンズが 16 cm 離れている顕微鏡がある．両レンズの焦点距離をそれぞれ，$f_e = 5.0$ cm，$f_o = 1.0$ cm とし，明視の距離を 25 cm として，この顕微鏡の倍率を求めよ．

16 光波の進み方とスペクトル

◆◆◆ 光が干渉すると，何ができるか ◆◆◆

　振幅 A の2つの光波が，同時に一点に達して干渉を起こすと，その合成波の振幅は，両光波の位相が等しければ $2A$ になるが，位相差が π ならば，打ち消し合って0になると予想される．そこでヤング(1807年)は，図16.1のような装置を用いて光の干渉実験を行った．

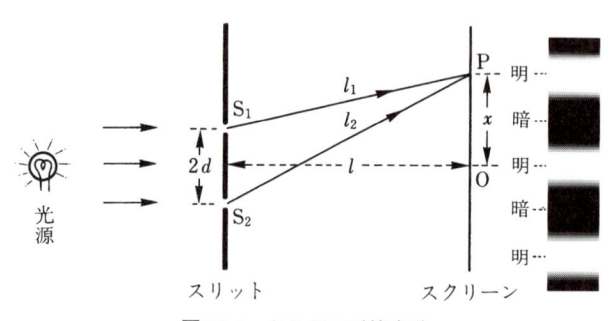

図16.1 ヤングの干渉実験

　光源から出た波長 λ の光は，2つのスリット(細い間隙) S_1，S_2 に同位相で達した後，回折して広がるので，S_1 と S_2 から出た光波は，スクリーン上の一点Pで重なって干渉する．両光波の山と山(谷と谷)が重なれば，点Pは明るくなるが，山と谷が重なれば暗くなる．

　したがって，光源に波長 λ の単色光を用いると，スクリーン上には，明暗の縞ができる．これを干渉縞という．単色光の代わりに，種々の波長の光から成る白色光を用いると，干渉する位置が波長によって異なるので，スクリーン上には，着色した干渉縞が生じる．

　ここで，光の明暗の生じる条件を求めてみよう．$S_1P=l_1$，$S_2P=l_2$ とすると，式(12.4)から分かるように，両光波の光路差 $|l_1-l_2|$ が，

$$|l_1-l_2|=2m\frac{\lambda}{2}=m\lambda \quad (m=0,1,2,\cdots) \quad (16.1)$$

を満たせば，つまり半波長の偶数倍であれば，明るくなる．また次式のように，両光波の光路差が半波長の奇数倍であれば，暗くなる．

$$|l_1-l_2|=(2m+1)\cdot\frac{\lambda}{2} \quad (m=0,1,2,\cdots) \quad (16.2)$$

　光の色は，その波長によって決まっている．赤や黄，紫などのような単一の色の光を単色光という．

　これに対して，太陽光や電灯のように，赤から紫までの7色を含んだ光が一緒に目に入ると，無色に感じるが，これを無色光とは呼ばずに白色光という．

　半波長の偶数倍＝波長の整数倍

16. 光波の進み方とスペクトル

次に図 16.1 から，光の明暗の生じる位置 $x(=\mathrm{OP})$ を求めよう．
$l_1^2 = l^2 + (x-d)^2$, $l_2^2 = l^2 + (x+d)^2$ なので，$l_2^2 - l_1^2 = 4xd$．
一方，$l \gg x, d$ だから，$l_1 + l_2 \fallingdotseq 2l$. それゆえ，

$$l_2 - l_1 = \frac{l_2^2 - l_1^2}{l_2 + l_1} = \frac{4xd}{2l} = \frac{2xd}{l} \qquad (16.3)$$

の関係が得られる．したがって，式(16.1)と(16.3)より，

$$\frac{2xd}{l} = m\lambda \quad \therefore \quad x = \frac{ml}{2d}\lambda \qquad (16.4)$$

を満足するような点 P は，明るい線(明線)になる．同様にして，

$$\frac{2xd}{l} = (2m+1)\frac{\lambda}{2} \quad \therefore \quad x = \frac{(2m+1)l}{4d}\lambda \qquad (16.5)$$

を満たせば暗線になる．このように，明暗の位置 x は l と d, λ によって決まる．m は整数なので，隣り合う明(暗)線の間隔を Δx とすると，

$$\Delta x = \frac{l\lambda}{2d} \qquad (16.6)$$

となるので，l, d, Δx を測定すれば，逆に光波の波長 λ が求められる．

ところで，一般の光波は図 16.2 のように，途切れ・途切れで，位相が不揃いの波連からなるので，まず干渉することはない．ヤングが干渉実験に成功したのは，S_1 と S_2 に 2 つの光源(電灯)を使わず，1 つの光源からの光を 2 つに分けて，位相の合った光を使用したからである．

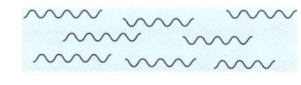

図 16.2 自然光

【練習】 図 16.1 に示した実験装置で，両スリット間の距離を 0.07 mm, 光の波長を 600 nm とすると，70 cm 離れたスクリーン上に生じる干渉縞の間隔を求めよ．　　　　　　　　　　　[答] 6 mm

◆◆◆ 身近な干渉現象には，どんなものがあるか ◆◆◆

シャボン玉が着色して見えたり，水面上の油の薄膜が着色して見えるのは，いずれも薄膜の表面と裏面で反射した光が互いに干渉して，特定の波長の光，つまり特定の色の光だけが強め合うためである．これは，膜厚が光の波長と同じ程度のとき生じるので，薄膜による干渉という．その機構を図 16.3 を使って説明しよう．

油膜の表面 B で反射する光 I が，AB だけ進む間に，裏面 C で反射する光 II は，A′B′ だけ進むので，入射光の位相は B と B′ で同位相になる．いま，空気中での光の波長を λ, 屈折角を θ, 油膜の屈折率を n とし，反射光 I と II の経路を比較すると，△BCD が二等辺三角形であることから，

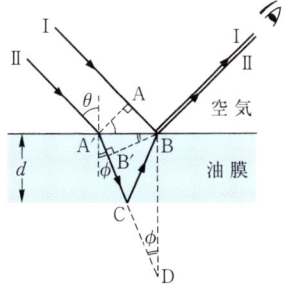

図 16.3 薄膜による干渉

反射光IIのほうが次式のように，$2d\cos\phi$ だけ長くなる．
$$B'C+CB=B'D=BD\cos\phi=2d\cos\phi$$

　油膜の中での波長は λ/n に等しく，しかも表面での反射は，疎から密への反射なので，位相が π だけ変化する．そのため，光路差 $2d\cos\phi$ が次式のように，油膜中での光波の半波長 $\lambda/2n$ の奇数倍になる方向では，両反射光が強め合うので，明るくなる．したがって，屈折角や膜厚が変わると，強めあう光の波長が変わるので，油膜に色が付いて見える．

$$2d\cos\phi=(2m+1)\frac{\lambda}{2n} \quad (m=0,1,2,\cdots) \quad (16.7)$$

【例題】屈折率が 1.5 の薄膜に，波長が 600 nm の平行光線を垂直入射させた．反射光が干渉によって強め合うために必要な最小厚を求めよ．
［解答］式(16.7)より，
$$2d\times\cos 0°=\frac{(2\times 0+1)\times 600\times 10^{-9}}{2\times 1.5} \quad \therefore d=\frac{600\times 10^{-9}}{6}$$
$$=100\times 10^{-9}\,\text{m}=100\,\text{nm}$$

◆◇◆ 光が回折すると，何ができるか ◆◇◆

　物体に光が当たると，その裏側には影ができるので，光は直進し，回折しないように見えるが，実際には影の境界はボケている．これは，光が物体の裏側に回り込むため，つまり光が回折するためである．

　図 16.4 のように，光の波長と同程度の細いスリットに光を当てると，光はスリットを通る際に回折するので，その後方に置いたスクリーンには，スリット幅 d より広い，明るくボケた輪郭が映り，その両側には明暗の縞模様が並ぶ．これを回折縞という．

回折現象は音波や水の波では顕著に現れるが，光波では，光の波長が音波よりも短い（約 1/100 万）ために現れにくい．

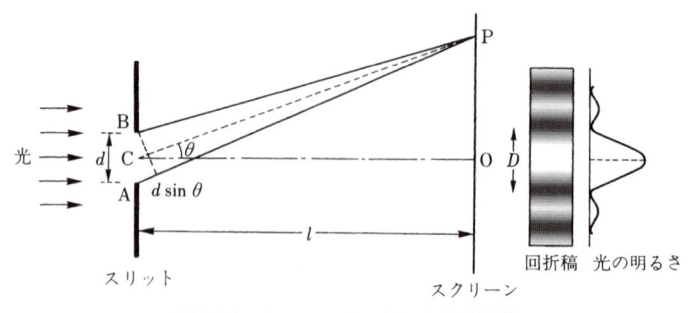

図 16.4　1 つのスリットによる回折縞

　回折縞は，ヤングの干渉実験装置と異なり，1 つのスリットの各点から出た素元波が，互いに干渉して生じたものである．単色光の代わりに白色

16. 光波の進み方とスペクトル

光を当てると，色を帯びた回折縞ができる．

ここで，光の明暗の生じる位置を求めてみよう．スクリーン上の1点Pには，スリットAB間の各点から素元波が集まるので，APとBPの光路差 $d\sin\theta$ が波長 λ に等しいとき，つまり $d\sin\theta=\lambda$ のときは，ABの中間点Cからくる光と，Aからくる光との光路差が半波長 $\lambda/2$ に等しくなるので，点Pで打ち消しあう．

したがって，AC間の各点とCB間の各点からくる光は，互いに打ち消し合うので，点Pが次の関係を満たす方向 θ にあれば，暗くなる．

$$d\sin\theta = m\lambda \quad (m=0,1,2,\cdots) \tag{16.8}$$

逆に，P点が次の関係を満たす方向 θ にあれば，明るくなる（図16.5）．

$$d\sin\theta = (2m+1)\cdot\frac{\lambda}{2} \quad (m=0,1,2,\cdots) \tag{16.9}$$

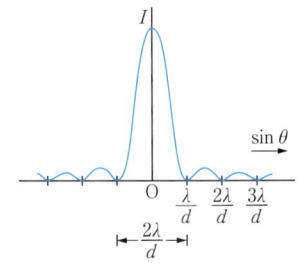

図16.5 スリットによる回折像の強度分布

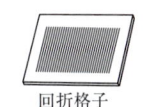

さて，スクリーンに映ったスリットの大きさ，つまり中央の明部の幅 D は，スリット幅を d，スリットとスクリーン間の距離を l ($l \gg d$) とすると，

$$D = 2l\tan\theta \fallingdotseq 2l\sin\theta = 2l\frac{\lambda}{d} \tag{16.10}$$

で表される．そのため，幅 d のスリットや小孔，小物体は，すべて大きさ D にボケて映る．このように回折像の大きさ（ボケの大きさ）は λ/d で決まり，λ が大きく，d が小さいほど大きくなる．したがって，回折現象の起こりやすさは λ/d に比例することが分かる．

このように光による観測では，回折によるボケを伴うので，光の波長より小さな物体を見ることはできない．

ところで光の研究には，回折格子が広く使われている．回折格子とは，ガラス板の片面に，1mm当たり数百本の細い溝（筋）を等間隔に引いたもので，溝の部分が不透明なので，溝と溝との間の透明部分がスリットの役目をする．溝と溝の間隔 d を格子定数という．回折格子を使うと，多数のスリットから回折した光が干渉し，スクリーン上には，鮮明な回折像が得られるので，回折格子は波長の精密測定に用いられる．

【例題】 1cmに6000本のスリットを刻んだ回折格子に，ある光を垂直に当てたところ，回折角が45°の方向に2次の回折線が見えた．入射光の波長を求めよ．

［解答］ $d = \dfrac{1\times 10^{-2}}{6000} = 1.67\times 10^{-6}$ m．式(16.8)より，

$1.67\times 10^{-6}\times\sin 45° = 2\lambda$ ∴ $\lambda = 0.83\times 10^{-6}\times\dfrac{1}{\sqrt{2}} = 0.59\times 10^{-6}$

$= 590$ nm

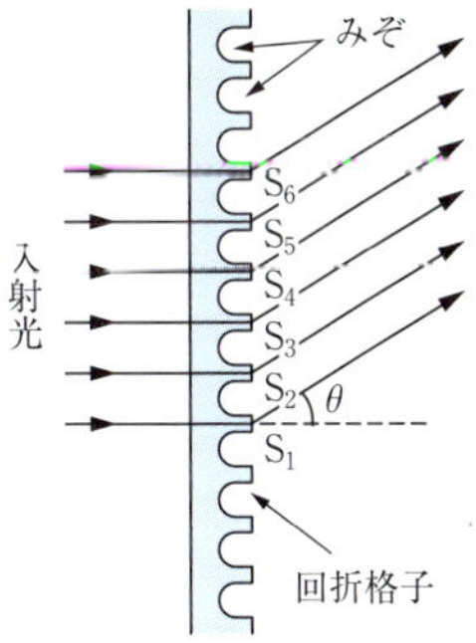

回折格子に白色光を当てると，赤から紫まで並んだ色の配列，つまりスペクトルが生じるので，回折格子は三角プリズムと同様に分光器としても利用される．

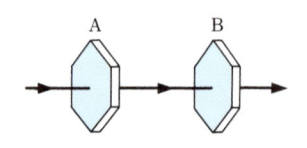

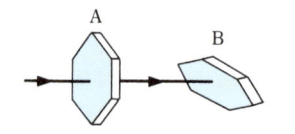

図 16.6　電気石による偏光の発生

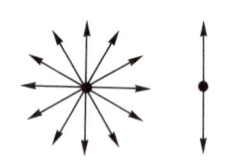

（a）自然光　（b）偏光

図 16.7　自然光と偏光の違い

自然光は，いろいろな方向に振動する偏光の集まりなので，キラキラすることはないが，鏡や水面で反射した光には，特定方向の偏光が多量に含まれているので，反射光がキラキラする．

このように，光が種々の色の光に分かれる現象を光の分散と呼び，光を波長ごとに分けることを分光という．

偏光とは，どんなものか

電気石を結晶軸に平行に薄く切った板は透明なので，光をよく通す．そのため，2枚の電気石の薄板 A，B を図 16.6 のように平行に並べても，透過光の明るさに変わりはない．ところが，A を固定して B を回すと，透過光は次第に暗くなり，90°のとき最も暗くなる．さらに B を回すと，透過光は再び徐々に明るくなり，A と B の方向が平行になると，元の明るさに戻るなるが，なぜだろう．

太陽や一般の光源から出る光は，自然光と呼ばれ，図 16.7 のように，進行方向と垂直なあらゆる方向に振動している．ところが電気石は，その結晶軸の方向に振動する光波だけを通す性質を持っているので，電気石 A を通った光は，結晶軸の方向にだけ振動する．

そのため，電気石 A の透過光は，B を 90°回すと，全く通らなくなる．電気石 A を通った光のように，一方向にのみ振動する光を，振動方向が偏っているので，偏光という．光が縦波であれば，偏光は起こらないので，偏光現象は光が横波であることの証しでもある．

光の分散とは，どんなことか

光は表 16.1 のように，その波長によって感じる色が決まっている．

表 16.1　光の波長と色

波長 [nm]	780	640	590	550	490	430	380
可視光線の色		赤	橙	黄	緑	青	紫

図 16.8 のように，スリットを通した白色光を三角プリズム（ガラス製）に当てると，光は 2 回屈折して進む．この光をスクリーンに映すと，屈折の小さいほうから，赤……紫と並んだ 7 色が見えるが，これはガラスの屈折率が，光の波長(色)によってわずかに異なるために起こる．

虹は図 16.9 のように，空気中の水滴による太陽光の分散現象である．

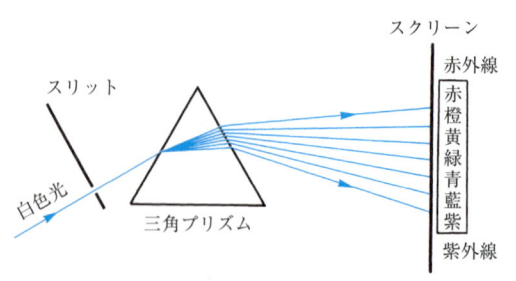

図 16.8　プリズムによる光の分散

16. 光波の進み方とスペクトル

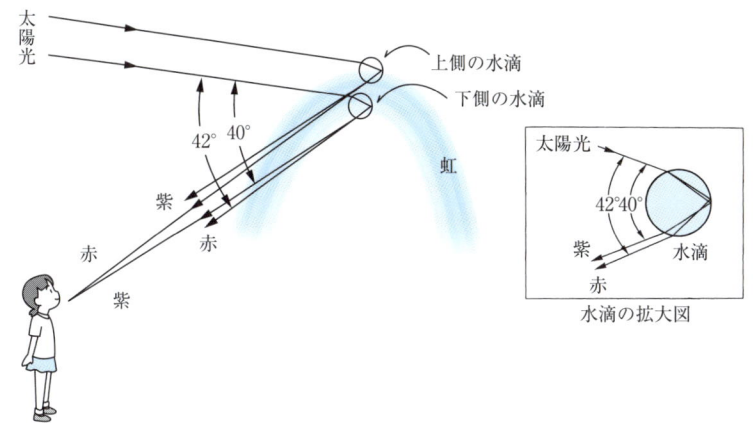

図16.9 虹の発生機構

太陽光が水滴に当たると，屈折・反射・屈折を繰り返して，赤から紫までの色光に分散して眼に入るので，太陽と観測者を結ぶ直線から，42°(赤)〜40.5°(紫)の頂角に円弧を描く虹が見える．

スペクトルとは，どんなものか

スペクトル(spectrum)とは，光の分散によって生じた色の配列・分布のことをである．そのため，光源の種類が異なると，色もその濃淡も異なる．スペクトルはx軸に波長をとり，y軸に濃淡をとると，グラフで表すことができる．スペクトルは元々，強度(度数，頻度)分布の意味であり，光学以外の分野でもよく使われる．

ところでスペクトルには，どんな種類があるのだろうか．物体を高温に熱したり，気体を放電させると発光するが，そのスペクトルは図16.10のように発光体の種類によって異なる．

例えば音響スペクトルは，高調波成分の強度分布を示したもので，x軸に周波数(波長)を，y軸にその強度(振幅)をとっているので，これを見れば，どんな音色かが分かる．

また，大学の県別入学者のスペクトルは，x軸に県名を，y軸にその人数をとったもので，これを見れば，学生の出身県の傾向が分かる．

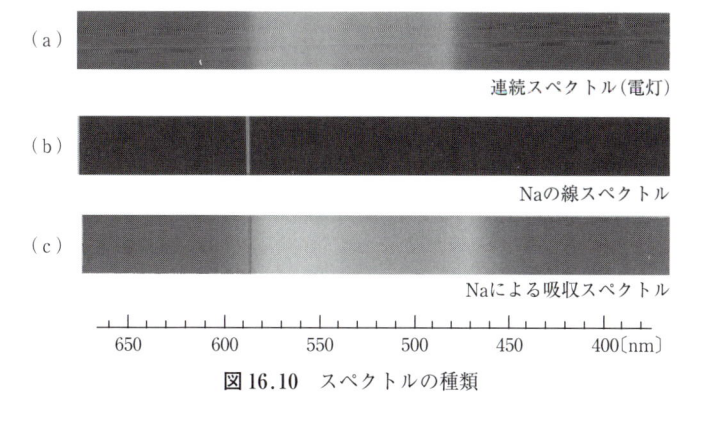

(a) 連続スペクトル(電灯)

(b) Naの線スペクトル

(c) Naによる吸収スペクトル

図16.10 スペクトルの種類

宇宙が膨張していることも，遠い星からくる光の線スペクトルが，ドップラー効果によって，地上で測定した元素の線スペクトルの位置より，赤い方に少しズレていることから分かった．この現象を赤方偏移という．

太陽光のスペクトルにも，多数の暗線が見える．これは太陽光が，太陽の周りの気体(H, He, Na, Mg, Ca, Fe など)によって吸収されたために生じた吸収スペクトルであり，暗線をフラウンホーファー線という．

光のスペクトルを利用した分析法は分光分析と呼ばれ，検出感度が高いので，環境汚染や犯罪捜査などの微量分析に利用されている．

> ① 連続スペクトル
> 　電灯の光のスペクトルは図 16.10(a)のように，赤から紫まで連続して分布しているので，連続スペクトルという．太陽光も連続スペクトルを示す．
> 　一般に，高温の固体や液体から出る光は，連続スペクトルを示すが，温度が高くなると，スペクトルは短波長(紫)側へシフトし，温度が低くなると，長波長(赤)側へシフトする．
>
> ② 線スペクトル
> 　Na 灯を放電させると，同図(b)のように，590 nm の波長の位置に，黄色い細い輝線が見える．水銀灯やネオン管では，違った位置に輝線が現れる．一般に，高温の気体原子が出す光のスペクトルには，特定の波長の位置に数本の輝線が見られるので，これを(輝)線スペクトルという．
>
> ③ 吸収スペクトル
> 　電灯の光(連続スペクトル)を Na 蒸気に当てると，その透過光のスペクトルには，590 nm の波長の位置に暗線が現れる(同図(c))．これは，気体の原子・分子には，それが高温のときに発する光と同じ波長の光を吸収する性質があるので，Na 蒸気の原子が自分自身の発する光と同じ波長の光を吸収して，暗くなったためである．
>
> 　③ の吸収スペクトルに対して，① と ② のように，発光によって生じるスペクトルを発光スペクトルという．線スペクトルも吸収スペクトルも，輝線や吸収の生じる位置(波長)が，気体原子(元素)や分子に特有なので，そのスペクトルを調べれば，逆に元素や分子の種類が分かる．

◆◆◆ 物体の色は，どのようにして生じるか ◆◆◆

発光体の色は，発光体から放射される光の波長分布，つまり発光スペクトルによって決まるが，自ら発光しない普通の物体の色は，照らす光の色と，物体表面での光の反射・吸収の度合いによって決まる．すべての波長の光を反射するような物体は白く見え，逆にすべて吸収するような物体は黒く見える．一般の物体は特定の波長範囲の光だけを選択的に吸収するが，その波長範囲は物質の分子構造に関係する．

例えば，黄色い不透明体に白色光を当てると，黄色以外は選択吸収され，黄色光だけが反射されるので，物体は黄色に見える．黄色い物体に黄色光を当てると，黄色に見えるが，青や赤い光を当てても何も見えない．

一方，赤ガラスのような透明体では，赤以外の光は選択吸収され，赤い光だけが透過するので，ガラスは赤く見える(図 16.11)．赤ガラスを通し

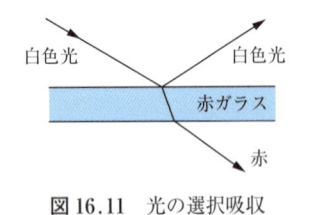

図 16.11　光の選択吸収

て赤い物体を見ると，赤く見えるが，青い物体を見ても何も見えない．

空は青く，朝日・夕日が赤いのは，なぜか

　光がその波長 λ より小さなもの，例えば空気分子や水蒸気，煤煙のような微粒子に当たると，光は微粒子を中心にして四方八方に散乱される．この現象を発見者の名に因んで，レーリー散乱という．

　この散乱は普通の反射や乱反射と異なり，微粒子を構成している原子内の電子が入射光によって振動し，その振動によって，2次的な電磁波（光）が発生する現象である．

　この散乱の起こりやすさは，普通の物体表面で起こる反射や乱反射と異なり，λ^4 に反比例するので，赤より青のほうが散乱されやすい．空が青く見えるのは，そのためである（図 16.12(a)）．一方，朝日や夕日が赤く見えるのは，同図(b)のように，太陽光が地平線上の厚い大気層を通るとき，青や紫が散乱され，赤い光だけが眼に達するからである．

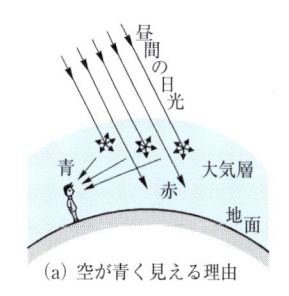

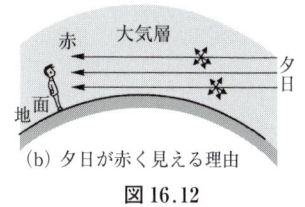

(a) 空が青く見える理由

(b) 夕日が赤く見える理由

図 16.12

章末問題

問1 ヤングの装置を使って，光の干渉実験を行った．間隔が 1.0 mm 離れた2つのスリットに垂直に単色光を当てたところ，スリットから 2 m 後方にあるスクリーン上に，縞の間隔が 1.2 mm の干渉縞が生じた．この光の波長を求めよ．

問2 水面に屈折率が 1.4，厚さが 3.0×10^{-7} m の油膜が浮かんでいる．これに白色光を垂直に当てたとき，強められる可視光線の波長を求めよ．

問3 直径 0.20 mm の小孔に，波長 600 nm の光を当てたところ，その後方 0.5 m にあるスクリーン上に，小孔の回折像が生じた．その直径は何 mm にボケて見えるか．

問4 発光スペクトルと吸収スペクトルの違いについて説明せよ．

問5 白紙に赤インクと青インクで別々に文字を書き，それを青ガラスを通して見ると，それぞれ何色に見えるか．

　霧の中では，光が水の分子によって散乱されるので，遠方の景色が見えにくいが，長波長の赤外線は散乱されにくいので，遠方から来た赤外線は，霧の中でも透過する．この性質を利用したのが赤外線写真である．

　また，停止信号に赤が使われているのも，決して血を連想させるためではなく，赤い光が最も散乱されにくく，回折しやすいので，遠方からでも見えやすいからである．

17 熱と温度とエネルギー

◆◆◆ 熱と温度とは，どう違うか ◆◆◆

熱と温度は，まったく異なる概念で，温度(temperature)は冷温の度合いを表す数値である．一方，熱(heat)は温度を変化させる原因で，エネルギーの一種であり，熱量ともいう．温度の単位には，℃やK(ケルビン)を用い，熱量の単位には，cal(カロリー)やJを用いる．

図17.1のように，高温物体と低温物体を接触させると，高温物体から低温物体へ熱エネルギーが流れ込むため，やがて両物体の温度は等しくなる．その量が熱量にほかならない．両物体の温度が等しくなると，熱の移動も止む．この状態を熱平衡という．

> 「今日は熱がある」は誤りで，「体温が高い」が正しい．
>
> 現在の熱エネルギー説に先立ち，熱を熱素という一種の物質と見なす熱素説が唱えられた．
> 熱の移動現象も熱素の移動によって解釈されたが，摩擦による発熱現象が説明できなかったので，熱素説は否定された．

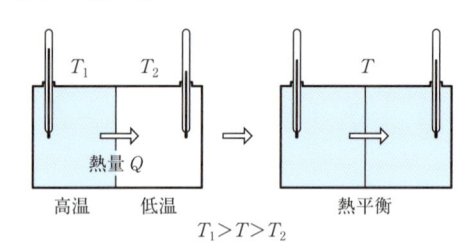

図17.1 熱の移動と平衡

$T_1 > T > T_2$

物質は無数の原子や分子から構成されていて，それぞれが，その温度に相当した熱運動をしている．物質の温度とは，原子や分子の熱運動の激しさにほかならない．身の回りの温度の実例を表17.1に示す．

温度の単位のセ氏 t [℃]は，1気圧の下での水の氷点(＝氷の融点)，つまり水と氷が共存するときの温度を0℃，沸点を100℃とし，その間を100等分したものである．水銀温度計やアルコール温度計は，細管中の液体の体積が熱によって膨張する性質を利用したものであるが，熱膨張の仕方は一様でなく，物質の種類によっても異なる．

例えば，水銀温度計の50.0℃は，アルコール温度計では50.7℃に相当する．このように，℃表示の温度は普遍性がなく，不正確である．

そこでKelvinは，物質の種類によらない温度を定めるため，後述の理想気体の熱膨張による体積変化を基にして，絶対温度を定めた．セ氏 t [℃]と絶対温度 T [K]の関係は，次式で表される．

$$T = t + 273.15 \tag{17.1}$$

表17.1 身の回りの温度 [℃]

超新星の内部	2×10^9
水爆	1×10^8
太陽の中心	1.5×10^7
太陽の表面	6000
タングステンの気化	5927
電球のフィラメント	3000
ガスレンジの炎	1700
溶鉱炉	1600
アルミニウムの融点	660
燃えている紙	233
はんだの融点	180〜230
水の沸点	100
水の融点	0
ドライアイス	−78.5
液体窒素	−196
絶対零度	−273.15

水銀温度計は南極北極では使えないが，最近は水銀が身体に有害なため，使用禁止になった．アルコール温度計は熱湯には使えない．

理想気体には，HeやArが近い．

$T = 0\,\text{K}\,(\fallingdotseq -273\,℃)$ を絶対零度という．セ氏と絶対温度の目盛り間隔は，図 17.2 のように同じなので，1 ℃ の温度差は 1 K の温度差に等しい．

絶対零度では，原子や分子のあらゆる運動が停止するので，それ以下の温度はあり得ない．

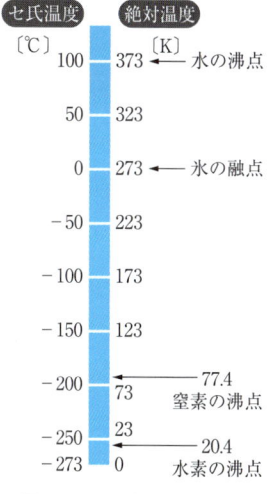

◆◆◆ 温度計には，どんなものがあるか ◆◆◆

温度計の種類を表 17.2 に示した．その原理はいずれも，温度による物性の変化から逆に温度を求めている．液体温度計は水銀やアルコールの熱膨張を利用し，抵抗温度計は金属の電気抵抗の変化を利用し，サーミスターは半導体の電気抵抗の変化を利用したものである．

表 17.2 温度計の種類と特性

種　類	測定範囲 [℃]
水銀温度計	−38〜200
アルコール温度計	−100〜50
バイメタル温度計	−50〜200
抵抗温度計（白金）	−260〜700
サーミスター温度計	−50〜300
熱電対温度計	−200〜1700
光高温計	600〜3000

図 17.2 温度のものさし

熱電対温度計については，22 章で詳述する．

バイメタル温度計は図 17.3 のように，熱膨張率の異なる薄い 2 枚の金属板を接着したもの (bimetal) に，指針を付けたもので，温度によって両金属の伸び方が違うため，バイメタルは曲がり，その程度から温度が分かる．バイメタルは図 17.4 のように，コタツなどの家電製品のサーモスタット（自動温度調節器）にも使われている．

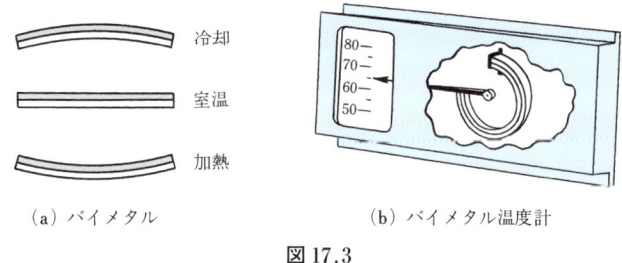

(a) バイメタル　　(b) バイメタル温度計

図 17.3

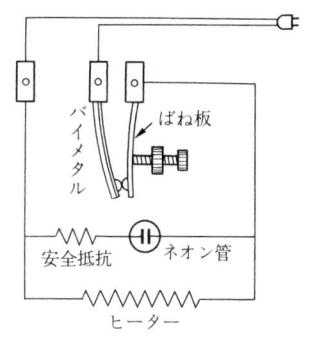

図 17.4 サーモスタット

光高温度計は被測定物と接触せずに，高温物体から放射される光の色から，物体の温度を求めている．高温物体が放つ光の色は，その温度に対応して 700 ℃ で赤く，1000 ℃ 以上で白くなるので，その色を光高温度計で測定すれば，溶鉱炉内の温度などが分かる．

サーモグラフィでは，人体から放射される赤外線の波長と強さから，皮膚の温度分布を調べて，発熱の有無を判断する．

◆◆◆ 熱と温度の関係は，どうなっているか ◆◆◆

温度を上げるには，熱を与えねばならないが，温度上昇に要する熱量 Q [J] は，物体の質量 m [g] と上昇温度 t [℃] に比例するので，比例定数を c とすると，熱量と温度の関係は次式で表される．

$$Q = cmt \tag{17.2}$$

c [J/gK] は比熱と呼ばれ，物質 1 g を 1 K（= 1 ℃）上昇させるに必要な熱量のことであり，その単位には cal/gK も用いられる．比熱は表 17.3 のように，物質の種類によって異なる．物質を 1 K 上昇させるに必要な熱量を，その物体の熱容量 C [J/K] と呼び，次式で表される．

$$C = cm \tag{17.3}$$

例えば，鉄の比熱は水の約 1/10 に過ぎないので，同一質量の鉄は水の 1/10 の燃料で温まる．つまり同一熱量では，水の 10 倍も多く，あるいは水の 10 倍も高い温度に加熱できる．

物体は熱容量が大きいほど，温まりにくく，かつ冷えにくい．

表 17.3　物質の比熱 [J/gK]

物　質	温度 [℃]	比　熱
アルミニウム	0	0.877
鉄	0	0.437
銅	0	0.380
ガラス	10〜15	0.67
水	15	4.19
氷	−15	2.09
エタノール	0	2.29
水素 (1 atm)	0	14.2
酸素 (〃)	16	0.922
空気 (〃)	20	1.006

【例題】　60 ℃ の水 100 g と 30 ℃ の水 400 g を混合したとき，水温を求めよ．
［解答］　熱量はエネルギーなので，混合の前後において保存される．
∴　式 (17.2) より，$c \cdot 100 \times 60 + c \cdot 400 \times 30 = c(100 + 400)t$ が成り立つ．
∴　$t = \dfrac{6000 + 12000}{500} = \dfrac{18000}{500} = 36$ ℃

【練習】　22 ℃ の水 150 g の中に，220 ℃ の鉄 150 g を入れると，水温は何度になるか．ただし，比熱はそれぞれ 4.2, 0.44 とする．

［答］　40.6 ℃

◆◆◆ 熱と仕事の関係は，どうなっているか ◆◆◆

熱は炎（化学エネルギー）やヒーター（電気エネルギー）からも生じるが，力学的な仕事に基づく摩擦によっても生ずる．ジュールは図 17.5 のよう

な実験装置を使って，仕事と発熱量との関係を調べ，4.19 J の仕事が 1 cal の熱量に等しく，仕事 W [J] と熱量 Q [cal] の関係は，次式で表されることを示した．換算係数 $J = 4.19$ J/cal を熱の仕事当量という．

$$W = 4.19 Q = JQ \tag{17.4}$$

【練習】 質量 840 kg の車が速さ 30 m/s で走行中に，急ブレーキをかけて止まった．発生した熱量は何 cal か． ［答］ 90 kcal

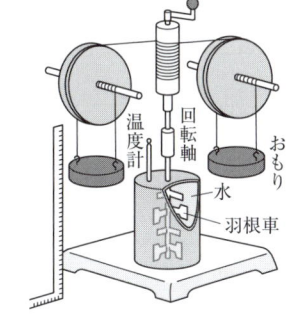

図 17.5 ジュールの実験

熱膨張とは，どんなことか

物体を温めると，原子・分子の熱運動が激しくなるので，原子間の距離が増大して膨張する．0 ℃と t ℃における固体の長さをそれぞれ l, l_0 とすると，伸び $\Delta l (= l - l_0)$ は，元の長さ l_0 と温度差 t [K] に比例するので，

$$\Delta l = \alpha l_0 t \tag{17.5}$$

で表される．比例定数 α は線膨張率と呼ばれ，$\Delta l / l_0 t$ にほかならないので，温度差 1 K 当たりの伸び率を意味する．線膨張率は表 17.4 のように，物質の種類によって異なるが，一般に固体では小さい．

線膨張率 α が与えられると，t ℃のときの長さ l は，式 (17.5) より次式で表される．

$$l = l_0 (1 + \alpha t) \tag{17.6}$$

一方，物体を熱すると，あらゆる方向に膨張するので，体積も膨張する．これを体膨張と呼び，線膨張と合わせて熱膨張という．0 ℃と t ℃のときの体積をそれぞれ V, V_0 とし，体膨張率を β とすると，t ℃のときの体積 V は次式で表される．

$$V = V_0 (1 + \beta t) \tag{17.7}$$

線膨張率 α と体膨張率 β の間には，$\beta \fallingdotseq 3\alpha$ の関係が成り立つ．液体の熱膨張率は，表 17.5 のように固体より大きい．

【練習】 0 ℃で 25 m のレールは，気温 40 ℃になると，何 cm 伸びるか． ［答］ 1.2 cm

ボイルの法則とは，どんなものか

気体に圧力を加えると，圧縮されるので，その体積は減少する．逆に圧力を減らすと，膨張するので，体積は増大する．ボイル (1660 年) は温度を一定にして，気体の体積が圧力によってどのように変化するかを実験で

レールの継ぎ目にすき間を設けてあるのは，レールの伸びによる曲折を防止するためである．

表 17.4 固体の線膨張率
($\times 10^{-6}$ K^{-1})

物 質	線膨張率
鉛	29
アルミニウム	23
銅	16.7
鉄	12
インバール	0〜1.5
ガラス	8〜10
石英ガラス	0.4
コンクリート	7〜13
木材（軸方向）	3.5
木材（直径方向）	35〜60
ポリエチレン	100〜200

表 17.5 液体の体膨張率
($\times 10^{-3}$ K^{-1})

物 質	体膨張率
水 銀	0.181
水	0.21
エタノール	1.08
ペンタン	1.55

自転車ポンプの原理もボイルの法則で説明できる．

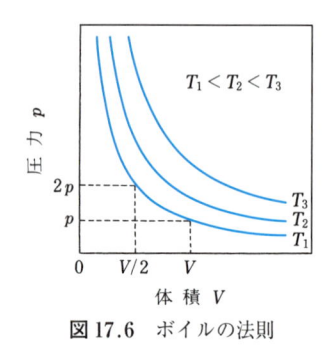

調べ，両者の間に次の関係が成り立つことを発見した．

$$pV = k \text{（一定）} \tag{17.8}$$

これをボイルの法則という．ボイルの法則は図 17.6 のように，温度が一定のとき，一定質量の気体の体積 V は圧力 p に反比例することを表している．k は温度によって異なり，高温になるほど大きくなる．

図 17.6 ボイルの法則

◆◆◆ シャルルの法則とは，どんなものか ◆◆◆

気体の体積は，圧力によってだけでなく，温度によっても変化する．シャルル(1787年)は圧力を一定にして，気体の体積が温度によってどのように変化するかを実験で調べ，気体の体膨張率はその種類に関係なく，1/273 になることを発見した(図 17.7)．そこで，0℃と t℃における体積をそれぞれ V_0，V とすると，t℃のときの体積 V は次式で表される．

$$V = V_0 \left(1 + \frac{t}{273}\right) \tag{17.9}$$

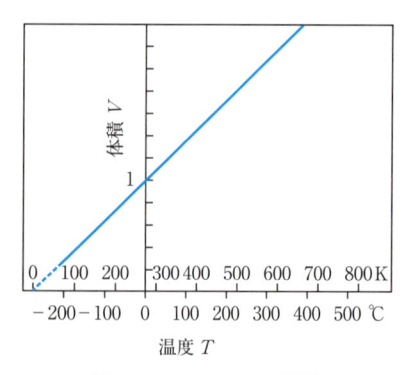

図 17.7 シャルルの法則

これをシャルルの法則という．セ氏温度 t を絶対温度 T で表すと，上式は $V = V_0 T / 273$ となるので，シャルルの法則は次式で表される．

$$\frac{V}{T} = \text{一定} \tag{17.10}$$

この式から，圧力が一定のもとでは，一定質量の気体の体積 V は，その絶対温度 T に正比例することが分かる．

【練習】 温度 27℃，体積 20 m³ の気体を，圧力一定のもとで 100℃に温めたときの体積を求めよ．　　　　　　　　　　[答] 25 m³

ボイル・シャルルの法則とは，どんなものか

気体の体積 V は圧力 p と温度 T によって変化する．そこで，ボイルとシャルルの両法則を組み合わせると，p と T が同時に変化したときの関係式が得られる．一定質量の気体が p_0，T_0，V_0 の状態から p，T，V の状態へ変化したとすると，式(17.8)と(17.10)より，次式が成り立つ．

$$\frac{p_0 V_0}{T_0} = \frac{pV}{T} = 一定 \qquad (17.11)$$

これをボイル・シャルルの法則という．この式から，一定質量の気体の体積 V は T に比例し，p に反比例することが分かる．また，p と V の積は T に比例するので，気体を体積一定のもとで加熱すると，圧力が増大し，圧力一定のもとで加熱すると，体積が増大することが分かる．

式(17.11)は，T が一定のときはボイルの法則に，p が一定のときはシャルルの法則に等しい．

【例題】 温度が 300 K，圧力が 1.8×10^5 Pa で体積 2.0 m³ の気体を，温度を 400 K，圧力を 1.5×10^5 Pa にしたときの体積を求めよ．
[解答] 式(17.11)より，
$$\frac{1.8 \times 10^5 \times 2.0}{300} = \frac{1.5 \times 10^5 \cdot V}{400} \quad \therefore V = \frac{1.8 \times 10^5 \times 2.0 \times 400}{1.5 \times 10^5 \times 300} = 3.2 \text{ m}^3$$

気体定数とは，どんなものか

ボイル・シャルルの法則によれば，p，V，T がどのように変化しようとも，式(17.11)で与えられる比は常に一定値(定数)を示すが，その値は気体の量に関係する．そこで，気体の量が 1 mol(モル)のときの値を気体定数という．ここで，その気体定数 R を求めてみよう．

アボガドロの法則によれば，1 モルの気体は，その種類に関係なく，標準状態で $22.4\,l$ の体積を占め，その中には，6.02×10^{23} 個(アボガドロ数という)の分子が含まれている．したがって，気体定数 R は次のようになる．気体定数は気体の種類には関係しない．

$$R = \frac{pV}{T} = \frac{1.013 \times 10^5 \times 2.24 \times 10^{-2}}{273} = 8.31 \quad [\text{J/mol·K}]$$

1 モルとは，例えば酸素(分子量16)なら，16 g の酸素のことである．

標準状態とは，0℃，1気圧の状態のことである．

気体の状態方程式とは，どんなものか

気体は圧力を加えると収縮し，温度を上げると膨張するので，気体の体

積は固体や液体と異なり，その温度と圧力を与えない限り，定まらない．したがって，気体の状態は p, T, V で決まり，その関係は式(17.11)より，次式で表されるので，これを1モルの気体の状態方程式という．

$$pV = RT \tag{17.12}$$

また，気体の体積はモル数に比例するので，n モルの気体については，

$$pV = nRT \tag{17.13}$$

が成り立つ．ボイル・シャルルの法則に従って変化するような気体を理想気体と呼び，この式を理想気体の状態方程式という．

式そのものはボイル・シャルルの法則と同じである．

【例題】 温度が $127\,°\text{C}\,(=400\,\text{K})$，圧力が $2.00 \times 10^5\,\text{Pa}$ で，体積 $5.00\,\text{m}^3$ の気体は何 mol か．

[解答] 式(17.13)より，$n = \dfrac{pV}{RT} = \dfrac{2.00 \times 10^5 \times 5.00}{8.31 \times 400} = 3.01 \times 10^2\,\text{mol}$

章末問題

問1 熱容量 $130\,\text{J/K}$ の容器に $22.0\,°\text{C}$ の水が $150\,\text{g}$ 入っている．この中に $80\,\text{g}$ の銅球を $100\,°\text{C}$ に熱して入れたところ，水温が $25.0\,°\text{C}$ になった．水の比熱を $4.2\,\text{J/g·K}$ として，銅の比熱を求めよ．

問2 $0\,°\text{C}$，$1\,\text{atm}$ で，体積が $10\,l$ の気体がある．① 温度を一定にして，$10\,\text{atm}$ に圧縮したときの体積を求めよ．② 圧力を一定にして，$273\,°\text{C}$ に加熱したときの体積を求めよ．③ 体積を一定にして，$546\,°\text{C}$ にしたときの圧力を求めよ．

問3 ① 人は食料を摂取して，その大部分を熱エネルギー(赤外線)に変換している．1日に $2000\,\text{kcal}$ 分を摂取している人の発熱量は，約何 W か．

問4 $3.0\,\text{kg}$ の酸素(分子量32)は，標準状態で何 m^3 か．② これを $91\,°\text{C}$ で，$1.4\,\text{m}^3$ の容器に移し替えると，圧力は何 atm になるか．

問5 1モルの気体は標準状態で $22.4\,l$ の体積を有する．空気を窒素(80%)と酸素(20%)の混合物として，空気の密度を求めよ．

18 熱の移動と物質の状態変化

◆◆◆ 熱伝導とは，どんなことか ◆◆◆

熱の移動(熱の伝わり方)には表 18.1 のように，① 熱伝導，② 対流，③ 熱放射の 3 つがあり，その機構はそれぞれ本質的に異なる．まず，金属棒の一端を加熱すると，物質中の原子や分子の熱運動が次々と伝わるため，他端も熱くなる．これを熱伝導という．実験によると，図 18.1 のような厚さ l，断面積 S の物体の両端の温度が T_1，T_2（$T_1 > T_2$）のとき，t 秒間に高温側から低温側へ流れる熱量 Q [J] は，次式で表される．

$$Q = k(T_1 - T_2)\frac{St}{l} \tag{18.1}$$

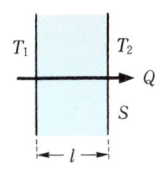

図 18.1 熱の伝導

この式は Q を電荷，$T_2 - T_1$ を電位差，l を電線の長さ，k を比抵抗とすると，21 章の電気回路のオームの法則と同型である．

表 18.1 熱の伝わり方

熱伝導	熱が物質中を高温側から，低温側へ移動する
対流	熱せられた流体が上昇する際に，流体自身が熱を運ぶ
熱放射	熱が光と同じように，電磁波の形で空間を伝わる

$(T_1 - T_2)/l$ を温度勾配という．比例定数 k は熱伝導率と呼ばれ，物質の種類によって決まる定数である．熱伝導率 k [Wm^{-1}K^{-1}] は厚さ 1 m の板の両端に 1℃ の温度差があるとき，その板の 1 m^2 を通して，1 秒間に流れる熱量を表す．k の単位には，cal/cm·s·K も用いられる．

熱伝導は液体や気体でも起こるが，熱伝導率 k は表 18.2 のように固体，液体，気体の順に小さくなる．金属の熱伝導率が著しく大きいのは，熱エネルギーが原子や分子の熱振動の伝播によって運ばれるだけでなく，金属中の自由電子同士の衝突によって運ばれるためである．

金属のように，熱伝導率の大きな物質を熱の良導体という．金属は自由電子を多量に含んでいるので，電気の良導体でもある．

木材や空気のように，熱伝導率の小さな物質を熱の不良導体という．空気は最高の不良導体であり，北国の建物や飛行機の窓が二重窓になっているのも，そのためである．発泡ポリスチロールは，空気を内蔵した断熱材である．十二単のような重ね着をすると，分厚い一枚物よりも暖かいのは，空気層のためであり，衣類は空気を着るために着るものである．

表 18.2 物質の熱伝導率 k

物質	k [W/m·K]
銀	428
銅	403
アルミニウム	236
鉄	83.5
ガラス	0.55〜0.75
コンクリート	1.0
磁器	1.5
土壌	0.14
木材	0.15〜0.25
水	0.582
氷	2.2
綿布	0.08
絹布	0.046
毛布	0.043
空気	0.0241

金属に手を触れると，同じ温度の木製品よりも冷たく感じるのは，金属の熱伝導率が桁違いに高いため，多くの熱が手から奪われるからである．

【例題】 面積 20 m^2, 厚さ 0.05 m の木壁がある. 壁の内側の温度が 20℃, 外側が -5℃ のとき, 熱は壁を通して 1 秒間にどれだけ逃げるか. ただし, 木の熱伝導率は 0.15 Wm^{-1}K^{-1} とする.

[解答] 式(18.1)より, $Q = 0.15 \times \{20-(-5)\} \times \dfrac{20}{0.05} = 1500$ W

【練習】 ウールが綿より暖かいのは, なぜか.

[答] 熱伝導率が小さい.

対流とは, どんなことか

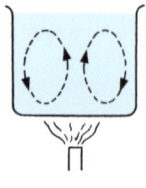

図 18.2 対流

対流は液体だけでなく, 気体でも生じる. 大気も地面で温められて上昇すると, 上空で冷やされるので, 絶えず上下に循環している.

容器の中の水を底部から加熱すると, 液面は熱くても, 底部は冷たい. これは図 18.2 のように, 底部で温められた液体が膨張して軽くなるので, 浮力を受けて上昇し, それに伴って熱エネルギーが運ばれるためである. そのため, 上部の冷たい液体は底部へ向かって下降し, 底部で暖められた液体は再び上昇する. このような熱の移動を対流という.

熱放射とは, どんなことか

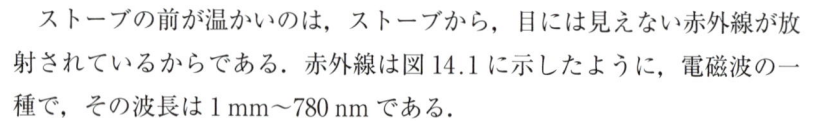

赤外線は温かく感じるので, 熱線ともいう.

ストーブの前が温かいのは, ストーブから, 目には見えない赤外線が放射されているからである. 赤外線は図 14.1 に示したように, 電磁波の一種で, その波長は 1 mm〜780 nm である.

このように熱エネルギーが, 赤外線の形で空間を光速度で放射状(四方八方)に伝わる現象を熱放射, または放射という. 熱放射は熱伝導や対流と異なり, 真空中でも伝わる. 事実, 太陽放射は真空の宇宙空間を通って地球にやってきている.

そこで, 熱放射の発生機構を調べてみよう.

どんな物体でも, その温度に相当した電磁波を放射するので, 常温でも弱い赤外線を放射している. マムシは人体が放射している約 36℃ に相当した赤外線を捉えて, その接近を感知する.

なお, 人は約 100 W の赤外線を放射しているので, 大勢の人が集まるデパートでは, 冬でも冷房を入れることがある.

電磁波は 26 章で述べるように, 電気を帯びた粒子が振動するとき発生する. 物質中の原子はイオンと電子から成っているので, 原子の熱振動に伴って, 絶えず電磁波を放射している. 温度が低いと, 赤外線だけを放射し, 高温になると, 赤外線も可視光も放射する. さらに高温になると, 紫外線(波長 380〜10 nm)も放射する. 太陽は表面温度が 6000 K もあるので, 太陽放射にはすべて含まれている. 地表面での太陽放射の強さは, 1.96 cal/min·cm^2(=1.37 kW/m^2)である. これを太陽定数という.

地球も赤外線を放射している(地球放射). 晴れた日には, 地球は太陽放射を吸収して十分暖められるが, 夜になると, 逆に赤外線を放射するの

18. 熱の移動と物質の状態変化

で，気温は徐々に下がり，夜半から翌朝にかけて露や霜が生ずる．これが放射冷却現象である．しかし曇った日には，赤外線が雲で反射されるので，さほど気温は下がらず，放射冷却は起こらない．

ここで，地球温暖化の機構について述べよう．太陽放射はエネルギーが高いので，大気中のCO_2には，さほど吸収されないが，地球放射の赤外線はエネルギー（地球の平均温度＝14.5℃）が低いので，CO_2に吸収される．大気中のCO_2が地球放射の赤外線を吸収すると，CO_2の熱運動が激しくなるので，気温が上昇する．CO_2濃度が増えると，地球が温暖化するのは，そのためである．

次に，物体の温度と電磁波の波長分布の関係，言い換えると，物体から放射される電磁波の波長と放射エネルギー密度［W/m²］の関係が，温度によってどのように変化するかを図18.3に示した．グラフの面積は単位時間，単位面積当たりの放射エネルギーを表すので，放射エネルギーは温度の上昇に伴って激増することが分かる．

実験によれば，単位時間当たりの放射エネルギー P［W］は，物体の表面積を S［m²］，温度を T［K］とすると，次のシュテファン・ボルツマンの法則で表される．σ は同名の定数で，5.67×10^{-8} W/m²K⁴ である．

$$P = \sigma S T^4 \tag{18.2}$$

図18.3によると，物体が高温になるほど，放射エネルギー密度の波長分布は短波長側へシフトしている．放射エネルギー密度が最大になる波長を λ_{max}，物体の温度を T とすると，次のウィーンの変位則が得られる．

$$\lambda_{max} T = 2.89 \times 10^{-3} \quad [\text{m·K}] \tag{18.3}$$

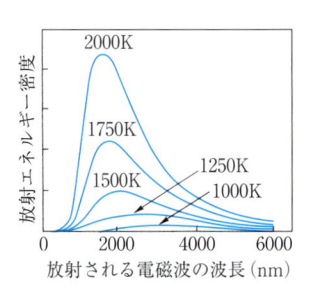

図18.3 物体の温度と電磁波の波長分布

式(18.3)は，高温物体ほど，短波長の電磁波を放射することを表している．

【練習】 16℃の低温物体から放射されている赤外線の，ピーク波長（≒平均波長）を求めよ． ［答］ $\lambda_{max} = 1 \times 10^{-5}$ m = 10000 nm

赤外線が物質に当たると，物質中の原子はこれを吸収して熱運動が激しくなり，温度が上昇する．つまり，赤外線は物質中で原子の熱運動のエネルギーに転化する．ストーブに近づくと熱くなるのは，そのためである．

赤外線が物体に吸収される割合は，その表面状態によって異なる．黒い物体はよく吸収するが，白い物体は逆に大部分を反射する．黒い衣服が温かいのは，そのためである．

魔法びんは，熱エネルギーが外へ逃げたり，外から入り込んだりしないように，図18.4のように二重構造に作られ，内筒と外筒の間は真空になっている．さらに，熱放射を防止するため，内筒と外筒に銀メッキして鏡を形成し，熱放射を反射するようにしてある．

図18.4 魔法びんの構造

赤外線は光と同じく，鏡面で反射するので，ストーブの火源の後方には，曲面状の反射板を設け，赤外線を前方に反射させている．

物質は，なぜ状態が変化するか

氷に熱を加えると，融解して水になる．さらに加熱すると，水は温度の上昇に伴って気化し，水蒸気になる．逆に，水蒸気を冷却して熱エネルギーを奪うと，液化して水になり，さらに冷却すると，凝固して氷になる．このように，物質は温度によって，その状態が次のように変化する．

$$\text{固体} \rightleftarrows \text{液体} \rightleftarrows \text{気体}$$

これを物質の状態変化，または相転移という．その様子を詳しく調べてみよう．図 18.5 のように，0℃より低温の氷に熱を加えると，氷の温度は次第に上がるが，0℃になって氷の一部が解け始めると，いかに熱を加えても，氷が解け終わるまでは，温度は上がらない．なぜだろう．

その理由を左欄に示した．

固体が解けるときの温度を融点といい，1gの固体を融解する必要な熱量を融解熱という．融点も融解熱も表 18.3 のように，物質に固有な値である．融解熱のように，物質の状態変化に関連した熱を潜熱という．

ドライアイスやナフタリンは，固体から気体に直接変わるので，その状態変化を特に昇華という．

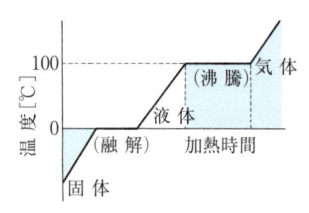

図 18.5 水の状態変化と温度

固体では，原子同士は強く結合し，格子状に配置された定位置を中心にして熱振動をしている．

しかし，固体を熱すると，原子の熱振動が激化し，その結合力を断ち切って，原子が定位置から離れて，比較的自由に動き回るようになる．この状態が液体にほかならない．

融解中，いかに熱しても温度が上がらないのは，加えた熱エネルギーが，原子間の結合力を切るために費やされるからである．

表 18.3 物質の融点，沸点 [℃] と融解熱，気化熱 [cal/g]

物　質	融　点	融解熱	沸　点	気化熱
タングステン	3387	—	5927	—
炭素（黒鉛）	>3500	—	4918	—
鉄	1535	65	2754	—
銅	1084.5	49.9	2580	—
アルミニウム	660.4	95.3	2486	—
鉛	327.5	5.5	1750	—
水	0	79.7	100	539.8
エタノール	−114.5	26.1	78.32	200
アンモニア	−77.7	84	−33.48	326.4
窒　素	−209.86	6.1	−195.8	48.8
ヘリウム	−272.2	—	−268.9	5

次に，水を冷却して熱エネルギーを奪うと，温度は次第に低下する．0℃になって凝固し始めると，いかに冷却しても，水が凝固し終わるまでは，温度は下がらない．これは，0℃の水が0℃の氷になる際に，一定量の熱エネルギーを放出するためで，その熱を除去しない限り，温度は下がらない．

液体が凝固するときの温度を凝固点と呼び，これは融点に等しい．また，そのとき放出される熱量を凝固熱といい，これも融解熱に等しい．

18. 熱の移動と物質の状態変化

> 【例題】 −20℃の氷 100 g に 15000 cal の熱を与えると，解けた水の温度は何℃か．ただし，氷の融解熱は 80 cal/g である．
> ［解答］ 与えた熱量の一部は，氷の融解熱に使われるので，次式が成り立つ．
> $20 \times 100 + 80 \times 100 + 100\,t = 15000$ ∴ $100 + t = 150$ ∴ $t = 50$ ℃

◆◆◆ 気化とは，どんなことか ◆◆◆

水を温めると，表面から水蒸気が蒸発する．100℃に達すると，内部から水蒸気が泡となって発生する．これが沸騰である．このように液体が気体になる現象，つまり蒸発と沸騰を総称して気化という．逆に，気体が液体になる現象を液化や凝結，凝縮という．沸騰は沸点で起こるが，蒸発は室温でも自然に起こる．物質の沸点を表 18.3 に示した．

沸騰中は，いかに加熱しても，液体がすべて気化するまでは，温度は上がらないが，これは，加えた熱エネルギーが液体を気化するために費やされるからである．液体分子は，他の多数の分子からの引力によって拘束されているが，熱エネルギーを与えると，この引力を断ち切って液体表面から外へ飛び出し，自由に空間を飛び回るようになる．この状態が気体にほかならない．

このように，液体が気体に変わるには，熱エネルギーが必要であるが，1 g の液体を気体に変えるに必要な熱量を気化熱，または蒸発熱といい，その値を表 18.3 に示した．水の気化熱は大きい．逆に，水蒸気が凝結して水になる際には，気化熱と等量の熱エネルギー（凝縮熱）が放出されるので，気体を液化させる際には，気体を冷却して，その凝縮熱を奪い去らねばならない．気化熱も凝縮熱も潜熱の一種である．

水が蒸発する際には，周囲から多量の気化熱を奪う．夏の夕方，庭に水をまくと涼しくなるのは，そのためである．

また注射の際に，腕にアルコールを塗ると冷たく感じるのも，同じ理屈である．

冷蔵庫には，アルコールよりも蒸発しやすい液体のフロンが使われている．庫内が冷えるのは，フロンが気化する際に，周囲から多量の気化熱を奪うためである．

また，鍋を空炊きすると穴があくのは，気化熱を奪い去る水がないので，鍋の温度が融点を越えるためである．

◆◆◆ 飽和蒸気圧や湿度とは，どんなことか ◆◆◆

図 18.6 のように，容器の中に液体を入れ，温度を一定に保つと，蒸発に伴って，蒸気の圧力は次第に増大するが，蒸気圧がある値になると，蒸発と液化がバランスするため，見かけ上，蒸発は止む．この状態を飽和といい，そのときの蒸気圧を飽和蒸気圧という．飽和蒸気圧は温度によって決まるが，液体の種類によって大きく異なる．図 18.7 と表 18.4 は，水の蒸気圧の温度変化を表したものである．

飽和水蒸気圧が大気圧より低いときには，内部で水蒸気の気泡が生じても，大気圧によって潰されるので，沸騰は起こらない．しかし水温が上昇し，飽和水蒸気圧が大気圧に等しくなると，内部で生じた気泡は表面まで

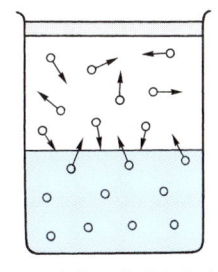

図 18.6 液体の蒸発と飽和蒸気圧

表 18.4　水の飽和蒸気圧

温度 [℃]	蒸気圧 [mmHg]	温度 [℃]	蒸気圧 [atm]
0	4.58	100	1.000
10	9.21	120	1.959
20	17.54	140	3.567
30	31.82	160	6.100
40	55.32	180	9.895
50	92.5	200	15.34
60	149.4	250	39.23
70	233.7	300	84.78
80	355.1	350	163.2
90	525.8	374	220

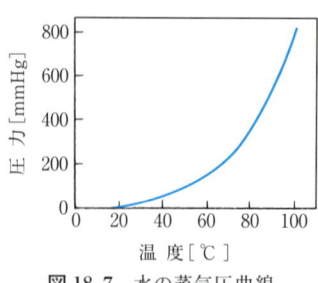

図 18.7　水の蒸気圧曲線

上がり，沸騰現象を呈する．水は，100℃における飽和蒸気圧が 1013 hPa(=760 mmHg=1 気圧) なので，1 気圧のもとでは，100℃で沸騰するが，大気圧が 1 気圧より低くなると，100℃以下でも沸騰する．

例えば富士山頂では，約 0.63 気圧なので，88℃で沸騰する．高山で食物が煮えにくいのは，そのためである．

次に湿度について考えてみよう．

湿度は空気の湿り具合を表す概念である．梅雨時には，90％になることもあるが，その値は何を表しているのだろうか．空気中の水分が 90％という意味なら，窒息するだろう．湿度 h [％] は，空気中に含まれている水蒸気の圧力を p，そのときの温度に対する飽和水蒸気圧を p_0 とすると，

$$h = \frac{p}{p_0} \times 100 \quad (18.4)$$

で表される．飽和水蒸気圧は図 18.7 のように，温度によって変化するので，湿度も次の【練習】で述べるように，温度によって変化する．

> **【例題】** 気温 30℃の空気中の水蒸気圧が $p=9.21$ mmHg であった．そのときの湿度を表 18.4 の値から求めよ．
> ［解答］ 温度が 30℃のときの飽和水蒸気圧は，$p_0=31.82$ mmHg であるから，湿度は式(18.4)より，$h=\dfrac{9.21}{31.82}=28.9$％となる．

この原理を利用したものには，減圧（または真空）蒸留法がある．減圧蒸留は，蒸留器内を真空ポンプで減圧して，1 気圧より低く保ちながら行われる．

ビタミン C のような熱に弱い物質を低温で蒸留できるので，ライフサイエンスの分野で広く使われている．

これとは逆に，容器内の水蒸気圧を 1 気圧より高くして，100℃以上で沸騰するようにしたものが圧力釜である．圧力釜は水蒸気が逃げないように工夫され，安全弁が付いている．

コップに冷水を注ぐと，その外壁に露が生じるのは，外壁付近の空気の温度が低下して，水蒸気が凝結するためである．

また，気密性の高い部屋で石油ストーブを炊くと，灯油が燃えて生じた水蒸気が，ガラス窓を通して冷やされるので，ガラス窓の内側に凝結する．これを結露という．

【練習】 気温 30℃の空気中の水蒸気圧が $p=9.21$ mmHg であった．① 気温が 20℃に低下すると，湿度は何％になるか．② さらに気温が 10℃に低下すると，湿度は何％になるか．

［答］　① 52.5％，② 100％

この【練習】から分かるように，10℃以下の温度では，飽和水蒸気圧を越えるので，その分は凝結して露になる．露が生じる温度を露点という．

臨界温度や臨界圧力とは，どんなことか

　気体を液化するには，気体分子の運動エネルギーを低下させ，分子間の距離を縮める必要があるので，気体を冷却するか圧縮すればよい．しかし，温度がある値より高いと，熱エネルギーが高過ぎるため，いかに圧縮しても液化しなくなる．例えば空気は-140.7℃，水は344.1℃より高いと，いかに圧縮しても液化しない．このような温度を臨界温度という．

　気体を液化するには，臨界温度以下に冷却しながら圧縮する必要がある．臨界温度で液化させるに必要な圧力を臨界圧と呼び，空気では37.2気圧，水蒸気では218.5気圧となる．

　なお，気体は液体や固体に比べて，分子間隔が桁違いに大きいので，その密度は約$1/1000$に過ぎない．気体が圧縮・膨張性に富んでいるのは，そのためである．

例えば，水1モル($=18\,\mathrm{g}$)の体積は$18\,\mathrm{cm}^3$であるが，これが全部気化すると，$22.4\,l$なる．したがって，水蒸気の密度は水の密度の$18/(22.4\times 10^3) \fallingdotseq 1/1000$となるので，液体は気体を約$1000$気圧で圧縮したことに相当する．

章末問題

問1 厚さ$2\,\mathrm{mm}$，面積$10\,\mathrm{m}^2$のガラス窓の部屋がある．① 室温20℃，外気温0℃のとき，ガラス窓から外へ逃げる熱量は，1秒間当たり何calか．ただし，ガラスの熱伝導率は$0.165\,\mathrm{cal/m\cdot K\cdot s}$とする．② 室温を$20$℃に保つには，発熱量$11000\,\mathrm{kcal/kg}$の灯油を1時間に何$\mathrm{kg}$燃やせばよいか．

問2 暖かい部屋では，裸の人の皮膚の温度は約33℃である．室温が29℃，身体の表面積が$1.5\,\mathrm{m}^2$の人の，1日当たりの放射損失を求めよ．

問3 60℃の水$8\,\mathrm{kg}$に，0℃の氷を$2\,\mathrm{kg}$入れたところ，32℃になった．氷の融解熱を求めよ．

問4 大気圧の下で，0℃の氷$1\,\mathrm{kg}$を熱して沸騰させ，完全に蒸気にするに必要な熱量を求めよ．ただし，氷の融解熱は$79.7\,\mathrm{cal/g}=3.34\times 10^5\,\mathrm{J/kg}$，水の気化熱は$540\,\mathrm{cal/g}=2.26\times 10^6\,\mathrm{J/kg}$とする．

問5 ① ふとんは綿がフワフワしている間は暖かいが，固くなってくると暖かくなくなるのは，なぜか．② 部屋をエアコンで暖房すると，室内の湿度が低下する．その理由を述べよ．

19 気体分子の運動と熱力学

◆•◆ 気体の圧力は，何によって決まるか ◆•◆

気体の圧力や温度などのマクロ(巨視的)な値を，原子・分子の力学的運動のレベルにまで降りて，ミクロな視点から取り扱う理論を気体分子運動論という．

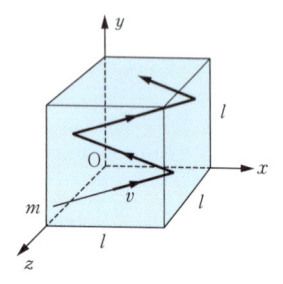

図 19.1 気体分子の器壁への衝突

熱エネルギーの実体は，ミクロ(微視的)な視点から見ると，数多くの原子・分子の熱運動のエネルギーにほかならないが，気体の圧力や温度の実体は何だろうか．

図 19.1 のように，1 辺の長さ l，体積 V の立方体の容器の中に，質量 m の気体分子が N 個あるとする．気体分子は，その温度に相当した速度 v で自由に熱運動をしているので，容器の壁に衝突して力を及ぼす．分子 1 個の力は微小でも，数多くの分子が次々と衝突するので，全体としては，大きな力が絶えず壁に働いている．気体の圧力は，これらの気体分子が単位面積当たりに及ぼす力にほかならない．

いま，1 個の気体分子の速度を $v(v_x, v_y, v_z)$ とし，x 方向の運動に着目すると，分子は壁に衝突する際に方向が変わるので，力積の変化量は $mv_x - (-mv_x) = 2mv_x$ となる．一方，分子が両壁間を 1 往復に要する時間は $2l/v_x$ 秒に等しいので，1 秒間に $v_x/2l$ 回衝突する．

したがって，気体分子が 1 秒間に壁に与える力積は，$2mv_x \cdot v_x/2l = mv_x^2/l$ となる．1 秒間当たりの力積は力に等しいので，1 個の分子が壁面に及ぼす圧力は mv_x^2/l^3 となる．したがって，N 個の分子が壁面に及ぼす圧力 p_x は，次式で表される．

$$p_x = \frac{Nmv_x^2}{l^3} = \frac{Nmv_x^2}{V} \tag{19.1}$$

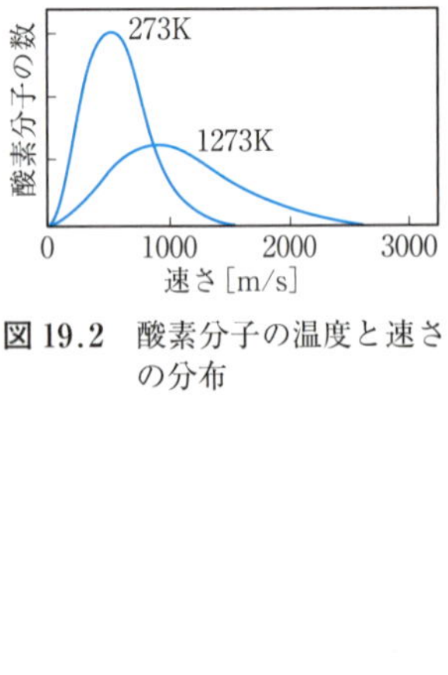

図 19.2 酸素分子の温度と速さの分布

気体分子は自由に動き回り，どの壁面とも同じ割合で衝突するので，y 方向と z 方向についても，上式と同形の式が成り立つ．ところが v の値は図 19.2 のように，同じ温度でも，速い分子も遅い分子もある．そこで，N 個の分子の v^2, v_x^2, v_y^2, v_z^2 の平均値をそれぞれ $\overline{v^2}$, $\overline{v_x^2}$, $\overline{v_y^2}$, $\overline{v_z^2}$ とすると，3 次元の三平方の定理より，$v^2 = v_x^2 + v_y^2 + v_z^2$ が成り立つので，$\overline{v^2} = \overline{v_x^2} + \overline{v_y^2} + \overline{v_z^2}$ となる．分子は等方的に運動しているので，各成分の 2 乗の平均値は等しい．したがって，次式が得られる．

$$\overline{v_x^2} = \overline{v_y^2} = \overline{v_z^2} = \frac{1}{3}\left(\overline{v_x^2} + \overline{v_y^2} + \overline{v_z^2}\right) = \frac{1}{3}\overline{v^2} \tag{19.2}$$

一方，気体の圧力はどの方向も等しいので，次式が成り立つ．

19. 気体分子の運動と熱力学

$$p_x = p_y = p_z = p \tag{19.3}$$

式(19.1)に式(19.2)と(19.3)を代入すると，気体の圧力と分子の速度との関係は，次式で表される．Nm/V は気体の密度 ρ に等しい．

$$p = \frac{Nm\overline{v^2}}{3V} = \frac{1}{3}\rho\overline{v^2} \tag{19.4}$$

この式から分かるように，気体の圧力 p は分子の数 N と分子の質量 m と $\overline{v^2}$ が大きいほど，容器の容積 V が小さいほど高くなる．$\sqrt{\overline{v^2}}$ は2乗平均速度と呼ばれ，速度の2乗の平均値の平方根を表す．気体分子の平均的な速さを表19.1に示す．

ボイルの法則によれば，温度一定の下で気体を圧縮すると，圧力が増大するが，これをミクロな視点に立って式(19.4)から解釈すると，体積の縮小に伴い，気体分子が壁に衝突する回数が増えるためである．

【例題】 25 l の容器に1.0モルの酸素（$M=32$ g）が入っている．容器内の圧力を 1×10^5 Pa として，酸素分子の2乗平均速度を求めよ．

[解答] 式(19.4)より，$\rho = \dfrac{Nm}{V} = \dfrac{1\times32\times10^{-3}}{25\times10^{-3}} = 1.28$ kg/m³

∴ $\overline{v^2} = \dfrac{3\times1.0\times10^5}{1.28} = 2.34\times10^5$ ∴ $\sqrt{\overline{v^2}} = 484$ m/s

表 19.1 気体分子の平均の速さ（0℃）

気体	分子量	$\sqrt{\overline{v^2}}$ [m/s]
H_2	2	1840
He	4	1300
N_2	28	493
O_2	32	461
CO_2	44	394
Hg	200	184

◆◆◆ 気体の温度は，何によって決まるか ◆◆◆

まず，気体分子の総数 N はモル数を n，アボガドロ数を N_A とすると，$N = nN_A$ に等しいので，式(19.4)は次式で表される．

$$pV = \frac{1}{3}nN_A m\overline{v^2} \tag{19.5}$$

ところが，pV は式(17.13)より，nRT に等しいので，分子1個の運動エネルギーの平均値は次式で表され，絶対温度 T に比例する．k はボルツマン定数と呼ばれ，$k = R/N_A = 1.38\times10^{-23}$ J/K である．

$$\frac{1}{2}m\overline{v^2} = \frac{3}{2}\frac{R}{N_A}T = \frac{3}{2}kT \tag{19.6}$$

したがって，温度は原子・分子の熱運動の激しさにほかならない．ところで，気体の分子量を M [g/mol] とすると，気体1モルの質量は $mN_A = M\times10^{-3}$ [kg/mol] に等しいので，$\overline{v^2}$ と T との関係式は，式(19.6)より次式で表される．$\overline{v^2}$ は絶対温度 T に比例し，圧力には関係しない．

$$\sqrt{\overline{v^2}} = \sqrt{\frac{3RT}{M\times10^{-3}}} \tag{19.7}$$

シャルルの法則によれば，圧力一定の下で気体を加熱すると，体積が増大し，体積一定の下で加熱すると，圧力が増大する．

これをミクロな視点から解釈すると，気体分子は温度の上昇に伴って，熱運動が激しくなるので，容器の壁に及ぼす力と衝突回数が増大する．

そのため，容器の体積が一定ならば，圧力が増大し，圧力が一定ならば，体積が増大する．

k は分子1個当たりの気体定数を表し，分子の運動エネルギーの平均値（ミクロ）と温度（マクロ）を結び付ける基本定数を意味する．

【練習】 気体定数を $R=8.31$ [J/mol·K] として，27℃における水素分子（分子量 $M=2$）の2乗平均速度を求めよ．

[答] $\sqrt{\overline{v^2}} = 1.9\times10^3$ m/s

水素分子の速度は音速をはるかに超え，飛行機の速度に匹敵する．

◆◆・ 内部エネルギーとは，どんなものか ・◆◆

　物質を構成する分子(原子)は熱運動をしているので，運動エネルギーをもっている．したがって，物質の内部には，分子の熱運動によるエネルギーが蓄えられているで，これを内部エネルギーという．気体を加熱すると温度が上昇するのは，加えた熱によって分子の熱運動が盛んになり，内部エネルギーが増大するためである．

　さて，分子1個の運動エネルギーの平均値は，$(1/2)m\overline{v^2}$ で表されるので，分子の総数を N とすると，内部エネルギー U は次式で表される．

$$U = \frac{1}{2} m\overline{v^2} N \tag{19.8}$$

　そこで，上式に式(19.6)を代入した後，気体分子の総数 N とアボガドロ数 N_A の比 N/N_A とモル数 n との関係式 $(N/N_A = n)$ を代入すると，気体の内部エネルギー U は次式で表される．

$$U = \frac{1}{2} m\overline{v^2} N = \frac{3}{2} \frac{R}{N_A} TN = \frac{3}{2} nRT \tag{19.9}$$

3/2 の 3 は 3 次元(x, y, z 方向)を意味する．

　したがって，気体の内部エネルギーは絶対温度とモル数に比例し，1モルの内部エネルギーは $(3/2)RT$ に等しい．

【練習】 気体定数を $R = 8.31 \,[\text{J/mol·K}]$ として，水素ガス1モルの 27℃ における内部エネルギーを求めよ．　　[答] $U = 3.7 \times 10^3 \,\text{J}$

◆◆・ 気体は熱膨張するとき，仕事をする ・◆◆

　気体は圧力，温度，体積を自由に変えられるので，種々の変化の仕方が考えられるが，特に圧力一定の下での変化を定圧変化という．気体を圧力一定の下で加熱すると体積が膨張するので，図19.3のように，気体は外部に対して仕事をする．これを利用したのが蒸気機関である．

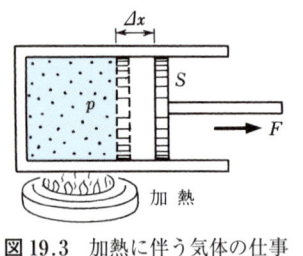

　気体の圧力を p，シリンダーの断面積を S とすると，ピストンに働く力 F は pS であるから，ピストンの移動距離が Δx のとき，気体が外部に対してなした仕事 ΔW は，

$$\Delta W = F \cdot \Delta x = pS \cdot \Delta x = p\Delta V \tag{19.10}$$

で表される．この式は気体が(熱)膨張する際の，外部に対する仕事を表す．なお，逆に外部からピストンに力を加えると，気体は圧縮されるので，外部からの仕事量だけ，気体の内部エネルギーが増加する．

図19.3 加熱に伴う気体の仕事

熱力学の第1法則とは，どんなものか

気体に熱を与えたり，外部から仕事を加えて圧縮すると，気体の内部エネルギーはそれだけ増大する．気体に与えた熱量を ΔQ [J]，加えた仕事を ΔW [J] とすると，気体の内部エネルギーの増分 ΔU [J] は，

$$\Delta U = \Delta Q + \Delta W \qquad (19.11)$$

で表される．

この式は熱現象と力学現象とが同時に起こる場合の，広義のエネルギー保存則を表し，熱力学の第1法則と呼ばれている．気体が外部から受けた仕事を $\Delta W > 0$ とすると，気体が外部になした仕事は $-\Delta W = p\Delta V$ になるので，式(19.11)は $\Delta U = \Delta Q - p\Delta V$ となる．したがって，熱力学の第1法則は次式で表され，加えた熱の一部は外部への仕事になり，残りが内部エネルギーの増分になることを意味する．

$$\Delta Q = \Delta U + p\Delta V \qquad (19.12)$$

【例題】 図 19.3 のような断面積 $0.20\ \mathrm{m^2}$ のシリンダーの中に，$1.0 \times 10^5\ \mathrm{N/m^2}$ の気体を入れ，圧力一定の下で $2.0 \times 10^4\ \mathrm{J}$ の熱量を与えたところ，ピストンは $0.40\ \mathrm{m}$ 外向きに動いた．① 気体が外部になした仕事量を求めよ．② 増加した気体の内部エネルギーを求めよ．

[解答] ① $p\Delta V = 1.0 \times 10^5 \times 0.40 \times 0.20 = 8 \times 10^3\ \mathrm{J}$
② $\Delta U = \Delta Q - p\Delta V = 2.0 \times 10^4 - 8 \times 10^3 = 1.2 \times 10^4\ \mathrm{J}$

熱機関とは，どんなものか

熱エネルギーを力学的な仕事に変える機械や装置を熱機関（エンジン）と呼び，その種類を表 19.2 に示す．熱機関はいずれも，気体を加熱して気体が膨張する際の仕事を利用している．

表 19.2 熱機関の熱効率

熱機関	熱効率 [%]
蒸気機関車(SL)	7～20
蒸気タービン(火電)	22～48
ガスタービン(火電)	20～40
ガソリンエンジン	20～32
ディーゼルエンジン	30～46

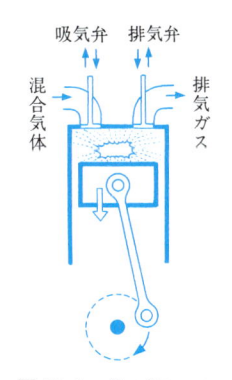

図 19.4 ガソリンエンジンの原理

例えば蒸気機関では，水をボイラーで温めて高温の水蒸気を作り，その蒸気でピストンを動かして仕事をした後，水蒸気は冷却器で冷やされて元の水に戻される．一方，ガソリンエンジンは図 19.4 のように，シリンダ

ガソリンエンジンのように，熱源を内蔵したものを内燃機関という．

図 19.5 熱機関

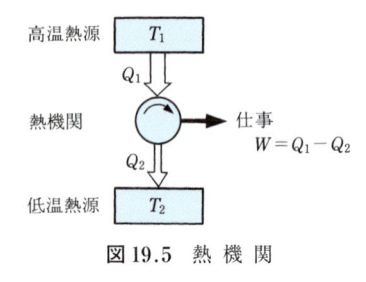

efficiency＝効率

ガソリン自動車の廃熱は，70%（冷却 30%，廃ガス 30%，摩擦 10%）にも達する．

熱機関では，T_1 が高いほど熱効率は高くなるので，蒸気タービン型の火力発電では，1500℃の高温高圧の水蒸気を利用している．

電気ストーブでは，電気エネルギーの一部が光のエネルギーになり，大部分が熱エネルギーに変換されている．

一内で空気とガソリンの混合ガスに火花点火して爆発・燃焼を起こさせ，その力でピストンを動かすようになっている．

熱機関は図 19.5 のように，高熱源から受けた熱の一部を仕事に変え，残りの大部分を周りの低温部へ放出する．低温部へ放出された熱は無駄になる．高熱源から受けた熱量を Q_1，低温部へ放出した熱量を Q_2 とすると，外部に対する仕事は $W = Q_1 - Q_2$ に等しい．熱機関に入った熱エネルギーのうち，力学的な仕事に変換された割合は，熱機関の(熱)効率 e と呼ばれ，

$$e = \frac{W}{Q_1} = \frac{Q_1 - Q_2}{Q_1} = 1 - \frac{Q_2}{Q_1} \tag{19.13}$$

で表される．低温部へ放出した熱を回収することは不可能なので，$e < 1$ となり，$e = 100\%$ の熱機関はあり得ない．熱機関の効率は，表 19.2 のように概して低く，熱エネルギーの大部分は廃熱になっている．

熱力学者のカルノーは，温度 T_1 の高熱源から熱量 Q_1 を得て，Q_1 の一部を仕事に変換し，残りの Q_2 を温度 T_2 の低温部に放出する，理想的な熱機関の熱効率が次式で表されることを理論的に導いた．

$$e = \frac{Q_1 - Q_2}{Q_1} = \frac{T_1 - T_2}{T_1} = 1 - \frac{T_2}{T_1} \tag{19.14}$$

しかし実際の熱機関では，伝導と放射による熱損失や，摩擦によるエネルギー損失を伴うので，その熱効率は理論的な熱効率より小さくなる．

【練習】 100℃の高熱源と 40℃の低温部の間で作動する，火力発電の熱効率を求めよ． ［答］ 16%

◆◆ 熱力学の第 2 法則とは，どんなことか ◆◆

自然界には図 19.6 のように，力学的エネルギーや熱エネルギー，光，電気，化学，原子核エネルギーなどの，さまざまな形態のエネルギーがあり，互いに変換している．しかし，『エネルギーの形態が変わっても，その総量は変わらない』．これは自然界を支配する大原理であり，エネルギー保存則と呼ばれている．例えば，理想的な水力発電では，水の位置エネルギーは運動エネルギー⇨水車の回転エネルギー⇨電気エネルギーに100 % 変換される．

仕事は熱に全部変換される．しかし，前述の熱機関の効率に見られるように逆に，『熱を全部，力学的な仕事に変換することはできない』．このことを熱力学の第 2 法則という．熱力学の第 1 法則によれば，仕事も熱も内部エネルギーを変化させる原因としては対等であるが，第 2 法則によると，仕事と熱は変換の方向性が異なるので，対等ではない．

19. 気体分子の運動と熱力学

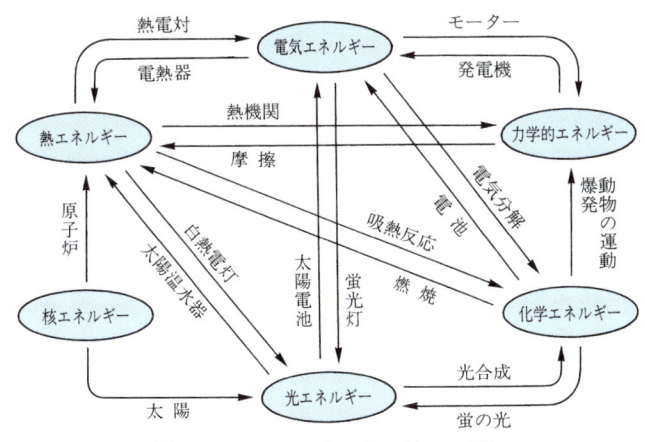

図 19.6 いろいろなエネルギーの変換

このように熱が仕事と異なるのは，熱エネルギーがエネルギーの中でも特異なためである．図19.7のように，摩擦のない理想的な力学現象では，落下したボールは元の位置に戻ってくるので，可逆的であるが，曲面に摩擦があると，熱が発生して散逸するので，ボールは元に戻らない．このように，熱を伴う現象を不(非)可逆現象という．

不可逆現象の例には，熱の移動現象，気体や液体の拡散・混合現象がある．図19.8のように香水瓶の蓋を開けると，香水分子は部屋の中に拡散し，その濃度は次第に均等化していくが，逆に拡散した香水分子が独りでに，瓶の中に戻ることはない．まさに"覆水盆に返らず"である．

熱現象の特異性を表すのに，よく「エントロピー」が使われる．これは無秩序さの度合いを表す量であり，例えば，香水が瓶の中にある状態がエントロピーの小さい状態(秩序のある状態)に相当し，部屋の中に拡散した状態がエントロピーの大きい状態(無秩序の状態)に相当する．このように，拡散や混合，熱伝導のような不可逆現象は，エントロピーが増大する方向に進む．これを「エントロピー増大の法則」という．

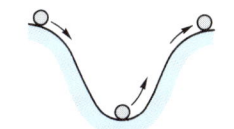

図 19.7 可逆的現象

図 19.8 不可逆的現象

水は高温ほど仕事に変換しやすい．海水は熱量としては無尽蔵に近いが温度が低いので，これを仕事に変換するには，かなり難しい．

海水のように拡散・均等化して，エントロピーが増大した熱エネルギーは，位置エネルギーの低下した水と同じく，仕事に変換し難く，無益に近い．

あらゆるエネルギーは，最終的には熱エネルギーになるが，その熱エネルギーにも有益性の度合いがある．エントロピーとは，熱エネルギーの無益さの度合いを意味する．

章末問題

問1 空気中のN_2分子とO_2分子の，2乗平均速度の比を求めよ．

問2 体積$0.3\,\mathrm{m^3}$の容器に，20℃で2 molのヘリウムガスが入っている．
① 分子の2乗平均速度を求めよ．
② 分子1個の平均の運動エネルギーを求めよ．
③ ヘリウムガス全体の内部エネルギーを求めよ．

問3 300 K で 2 mol のヘリウムガスを，体積を一定にして 350 K にするに必要な熱エネルギーを求めよ．

問4 断熱容器の中に入っているヘリウム 2.0×10^{-2} mol を，ピストンで圧縮したところ，気体の温度が 4.0×10^2 K 上昇した．ピストンが気体になした仕事を求めよ．

問5 ガソリンを 5.0 g/s 消費して，6.3×10^4 W の仕事をするエンジンがある．ガソリンの燃焼熱を 1.0×10^4 cal/g，1 cal＝4.2 J として，① エンジンの熱効率，② 1 秒間当たりの無駄にした熱量を求めよ．

20 静電気とコンデンサー

◆・◆ 静電気とは，どんなものか ◆・◆

　下敷で紙を擦ると，紙は下敷に引き付けられる．一般に2種類の物体を摩擦すると，一方は＋の，他方は－の電気を帯びるが，このとき発生する電気を摩擦電気と呼び，電気を帯びることを帯電という．

　摩擦電気のように，帯電したままの静止した電気を静電気と呼び，乾電池やコンセントから得られる通常の(動)電気と区別している．通常の電気を川の流れとすれば，静電気は水たまりに例えられる．一般に静電気は動電気に比べて，その量は少ないが，電圧は高い．

　摩擦電気は，片方の物質中の電子（－の電気）が摩擦によって他方の物質に移動するために生じる．図20.1のように，ガラス棒で絹布を擦ると，ガラス棒は＋に，絹布は－に帯電する．塩化ビニル棒で毛皮を擦ると，帯電の様子は逆になる．このように，帯電の様子は物質の組合せによって異なる．帯電体の有する電気のことを電荷，その量を電気量という．電気量の単位にはクーロン(C)を用いる．電子や陽子の電荷を電気素量 e と呼び，$e=1.60\times10^{-19}$ C に等しい．

　セーターを脱ぐとき，パチパチと音がして火花が飛んだり，自動車から降りてドアーに手を触れると，よく電気ショックを受けるが，これも静電気が原因である．

　雷は，強い上昇気流の中で帯電した，高電圧の雲(雷雲)の放電現象である．昔の人は雷を神の怒りと考え，神鳴，天神と呼んだ．

　人体は，衣類の摩擦によって数万Vにも帯電する．ガソリンスタンドに水がまかれ，タンクローリが鎖を地面に垂らして走るのは，静電気による引火爆発を防ぐためである．

　逆に，静電気を積極的に利用したものには，コピー機や排煙用集塵機，静電塗装機などがある．

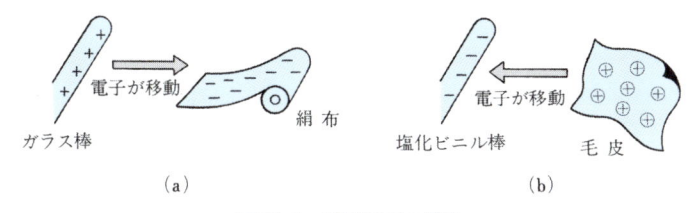

(a) ガラス棒　電子が移動　絹布
(b) 塩化ビニル棒　電子が移動　毛皮

図20.1　摩擦電気の発生

◆・◆ クーロンの法則とは，どんなものか ◆・◆

　図20.2のように，＋の帯電体Aを－の帯電体Bに近づけると，引き合うが，＋の帯電体A′に近づけると，反発するので，同種の電気は反発し，異種の電気は引き合うことが分かる．この種の力を静電気力という．

　クーロンの実験によると，2つの点電荷(小さな帯電体)の間に働く力 F [N]は，両電荷を q [C]，Q [C]，その間の距離を r [m]とすると，

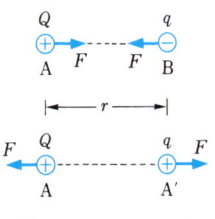

図20.2　クーロン力

これをクーロンの法則という.

$$F = k\frac{qQ}{r^2} \tag{20.1}$$

で表される. Fをクーロン力とよび, Fが＋なら反発力を, －なら引力を意味する. 比例定数kは両電荷の間を満たしている媒質の種類によって異なる. 真空中では$k_0 = 9.0 \times 10^9 \,\mathrm{Nm^2/C^2}$なので, 1Cの点電荷同士が1m離れていれば, その間には9.0×10^9Nの力が働く.

比例定数kはクーロン力定数と呼ばれ, 万有引力定数$G = 6.7 \times 10^{-11} \,\mathrm{Nm^2/kg^2}$に比べて桁違いに大きいので, 水素原子核と軌道電子の間に働くクーロン力は, その間に働く万有引力より10^{39}倍も大きい.

◆◆◆ 静電誘導や誘電分極とは, どんなことか ◆◆◆

物質には, 金属のように電気をよく通す導体と, ガラスのように電気を通しにくい不導体がある. 金属では, 電子は特定の原子核に拘束されずに, 自由に動き回り, 電気はこの自由電子の移動によって運ばれる. 一方, 不導体では, 多くの電子が原子核に拘束され, 自由電子が少ないので, 電気が伝わりにくい. このように, 自由電子の多い物質が導体で, 少ない物質が不導体である.

不導体のことを絶縁体ともいう.

さて, 図20.3のように, 導体に＋の帯電体を近づけると, 導体内の自由電子が帯電体側に引き寄せられるため, －の電荷が現れる. 逆に反対側では電子が不足するので, ＋の電荷が現れる. このように, 導体の両端に＋と－の電荷が現れる現象を静電誘導という. 両端に現れた＋と－の電荷は, 帯電体を遠ざけると消滅する.

金属棒を布で擦っても帯電しないのは, 生じた静電気が金属棒を伝わって, 地球(アース)へ逃げるためである.

ところが図20.4(a)のように, 紙片のような不導体に帯電体を近づけても, 静電誘導と同じように, 不導体内にも＋と－の電荷が現れる. しかし, 不導体には自由電子がないので, この電荷は電子が実際に移動したためではなく, 同図(b)のように, 不導体の原子核に拘束されている電子の平均位置が, 帯電体の静電気力によって変位したために生じたものである. 不導体の内部では, 相隣り合った＋と－の電荷は中和するので, 電荷は端にだけ現れる.

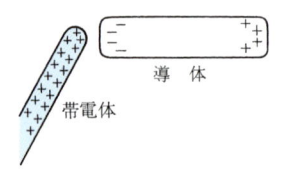

図20.3 静電誘導

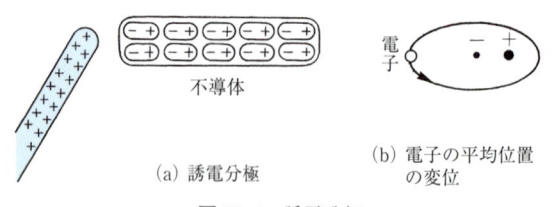

図20.4 誘電分極
(a) 誘電分極
(b) 電子の平均位置の変位

このように不導体に電荷が現れる現象を, 導体の静電誘導と区別して, 誘電分極という. 不導体のことを誘電体と呼ぶのも, そのためである. 帯電体がゴミや小さな紙片を引き付けるのは, 誘電分極によって生じた電荷

20. 静電気とコンデンサー

と帯電体との間にクーロン力が働くためである.

これに似た現象は磁石でも見られ，小鉄片が磁石によって磁化されて，磁石に引き付けられる.

◆◆◆ 電場とは，どんなものか ◆◆◆

点電荷 q を置けば，クーロン力が働くような空間を電場，または電界という．このように，点電荷 q の有無とは関係なく，空間の属性としてとらえたものが電場である．

表20.1のように重力とクーロン力を対比させて，クーロンの法則を解釈すると，点電荷 Q はその周りに電場をつくり，点電荷 q はその電場からクーロン力 F を受けることになる．それゆえ，点電荷 Q のつくる電場の強さを E とすると，

$$F = k\frac{qQ}{r^2} = q \cdot \frac{kQ}{r^2} = q \cdot E \quad (20.2)$$

となるので，電場の強さ E は，

$$E = k\frac{Q}{r^2} \quad (20.3)$$

で表される．この式から分かるように，電場の強さ E は点電荷 Q に比例し，点電荷からの距離 r の2乗に反比例して弱くなる．一方，式(20.2)から，点電荷 q に働く力は，電場の強さ E が強いほど大きくなる．また，電場の強さは $q=1$ C の点電荷に働くクーロン力に等しいので，その単位は N/C となる．

電場と同じように，地球の周りの空間は重力場と呼ばれ，単に何もない空間ではなく，そこに質量 m の物体を置けば，重力 mg が働くような性質をもった空間である．

表20.1 重力とクーロン力との対比

重　力	クーロン力
$F=mg$	$F=qE$
m (質量)	q (電荷)
g (重力場の強さ)	E (電場の強さ)

【例題】 ① 1.2×10^{-6} C の電荷に働くクーロン力が 0.06 N のとき，その点の電場の強さを求めよ．② クーロン力定数 k を 9.0×10^9 Nm²/C² として，10^{-9} C の電荷から 1 m 離れた点の電場の強さを求めよ．

[解答] ① 式(20.2)より，$E = \dfrac{F}{q} = \dfrac{0.06}{1.2\times10^{-6}} = 5\times10^4$ N/C

② 式(20.3)より，$E = \dfrac{9.0\times10^9 \times 10^{-9}}{1^2} = 9$ N/C

ところで，磁力線が磁石のN極から出て，S極へ戻るように，+電荷からは，図20.5のような電気力線が出て，−電荷に戻る．電場の強さは，その点の電気力線の密度（本/m²）にほかならないので，強さが E [N/C] の電場では，1 m² 当たり E 本の電気力線が密集していることになる．

したがって，点電荷 Q から r [m] 離れた球面上では，$E=kQ/r^2$ [本/m²] の電気力線が貫いている．球の表面積は $4\pi r^2$ [m²] なので，点電荷 Q から出ている電気力線の総数 N は，次式で表される．

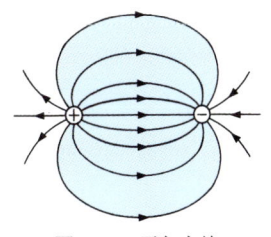

$$N = ES = k\frac{Q}{r^2} \cdot 4\pi r^2 = 4\pi kQ \quad (20.4)$$

図20.5 電気力線

式(20.4)をガウスの定理という．この式から分かるように，N は r に関係なく，Q だけで決まり，1 C の点電荷からは，$4\pi k$ 本の電気力線が出ている．

電位とは，どんなものか

＋電荷を電場と逆向きに動かすには，クーロン力に逆らう力を加えて，仕事をしなければならない．＋1Cの点電荷を点Bから点Aまで，クーロン力に逆らって運ぶときの仕事を，AB間の電位差または電圧と呼び，点Bを基準点(＝0)にとったときの電位差を，単に点Aの電位という．

1Cの電荷を運ぶのに必要な仕事が1Jのとき，その間の電位差を1Vと定義する．したがって，1Cの電荷をV[V]の電位差の下で運ぶには，V[J]の仕事が必要になる．それゆえ，q[C]の電荷をV[V]の電位差の下で運ぶに必要な仕事W[J]は，次式で表される．

$$W = qV \tag{20.5}$$

電場と電位の関係は，どうなっているか

強さが一定の最も簡単な電場について考えよう．図20.6のように，2枚の金属板を平行に置き，両極に電圧を加えると，極板間には，強さが一様な電場Eが生じる．このような一様電場の中に電荷qを置くと，クーロン力$F=qE$が働くので，これを電場に逆らって，点Bからd[m]離れた点Aに運ぶには，

$$W = Fd = qEd \tag{20.6}$$

の仕事が要る．したがって，点Aは，電気的な位置エネルギーが点BよりqEdだけ高いことが分かる．一方，AB間の電位差をV[V]とすると，q[C]の電荷を運ぶに必要な仕事は，$W=qV$に等しいので，式(20.5)と(20.6)から，次式が成り立つ．

$$V = Ed, \quad E = \frac{V}{d} \tag{20.7}$$

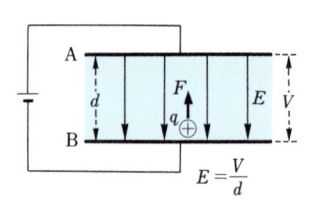

図20.6 電場の強さと電位

この式から，電場の強さEは電位の傾きV/dに等しいので，その単位には，N/Cの代わりにV/mを用いてもよい．

次に，点電荷の周りの電場のように，その強さが距離とともに低下する場合を考えよう．この場合も微小距離Δrについては，式(20.7)と同じく，$E=\Delta V/\Delta r$が成り立つので，Q[C]の点電荷からr[m]離れた点の電位Vは，式(20.3)から次式で表される．

$$V = k\frac{Q}{r} \tag{20.8}$$

【練習】① 2.0Cの点電荷から，3.0m離れた点の電場の強さと，② 電位を求めよ．　　[答]　① 2.0×10^9 N/C，② 6.0×10^9 V

20. 静電気とコンデンサー

◆◆・ コンデンサーとは，どんなものか ・◆◆

図 20.7 のように，金属板 A，B を平行に並べて電池をつなぐと，極板 A からは，電子が電池の正極へ流れるので，A は + に帯電する．一方，電池の正極に流入した電子は，電池の負極から極板 B に流れるので，B は − に帯電する．

電子の移動は，AB 間の電位差が電池の電圧に等しくなるまで続くので，その間に移動した電子の総電荷を Q [C] とすると，両極板は，それぞれ $+Q$，$-Q$ に帯電する．電荷は電池を取り去っても，そのまま残るので，両極板には，電池の電荷が蓄えられたことになる．

このように，電荷を蓄える器具をコンデンサー (condenser，蓄電器)，あるいはキャパシターという．また，コンデンサーに電池をつないで，電荷を満たすことを充電，その逆を放電という．

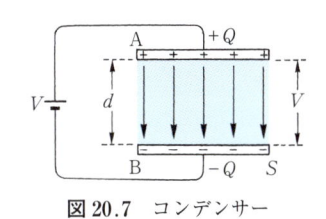

図 20.7 コンデンサー

コンデンサーに蓄えられた総電荷は極めて少ないので，これに豆ランプをつないでも，瞬間的に点灯するだけで，すぐに放電する．蓄電器と蓄電池 (battery) は，構造も機能も本質的に異なる．

◆◆・ コンデンサーの電気容量とは，どんなことか ・◆◆

コンデンサーは，充電に伴って電位が上昇する．実験によれば，コンデンサーに Q [C] の電荷を充電して，電位が V [V] に上昇したとすると，Q と V との比 C は次式で表され，そのコンデンサーに固有な値となる．

$$C = \frac{Q}{V} \qquad (20.9)$$

上式は次式で表されるので，C が大きいほど，蓄えられる電気量 Q も多い．

$$Q = CV \qquad (20.10)$$

C は蓄電能力を表すので，電気容量 (capacity) と呼ばれ，その単位には，ファラッド (F) を用いる．コンデンサーに 1 クーロン (C) の電荷を与えたとき，電位が 1 V 高くなるようなコンデンサーの電気容量を 1 F という．式 (20.9) から分かるように，1 F は 1 (C)/1 (V) に等しい．

水槽に蓄えられた水の量を電気量 Q に例えると，水槽の底面積が電気容量 C に，水位が電位 V に相当する．

F は実用上大きすぎるので，一般にその 10^{-6} 倍のマイクロファラッド (μF) や，10^{-12} 倍のピコファラッド (pF) を用いる．

◆◆・ コンデンサーの容量は，何によって決まるか ・◆◆

図 20.7 のような，平行板コンデンサーの電気容量 C について考えよう．いま，極板の面積 S [m^2]，極板間の距離 d [m] のコンデンサーに電圧 V [V] を加えると，極板間には距離に関係なく，一様な電場が生じ，

その強さ E [V/m] と V の間には，式(20.7)より，次式が成り立つ．
$$V = Ed \qquad ①$$
一方，式(20.4)のガウスの定理より，次式が成り立つ．
$$ES = 4\pi kQ \qquad ②$$
したがって，両式を式(20.9)に代入すると，次式が得られる．
$$C = \frac{Q}{V} = \frac{ES/4\pi k}{Ed} = \frac{1}{4\pi k} \cdot \frac{S}{d} = \frac{\varepsilon S}{d} \qquad (20.11)$$

上式から分かるように，電気容量 C は S に比例し，d に反比例する．比例定数 $\varepsilon (=1/4\pi k)$ は誘電率と呼ばれ，ε は極板間物質の種類によって異なる．極板間が真空のときの誘電率は真空誘電率 ε_0 と呼ばれ，$\varepsilon_0 = 8.9 \times 10^{-12}$ F/m である．物質の誘電率 ε と真空誘電率 ε_0 との比 $\varepsilon_r = \varepsilon/\varepsilon_0$ をその物質の比誘電率という．

代表的物質の比誘電率を表20.2に示す．物質の誘電率は真空誘電率より大きいので，極板間に誘電体を挿入すると，式(20.11)から分かるように，電気容量は ε_r 倍だけ大きくなるが，なぜだろう．

誘電体を極板間に入れると，図20.8のような誘電分極が起こり，誘電体の上面には －電荷が，下面には ＋電荷が現れるので，極板上の電気量が減少する．その結果，電池から電荷がさらに流れ込むので，コンデンサーには，同じ電位差の下で，多くの電気量が蓄えられることになる．そのため，式(20.9)から分かるように，C が増大したことになる．

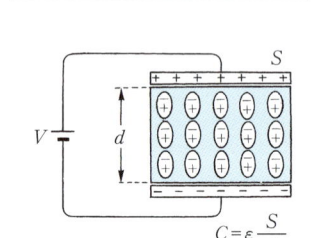

表20.2 比誘電率(20℃，1 atm)

物 質	比誘電率 ε_r
窒 素	1.000548
パラフィン	1.9〜2.4
紙	2.0〜2.5
ポリエチレン	2.2〜2.4
ガラス	3.5〜9.0
白雲母	6.0〜8.0
水	80.36
チタン酸バリウム	5×10^3

図20.8 誘電率 ε の誘電体を入れたコンデンサー

極板間に誘電体を入れると，電気容量が増大するだけでなく，極板間の絶縁性(耐電圧性)も高くなる．

【例題】 両極板の面積が 0.4 m^2，極板間の距離が 0.02 m の平行板コンデンサーがある．①その容量，②このコンデンサーに 1×10^{-7} C の電荷を与えたときの極板間の電圧，③極板間の電場の強さを求めよ．

[解答] ① 式(20.11)より，$C = 8.9 \times 10^{-12} \times \dfrac{0.4}{0.02} = 1.8 \times 10^{-10}$ F．

② 式(20.9)より，$V = \dfrac{Q}{C} = \dfrac{1 \times 10^{-7}}{1.8 \times 10^{-10}} = 5.6 \times 10^2$ V，

③ 式(20.7)より，$E = \dfrac{V}{d} = \dfrac{5.6 \times 10^2}{0.02} = 2.8 \times 10^4$ V/m

◆◆◆ コンデンサーの並列接続と直列接続は，どう違うか ◆◆◆

コンデンサーの接続には，並列接続と直列接続がある．その合成容量を求めてみよう．まず，電気容量が C_1, C_2, C_3 のコンデンサーを図20.9(a)のように，並列に接続して電圧 V を加えたところ，それぞれに Q_1, Q_2, Q_3 の電気量が蓄えられたとする．電圧は共通なので，式(20.10)よ

20. 静電気とコンデンサー

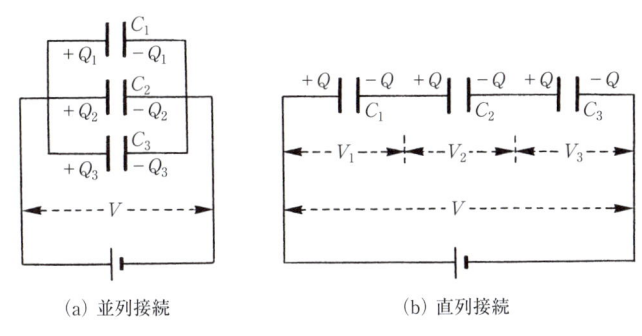

(a) 並列接続　　(b) 直列接続

図 20.9 コンデンサーの接続

り，$Q_1=C_1V$，$Q_2=C_2V$，$Q_3=C_3V$ が成り立つ．

一方，総電気量 Q は $Q_1+Q_2+Q_3$ に等しい．したがって，合成容量 C は式 (20.9) より，次式で表される．

$$C=\frac{Q}{V}=\frac{Q_1+Q_2+Q_3}{V}=\frac{Q_1}{V}+\frac{Q_2}{V}+\frac{Q_3}{V}=C_1+C_2+C_3 \quad (20.12)$$

次に，C_1, C_2, C_3 のコンデンサーを同図 (b) のように，直列接続して電圧 V を加え，両端の極板に $\pm Q$ の電荷を与えると，各極板には，静電誘導によって $\pm Q$ の電荷が生じる．C_1, C_2, C_3 の両端に現れる電位差をそれぞれ V_1, V_2, V_3 とすると，各コンデンサーについて式 (20.10) が成り立っているから，$Q=C_1V_1=C_2V_2=C_3V_3$ となるので，合成容量 C は

$$\frac{1}{C}=\frac{V}{Q}=\frac{V_1+V_2+V_3}{Q}=\frac{V_1}{Q}+\frac{V_2}{Q}+\frac{V_3}{Q}=\frac{1}{C_1}+\frac{1}{C_2}+\frac{1}{C_3} \quad (20.13)$$

で表される．このようにコンデンサーの合成容量は，電気抵抗の合成とは逆に，並列接続では増大し，直列接続では減少する．

【練習】容量 $20\,\mu\mathrm{F}$ と $30\,\mu\mathrm{F}$ のコンデンサーを，① 並列接続したときと，② 直列接続したときの合成容量を求めよ．

[答] ① $50\,\mu\mathrm{F}$, ② $12\,\mu\mathrm{F}$

並列接続と直列接続の違いを式 (20.11) から解釈すると，並列接続では極板面積が増大し，直列接続では極板間の距離が増大するためである．

◆◆◆ 静電エネルギーとは，どんなことか ◆◆◆

充電したコンデンサーには，電気エネルギーが蓄えられているので，これを放電させると，音や光や熱を発する．このように，帯電体のもっているエネルギーを静電エネルギーと呼び，それは物体を帯電させる際に，電荷を運ぶために費やした仕事にほかならない．

電位差 V の下で，電荷 Q を運ぶに要する仕事 W は，式 (20.5) より，$W=QV$ で表されるが，コンデンサーへの充電のように，充電に伴って電

位が次第に上がる場合には，運ぶ電荷 Q を微小電荷 ΔQ に分けて考えねばならない．電気容量 C のコンデンサーに，Q の電荷を徐々に充電するに要する仕事 W は，式(5.8)の弾性エネルギーと同じく，次式で表される．

$$W = \int_0^Q V\,dQ = \int_0^Q \frac{Q}{C}\,dQ = \frac{Q^2}{2C} = \frac{1}{2}QV = \frac{1}{2}CV^2 \quad (20.14)$$

コンデンサーや雷雲のような帯電体には，式(20.14)で表される静電エネルギーが蓄えられている．

コンデンサーは電子機器はもとより，カメラのストロボ電球の発光用やレントゲン装置の高電圧発生用のエネルギー源として，広く使われている．

【練習】 容量 $20\,\mu\mathrm{F}$ のコンデンサーを $3.0\times10^2\,\mathrm{V}$ に充電したとき，蓄えられる静電エネルギーを求めよ． ［答］ $0.9\,\mathrm{J}$

章末問題

問1 $3.0\times10^{-9}\,\mathrm{C}$ の点電荷から $0.30\,\mathrm{m}$ 離れた点 P の，① 電場の強さ，② 電位，③ 点 P に $2.0\times10^{-9}\,\mathrm{C}$ の点電荷を置いたときに働くクーロン力を求めよ．

問2 鉛直上向きに働く電場に，質量 $m\,[\mathrm{kg}]$，電荷 $q\,[\mathrm{C}]$ の荷電粒子を置いたところ，クーロン力と重力がつり合って，荷電粒子は静止した．電場の強さを求めよ．

問3 $100\,\mathrm{V}$ の電位差の下で，電子 ($1.6\times10^{-19}\,\mathrm{C}$) を動かすに要するエネルギーを求めよ．

問4 両極板の面積が $S\,[\mathrm{m}^2]$，極板間の距離が $d\,[\mathrm{m}]$ のコンデンサーを電圧 $V\,[\mathrm{V}]$ の電源につないで充電した後，電源を取り去り，極板間の距離を2倍にしたとき，① コンデンサーの容量，② 両極板間の電圧，③ 電場の強さを求めよ．

問5 電気容量が $0.01\,\mu\mathrm{F}$ のコンデンサーに $600\,\mathrm{V}$ を与えたとき，① 蓄えられた電気量，② 静電エネルギーを求めよ．

21 電流と直流回路の性質

◆◆◆ 電流とは，どんなものか ◆◆◆

　金属や水溶液の中を電子やイオンが移動すると，電荷が運ばれる．電流とは，この電荷の流れのことである．＋電荷は電位の高いほうから低いほうへ流れるので，この向きを電流の向きと定義している．

　電流の大きさ(強さ)は，導体の断面を1秒間に通過する電荷の量で表し，1秒間に1Cの電荷が通過したときの電流の大きさを1アンペア(A)という．t 秒間に q [C] の電荷が通過すれば，電流 I [A] は

$$I = \frac{q}{t} \tag{21.1}$$

で表されるので，電流 I が t 秒間流れると，$q = It$ の電荷が運ばれる．

電子は電位の低いほうから高いほうへ流れるので，電流の向きと逆になる．

【練習】　電子の電荷は 1.602×10^{-19} C である．1秒間に何個の電子が流れると，1Aになるか．　　　　　　　　　　[答] 6.24×10^{18} 個

落雷の電流は 2×10^4 A もあり，雷雲の電圧は 1×10^8 V 以上に達している．

　次に，金属を流れる電流について調べよう．図21.1のように，電子の平均の速さを v [m/s]，電荷を e [C]，導線の断面積を S [m^2]，導線の単位体積当りの電子の数を n [個/m^3] とすると，1秒間に電子は v [m] 進むので，1秒間に体積 vS [m^3] 中の電子が断面を通過する．この体積の中には，nvS 個の電子が含まれているので，1秒間に断面を通過する電荷の総量，つまり電流 I は次式で表される．

$$I = envS \tag{21.2}$$

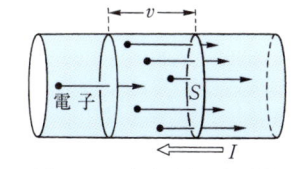

図 21.1 電子の流れと電流

金属線のように，電流をよく通すものを導線という．導線には，一般に銅が用いられる．

◆◆◆ オームの法則とは，どんなものか ◆◆◆

　図21.2(a)のように，ヒーター(ニクロム線)に電池をつなぎ，電圧を上げると，電流も増大するので，電圧と電流の関係は，同図(b)のようになる．この図から分かるように，流れる電流 I は加えた電圧 V に比例するので，比例係数を $1/R$ とすると，次のオームの法則が成り立つ．

$$I = \frac{V}{R} \tag{21.3}$$

　R が大きいほど電流は流れにくいので，R は電気抵抗(抵抗)と呼ばれ，

オームの法則は，電圧と電流と抵抗の相互関係を表したものであり，水圧と水流と水道管の抵抗の相互関係とまったく同じである．
　なお，オームの法則は，電解質溶液や半導体，放電管，真空管などについては成り立たない．

図 21.2 オームの法則

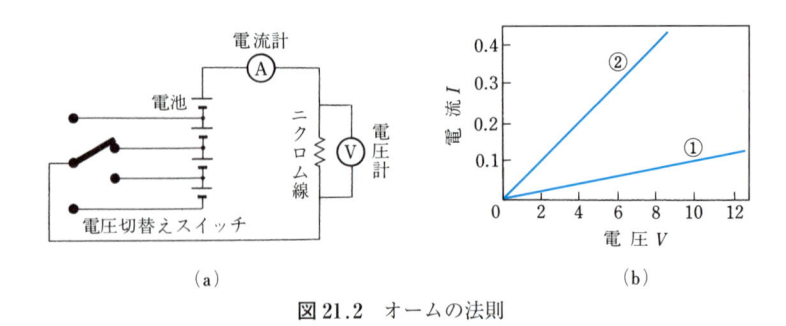

抵抗 R が大きいと,同図①のようになり,逆に R が小さいと,②のようになる.電圧が 1 V のとき,1 A の電流が流れるような抵抗の値を 1 オーム(Ω)という.なお,式(21.3)は次式で表されるが,この式は抵抗 R に電流 I が流れると,その両端に電位差 V が生じることを意味している.

$$V = IR \tag{21.4}$$

ところで実験によると,抵抗 $R\,[\Omega]$ は導体の長さ $l\,[\mathrm{m}]$ に比例し,断面積 $S\,[\mathrm{m}^2]$ に反比例するので,次式で表される.

$$R = \rho\,\frac{l}{S} \tag{21.5}$$

比例係数 ρ は抵抗率,あるいは比抵抗,固有抵抗と呼ばれ,表 21.1 のように,物質の種類によって大きく異なる.このように,抵抗 R は長さや断面積だけではなく,その材質にも関係する.ρ は $l = 1\,\mathrm{m}$,$S = 1\,\mathrm{m}^2$ の物質の抵抗値を表し,その単位は $\Omega\cdot\mathrm{m}$ となる.導体の抵抗率は,不導体のそれに比べて桁違いに小さく,半導体は両者の間の値を示す.

人体の電気抵抗は,皮膚の乾燥の程度や個人によって異なるが,両手間で $100\sim300\,\mathrm{k}\Omega$($\rho = 0.15\,\Omega\cdot\mathrm{m}$)もある.しかし人間は,0.01 A($= 10\,\mathrm{mA}$)の電流で全身の筋肉が収縮し,15 mA を超えると呼吸困難に陥り,70 mA で死に至るので,数百 V 以上の電圧には,注意が必要である.

高電圧の送電線の 2 線にヘビが触れると,大電流が流れるので,ヘビは感電死する.
しかし,鳥が送電線の 1 線に 2 本足で止まっても,電流が流れないので,感電死はしない.

表 21.1 室温における抵抗率 ρ と温度係数 α

	物　質	$\rho\,[\Omega\cdot\mathrm{m}]$	$\alpha\,[\mathrm{K}^{-1}]$
導体	銀	1.62×10^{-8}	$+0.0041$
	銅	1.72×10^{-8}	$+0.0043$
	アルミニウム	2.75×10^{-8}	$+0.0042$
	タングステン	5.5×10^{-8}	$+0.0053$
	鉄	9.8×10^{-8}	$+0.0066$
	ニクロム	109×10^{-8}	$+0.0001$
半導体	ゲルマニウム	0.47	-0.05
	シリコン	2.3×10^{3}	-0.08
不導体	ポリ塩化ビニル	$10^{9}\sim10^{14}$	
	ガラス	$10^{9}\sim10^{15}$	
	天然ゴム	$10^{13}\sim10^{15}$	

次に,式(21.3)のオームの法則と電気抵抗の式(21.5)を,電子の運動に着目して,理論的に求めてみよう.金属原子は陽イオンと電子から構成されていて,陽イオンは規則正しく並び,その温度に相当した熱振動をしている.これに対して電子は,特定の陽イオンに拘束されることなく,自由

21. 電流と直流回路の性質

に熱運動をしている．

いま，長さ l，断面積 S の導線の両端に電圧 V を加えると，$E=V/l$ の電場が生じるので，導線中の自由電子は，$F=eV/l$ のクーロン力を受ける．そのため，電子は絶えず加速され，速さは限りなく大きくなるように思われるが，実際には陽イオンと次々と衝突し，それが電子の流れに対する抵抗力として働くので，電子の流れる速さは一定になる．

この抵抗力は，電子の流速 v に比例（比例定数 k）すると考えられるので，クーロン力 F と抵抗力 $f=kv$ との釣合いから，次式が得られる．

$$e\frac{V}{l}=kv \quad \therefore \quad v=\frac{eV}{kl}$$

これを式(21.2)に代入すると，導体を流れる電流 I は次式で表され，kl/ne^2S が抵抗 R に，k/ne^2 が抵抗率 ρ に相当することが分かる．

$$I=envS=\frac{ne^2S}{kl}V=\frac{ne^2}{k}\cdot\frac{S}{l}V$$

【例題】 断面積 $0.50\,\mathrm{mm}^2$，長さ $1.0\times10^3\,\mathrm{m}$ の導線の両端に $100\,\mathrm{V}$ の電圧をかけたら，$2.5\,\mathrm{A}$ の電流が流れた．① 導線の電気抵抗を求めよ．② その抵抗率を求めよ．

[解答] ① 式(21.3)より，$R=\dfrac{V}{I}=\dfrac{100}{2.5}=40\,\Omega$，

② 式(21.5)より，$\rho=\dfrac{RS}{l}=\dfrac{40\times0.50\times(10^{-3})^2}{10^3}=2.0\times10^{-8}\,\Omega\cdot\mathrm{m}$

◆◆◆ 抵抗率は温度によって，どのように変化するか ◆◆◆

実験によると，物質の抵抗率は温度によって変化する．金属では，0℃ での抵抗率を ρ_0 とすると，t ℃での抵抗率 ρ は次式で表される．

$$\rho=\rho_0(1+\alpha t) \tag{21.6}$$

α は抵抗（率）の温度係数と呼ばれ，上式から，$\alpha=(\rho-\rho_0)/\rho_0 t$ で表されるので，α は 1℃ 当りの抵抗（率）の変化率を意味し，その単位は K^{-1} になる．抵抗についても，0℃ と t ℃での抵抗を R_0，R すると，同じく，$R=R_0(1+\alpha t)$ の関係が成り立つ．

電気抵抗の温度係数 α は，表 21.1 に示したように，金属では $\alpha>0$ なので，抵抗率は図 21.3 のように，温度の上昇に伴って増大する．これは温度が高くなると，金属中の陽イオンの熱振動が激しくなるので，電子との衝突が増大し，電子が流れにくくなるためである．

これに対して Ge や Si のような半導体では，温度が高くなると，電子

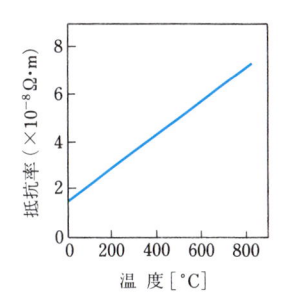

図 21.3 銅線の抵抗率の温度変化

白金抵抗温度計やサーミスター温度計(センサーには，半導体を使用)は，電気抵抗の温度変化を利用したものである．

そのため，超伝導は送電線やリニアモーターカー用の電磁石のコイルへの利用に期待されている．最近，125 K でも超伝導を示す物質が発見されている．

がエネルギーを得て，原子から離れやすくなり，自由電子の数が増えるので，電気抵抗は逆に減少する．

抵抗の温度係数 α は，純金属では $\alpha \fallingdotseq 1/273$ なので，これを -273 ℃ 程度に冷却すると，その抵抗はゼロになる．このような現象を超伝導，または超電導という．超伝導状態の導線には，電流が流れても熱が発生しないので，エネルギーの損失がない．したがって，いったんコイルに電流が流れると，永久に流れ続ける．

【練習】 フィラメントの抵抗が 0 ℃ で 6.0 Ω の白熱電灯がある．これを点灯すると，2000 ℃ にも達する．点灯時の抵抗を求めよ．ただし，フィラメントの抵抗温度係数を 5.3×10^{-3} [K^{-1}] とする．

[答] 70 Ω

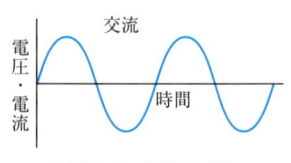

図 21.4 直流と交流

◆•◆ 直流と交流は，どう違うか ◆•◆

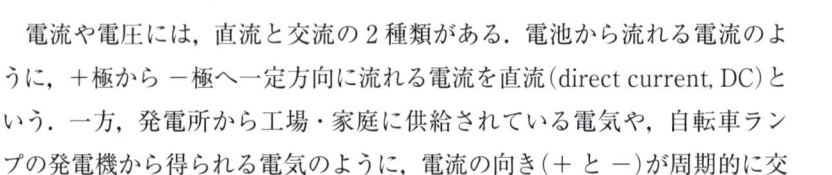

電流や電圧には，直流と交流の 2 種類がある．電池から流れる電流のように，＋極から －極へ一定方向に流れる電流を直流(direct current, DC)という．一方，発電所から工場・家庭に供給されている電気や，自転車ランプの発電機から得られる電気のように，電流の向き(＋と －)が周期的に交互に変わる電流や電圧を交流(alternating current, AC)という(図 21.4)．

◆•◆ 抵抗の直列接続と並列接続は，どう違うか ◆•◆

抵抗のつなぎ方には，図 21.5(a)のような直列接続と同図(b)のような並列接続の 2 種類がある．全体としての抵抗値，つまり合成抵抗は直列接続と並列接続で異なる．

そこで先ず，抵抗 R_1，R_2，R_3 を直列接続したときの合成抵抗 R を求めてみよう．両端の ad 間に電圧 V を加えたとき，各抵抗を流れる電流は等しいので，これを I とし，各抵抗の両端の電圧を V_1，V_2，V_3 とすると，b 点の電位は a 点より $V_1 = IR_1$ だけ低く，c 点の電位は b 点より

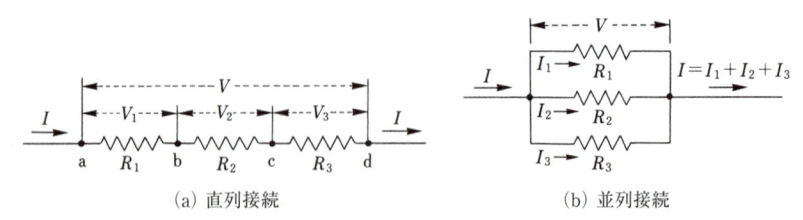

(a) 直列接続 (b) 並列接続

図 21.5 抵抗の接続

$V_2=IR_2$ だけ低く，d 点の電位は c 点より $V_3=IR_3$ だけ低くなるので，
$$V=V_1+V_2+V_3=IR_1+IR_2+IR_3=I(R_1+R_2+R_3)=IR$$
が成り立つ．したがって，合成抵抗 R は次式で表される．
$$R=R_1+R_2+R_3 \tag{21.7}$$

次に，抵抗 R_1，R_2，R_3 を並列接続したときの合成抵抗 R を求めてみよう．両端に電圧 V を加えたとき，各抵抗を流れる電流を I_1，I_2，I_3，全体に流れる電流を I とすると，$I=I_1+I_2+I_3$ で，しかも $I=V/R$，$I_1=V/R_1$，$I_2=V/R_2$，$I_3=V/R_3$ なので，次式が得られる．
$$I=I_1+I_2+I_3=V\left(\frac{1}{R_1}+\frac{1}{R_2}+\frac{1}{R_3}\right)=\frac{V}{R}$$
したがって，合成抵抗の逆数は次式で表され，各抵抗の逆数の和に等しい．
$$\frac{1}{R}=\frac{1}{R_1}+\frac{1}{R_2}+\frac{1}{R_3} \tag{21.8}$$

このように，各抵抗の両端に生じた電位差を電圧降下という．

直列接続の合成抵抗は，コンデンサーの並列接続の合成容量の式 (20.12) と同形である．

並列接続の合成抵抗は，コンデンサーの直列接続の合成容量の式 (20.13) と同形である．

【練習】 $2.0\,\Omega$，$3.0\,\Omega$，$6.0\,\Omega$ の抵抗を，① 直列接続したときの合成抵抗と，② 並列接続したときの合成抵抗を求めよ．

［答］ ① $11\,\Omega$，② $1\,\Omega$

電流計は，どのようにつなぐか

電流計は回路に直列に接続(挿入)して使用する．例えば，図 21.5(b) の R_1 に流れる電流 I_1 を測定するときには，R_1 の左側か右側に電流計を直列につなぐ．このように電流計は，測定しようとする電流がその中を流れるように，回路に直列に挿入するので，電流計自体の内部抵抗が大きいと，電流が減り，誤差を生じる．そのため電流計の内部抵抗は，できるだけ小さいほうが望ましい．

さて，10 mA までしか測れない電流計で，100 mA の電流を測るには，どうすればよいだろうか．電流計の測定範囲を拡大するには，図 21.6 のように，電流計の内部抵抗 r_0 より小さな抵抗 R を，電流計の両端に並列に接続し，測定しようとする電流の大部分が，これに流れるようにすればよい．この種の抵抗を分流器という．

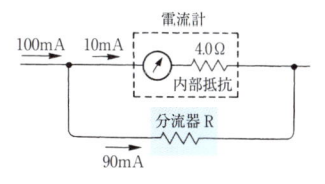

図 21.6 分流器

【例題】 図 21.6 に示す内部抵抗 $r_0=4.0\,\Omega$，最大電流 $I_0=10\,\text{mA}$ の電流計で，100 mA の電流を測るには，何 Ω の分流器を使えばよいか．
［解答］ 90 mA を分流器 R に流せばよい．電流計と分流器の両端の電圧は等しいので，$10\times 4.0=90R$ ∴ $R=0.44\,\Omega$

電圧計は，どのようにつなぐか

電圧計は，測定したい2点に並列に接続して使用する．例えば，図21.5(a)のR_1の両端の電圧V_1を測定するときには，電圧計をa点とb点に並列につなぐ．電圧計は，基本的には電流計を転用したものであるから，内部抵抗r_0の電流計に電流Iが流れると，電流計の端子間には，Ir_0の電位差が生じる．電圧計は，この電流計の目盛りI[A]をIr_0[V]で目盛り直したものである．

ところが，電流計の内部抵抗r_0は小さいので，例えば前述の$r_0=4.0$Ωで，10 mAまで測れる電流計を用いると，最高40 mVまでしか測れない．また，このように内部抵抗の小さな電流計を，測定したい2点に電圧計として並列に接続すると，回路全体の合成抵抗が大きく狂うので，正確な値は得られない．そこで電圧計では図21.7のように，内部抵抗r_0の電圧計に高抵抗Rを直列につないで使用する．この高抵抗を倍率器という．

図21.7 倍率器

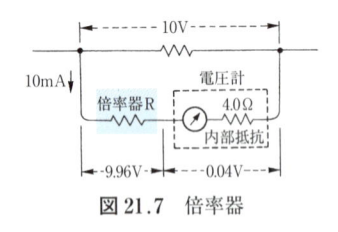

電圧計の測定電圧は，倍率器の抵抗値を高くするほど高くなる．

電池の電圧降下とは，どんなことか

電流計や電圧計に内部抵抗があるように，電池自体にも内部抵抗r_0があるので，電池から外部へ電流Iが流れる際には，電池の内部で電圧降下Ir_0が生じる．そのため，電池の両極間の電圧Vは次式のように，電池が本来もっている最大電圧EよりIr_0だけ低くなる．Eは起電力と呼ばれ，電流が流れないときの電圧を意味する．

$$V = E - Ir_0 \tag{21.9}$$

乾電池の内部抵抗は，その種類によって違うので，異種の乾電池を直列につなぐと，電圧降下が不均一になる．そのため所定の電圧が得られず，乾電池の寿命も短くなる．

【練習】起電力1.5 V，内部抵抗0.50 Ωの乾電池に4.5 Ωの抵抗をつないだとき，流れる電流と電池の端子電圧を求めよ．

[答] 0.30 A，1.4 V

キルヒホッフの法則とは，どんなものか

図21.8のように，多数の電池や抵抗を複雑に接続した直流回路(回路網という)では，各部の電流をオームの法則だけで求めることは不可能に近い．しかし，未知電流の向きを適当に仮定し，次のキルヒホッフの第1法則と第2法則を適用して連立方程式を立て，これを解くと，各部を流れる

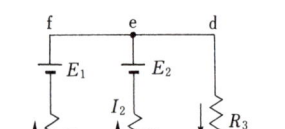

図21.8 回路網

電流を求めることができる．

第1法則：回路網中の任意の分岐点に流入する電流の代数和は0である．

第2法則：回路網中の任意の閉じた経路に沿って1周したとき，起電力の代数和は電圧降下の代数和に等しい．

第1法則によれば，分岐点e，またはbに流れ込む電流を＋，流れ出す電流を－とすると，その代数和は0になるので，

$$I_1 + I_2 = I_3 \qquad ①$$

が成り立つ．一方，afdcaの閉回路とafebaの閉回路に対して，第2法則を適用すると，それぞれ次式が成り立つ．

$$E_1 = I_1 R_1 + I_3 R_3 \qquad ②$$
$$E_1 - E_2 = I_1 R_1 - I_2 R_2 \qquad ③$$

①～③式を連立方程式として解くと，未知電流 I_1，I_2，I_3 が分かる．電流値が－になったときは．電流が仮定した向きと逆向きを意味する．

章末問題

問1 導線の半径と長さをそれぞれ2倍にすると，抵抗は何倍になるか．

問2 右図のAB両端に電池をつないだところ，R_2 に60 mAの電流が流れた．① AB間の合成抵抗を求めよ．② R_1 に流れる電流を求めよ．③ 電池の電圧を求めよ．ただし，電池の内部抵抗は無視する．

問3 内部抵抗が 4.5×10^2 Ω で，1 mAまで測れる電流計がある．① この電流計で10 mAまで測るには，何Ωの分流器が必要か．② また，10 Vまで測れる電圧計にするは，何Ωの倍率器が必要か．

問4 右図の回路網において，各抵抗を流れる電流を求めよ．

問5 図21.8の回路において，$E_1 = 16$ V，$E_2 = 30$ V，$R_1 = 4.0$ Ω，$R_2 = 5.0$ Ω，$R_3 = 20$ Ω のとき，I_1，I_2，I_3 を求めよ．

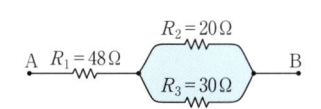

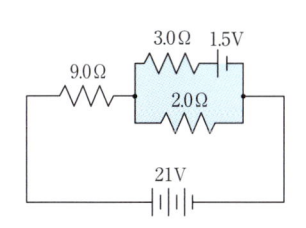

22 電気エネルギーと半導体

◆◆◆ 電力と電力量は，どう違うか ◆◆◆

電位差 V の2点間で，電荷 q を移動するには，式(20.5)より $W=qV$ の仕事が必要である．一方，電圧 V を加えて電流 I が流れたとすると，t 秒間に流れ込む電気量 q は，式(21.1)より $q=It$ となるので，電流のなす仕事，つまり電気エネルギー W [J] は次式で表される．

$$W = qV = VIt \tag{22.1}$$

電流のなす仕事 W を電力量と呼び，その仕事率を電力 P [W] という．

$$P = \frac{W}{t} = VI \tag{22.2}$$

さらに，この式に式(21.3)の $I=V/R$ を代入すると，次式が得られる．

$$P = VI = \frac{V^2}{R} = I^2 R \tag{22.3}$$

電力 P は1秒間当りの電気エネルギーなので，その単位はワット (W=J/S) である．1W=1 [V]・[A]=1 [J/C]・[C/s]=1 [J/s]

これに対して，電力量 W はエネルギー（量）なので，その単位はJであるが，電気の分野では，J=W・sの代わりにkW時(kWh)を用いる．

$$1\,\text{kWh} = 3.6 \times 10^6\,\text{J}$$

電気料金は，電力 [kW] でなく電力量 [kWh]，つまり使用した電気エネルギーの量で決まる．電気機器類の消費電力の概要を表22.1に示す．

> ヒーターやランプ，モーターなどは，この電気エネルギーを熱エネルギーや光のエネルギー，力学的な仕事に転換している．

> kW・h は W・s が実用上，小さ過ぎるので，時間の単位に hour をとり，さらに 10^3 倍したものである．1 kWh は，消費電力が 1 kW のものを1時間使ったときの電力量にほかならないので，1 kWh=1×10^3 W$\times$3600 s=3.6×10^6 W・s=3.6×10^6 J に等しい．

表22.1 家電製品の定格消費電力[W]

電磁調理器	5800	こたつ	600〜800
電子レンジ	1400	電気カーペット	500〜800
アイロン	1400	洗濯機	400
炊飯器，浴室乾燥機	1300	加湿器	300〜500
温水洗浄便座	500〜1200	冷蔵庫	200〜300
ホットプレート	1100	机上パソコン	150〜300
洗濯機（乾燥）	1100	液晶テレビ 32	150
エアコン	750〜1100	電気毛布	50〜90
オーブントースター	1000	扇風機	50
掃除機，ドライヤー	1000	丸型蛍光灯	30(中 32,太 40)
ヒーター	500〜1000	ラジカセ	15
食器洗い乾燥機	900	40 W 型 LED 球	6
電気ポット	800	一世帯平均	1200

22. 電気エネルギーと半導体

【練習】電力量料金の単価は，約 25 円/kWh である．800 W のドライヤーを毎日 10 分間使うと，月額いくらになるか． ［答］100 円

◆◇◆ ジュール熱とは，どんなものか ◆◇◆

ジュールは 1840 年，電気抵抗に電流が流れると，熱が発生することを実験的に明らかにした．この熱をジュール熱と呼ぶ．P [W] の電力を t 秒間使ったときの熱量 Q は，熱の仕事当量を J ($=4.19$ J/cal) とすると，式 (22.3) より次式で表される．

$$Q = Pt \ [\text{J}] = VIt/J \ [\text{cal}] \tag{22.4}$$

ところで，導体に電流が流れると発熱するのは，電場によって加速された電子が導体中の原子と衝突して，原子の熱振動を激化させるためである．したがって，式 (22.2) は次のようにして求められる．

いま，電子の電荷を e，その平均の速さを v とすると，1 個の電子が電場 E から受ける仕事率は eEv となる．一方，導体の長さを l，断面積を S，単位体積当りの電子数を n とすると，導体中の電子の総数は nSl になるので，全電子が受ける仕事率 P は，導体に加わる電圧を V とすると，次式で表される．

$$P = nSl \cdot eEv = El \cdot neSv = V \cdot I$$

ヒーターの発熱量は式 (22.3) の $P = V^2/R$ より，R が小さいほど大きくなるが，送電線やコードの中でジュール熱として失われる電力は，$P = I^2R$ より，R が小さいほど，つまり太い電線ほど少なくなる．ヒーターに電流を流すと，途中のコードも多少は発熱するので，電線類には，その太さに応じて安全に流せる電流が決められ，これを許容電流という．

> ジュール熱は導体中の電子の運動のエネルギーが，原子の熱振動のエネルギーに転換したものである．

> ヒューズは，電線に許容電流を越えた電流が流れると，発熱して熔ける (220〜320℃) ので，過電流が防止できる．許容電流はコンセントが 15 A で，ビニールコードは 10 A である．

【例題】 ① 抵抗線に 5 V の電圧で，10 A の電流を流したときの消費電力を求めよ．② 10 Ω の抵抗線に，3 A の電流を流したときの消費電力を求めよ．③ 10 Ω の抵抗線に，30 V の電圧をかけたときの消費電力を求めよ．④ 100 V 用の 40 W の電球の，点灯時の電気抵抗求めよ．
［解答］式 (22.3) より，① $P = VI = 5 \times 10 = 50$ W，② $P = I^2R = 3^2 \times 10 = 90$ W，③ $P = V^2/R = 30^2/10 = 90$ W，④ $R = V^2/P = 100^2/40 = 250$ Ω

◆◇◆ 電池の原理は，どうなっているか ◆◇◆

図 22.1 のように，2 種類の物質を接触させると，A から B へ電子が移るため，A は高電位に，B は低電位になり，接触電位差が生じる．電子の

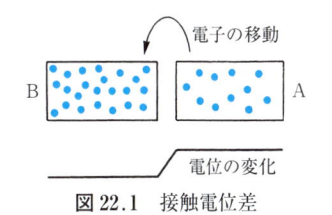

図 22.1 接触電位差

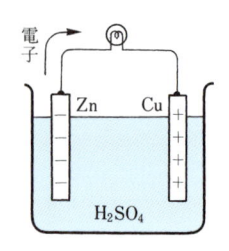

図 22.2　ボルタの電池

表 22.2　電池の起電力

乾電池	1.5 V
鉛蓄電池	2.1
充電式電池	1.2
太陽電池	0.5

乾電池には単1～単6型があるが，もち時間は単1型が最も長い．

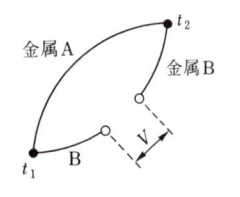

図 22.3　熱電対温度計

この現象をゼーベック効果という．

電子冷却器は，半導体のペルチェ効果を利用したものである．

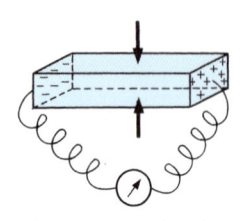

図 22.4　圧電気現象

移動に伴って，クーロン反発力が強くなるので，電子の移動は止み，電位は一定になる．

　接触電位差は，自由電子の数とエネルギーが物質の種類によって異なるために生じるので，電解質溶液の中に金属板を浸すと，金属と溶液の間に接触電位差が生じる．この電位差を利用したものが電池であり，図 22.2 のように，電解質溶液の中に2種類の金属板を浸すと，金属と溶液間の接触電位差が互いに異なるため，両極間に電位差が生じる．

　ボルタの電池は，希硫酸溶液に Zn 板と Cu 板を浸したもので，Zn は H よりイオン化傾向が大きいので，$Zn \rightarrow Zn^{2+} + 2e^-$ となって，Zn^{2+} が溶液中に溶出するため，Zn 板は－に帯電する．一方，Cu は H よりイオン化傾向が小さいので，H^+ が Cu 板に付着し，その結果，Cu 板は＋に帯電する．

　電池には，表 22.2 のような種類があり，いずれも一定の起電力を生じる．乾電池や鉛蓄電池は化学エネルギーを電気エネルギーに変換し，太陽電池は光エネルギーを電気エネルギーに変換する．

◆◆◆　熱起電力とは，どんなことか　◆◆◆

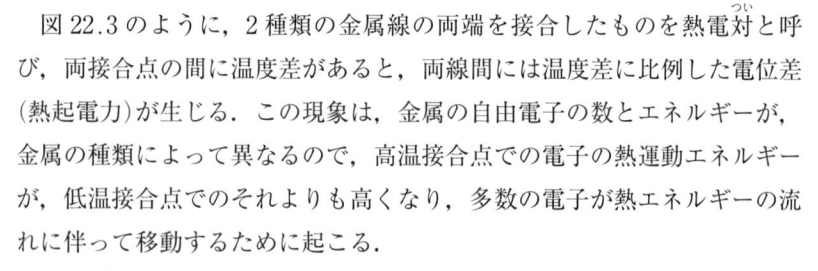

　図 22.3 のように，2種類の金属線の両端を接合したものを熱電対（つい）と呼び，両接合点の間に温度差があると，両線間には温度差に比例した電位差（熱起電力）が生じる．この現象は，金属の自由電子の数とエネルギーが，金属の種類によって異なるので，高温接合点での電子の熱運動エネルギーが，低温接合点でのそれよりも高くなり，多数の電子が熱エネルギーの流れに伴って移動するために起こる．

　熱起電力は，組み合わせる金属線の種類と温度によって異なるが，一般に数 mV 程度であり，熱エネルギーの電気エネルギーへの転換効率は極めて低いので，電力への利用には向かない．しかし，熱電対は熱電対温度計として利用され，熱電対に生じた熱起電力から，逆に接合点の温度を求めている．

　ゼーベック効果の逆現象にペルチェ効果がある．これは，熱電対に電流を流すと，一方の接合点では熱が発生し，他方の接合点では熱が吸収される現象であり，電流の向きを変えると，発熱と吸収が逆になる．

◆◆◆　圧電気現象とは，どんなことか　◆◆◆

　図 22.4 のように，水晶や電気石，チタン酸バリウムのような結晶に圧力や張力を加えると，両側面に＋と－の電荷が現れ，電位差が生じる．逆

22. 電気エネルギーと半導体

に，結晶表面に電圧を加えると，両側面にひずみが現れ，結晶は伸び・縮みを生じる．この種の現象を圧電気現象という．

圧電気現象はガスレンジやライターの点火器のほか，マイクロフォンや水晶発振器，超音波振動子などに利用されている．

ガスレンジやライターの点火用の圧電素子では，12000Vの電圧が生じる．

半導体とは，どんなものか

ケイ素 Si やゲルマニウム Ge は，その抵抗率が表 21.1 に示したように，導体と不導体の中間の値を示すので，半導体と呼ばれている．

金属のような導体では，最外殻の電子と原子核との結びつきが弱いため，電子は特定の原子核に束縛されずに，規則正しく並んだ原子核群の周囲を自由に動き回っている．しかも，金属は自由電子(伝導電子)の数が多いので，これに電圧を加えると，電流が流れる．

物質の抵抗率が，その種類によって異なるのは，物質中の自由電子の数が違うためである．例えば，銅の自由電子密度は 10^{28} 個/m³ であるが，半導体の Si や Ge 結晶はそれぞれ 10^{16}，10^{19} 個/m³ 程度に過ぎない．

一方，食塩結晶のような不導体では，原子同士がイオン結合で結ばれ，どの電子も特定の原子核に強く束縛されている．したがって，自由電子が存在しないので，電気抵抗は極めて高くなる．

これに対して，Si や Ge 結晶などの4族の半導体原子は，図 22.5 のように，4個の価電子(最外殻電子)を有し，相隣り合う4個の原子が電子を1個ずつ出しあって，合計8個の電子を共有して結合(電子共有結合)を形成している．電子が原子同士の結合に使われているので，自由電子はほとんど存在しない．

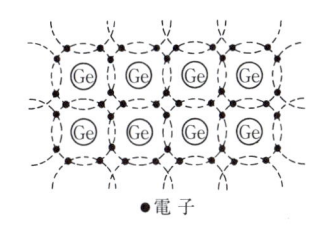

図 22.5 純粋な半導体の原子間結合

ところが，純粋な Si や Ge などに不純物として，リン P やヒ素 As などの第 15 族元素を微量加えると，抵抗率は激減する．例えば，Ge 結晶に As を微量添加すると，図 22.6 のように，5個の価電子を持った As 原子と4個の価電子を持った Ge 原子は，電子を1個ずつ出しあって共有結合を形成するので，As 原子の価電子は1個余り，自由電子に変わる．

不純物の添加によって，Si や Ge などの抵抗率が低下するのは，そのためである．この種の半導体では，電荷の運び役が電子なので，これを n (negative)型半導体という．

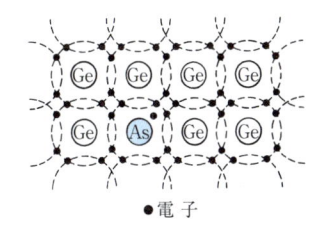

図 22.6 n型半導体の原子間結合

電荷の運び役をキャリアという．

一方，純粋な Si や Ge などに不純物として，ホウ素 B やガリウム Ga などの第 13 族元素を微量加えても，抵抗率は激減する．例えば，Ge 結晶に B を微量加えると，図 22.7 のように，価電子が3個の B 原子と価電子が4個の Ge 原子が共有結合を形成するが，B 原子の価電子が1個不足する．しかし，このとき生じた電子の空席は見かけ上，正電荷を有するので，正孔(positive hole)，あるいはホールという．この種の半導体は，電荷の運び役が正孔なので，これを p(positive)型半導体という．

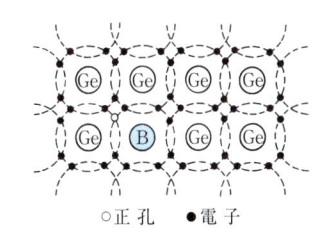

図 22.7 p型半導体の原子間結合

正孔は電子の空席であるから，近くの電子によって埋められ，正孔を埋めた電子の跡には，新たな正孔が生じる．このようにして，正孔は正電荷の粒子と同じように，結晶内を自由に動き回る．

【練習】ホウ素は3価，ゲルマニウムは4価，ヒ素は5価の元素である．p型のGe半導体に添加されている元素は，どれか．

[答] ホウ素

◆◆◆ 半導体ダイオードには，なぜ整流作用があるか ◆◆◆

図22.8(a)のように，p型半導体とn型半導体を接合させたものをpn接合と呼び，その両端に電極をつけたものが半導体ダイオードである．

まず，同図(b)のようにp型側に＋，n型側に－の電圧を加えると，正孔と電子は混じり合う方向へ移動して，接合面近傍で再結合して消滅するが，両極から次々に供給されるので，電流は継続して流れる．

次に，同図(c)のようにp型側に－，n型側に＋の電圧を加えると，正孔と電子が互いに離れる方向に引き付けられるため，境界層にはキャリアの存在しない厚い領域が生じる．これは空乏層とよばれ，高抵抗の絶縁層なので，電流はほとんど流れない．

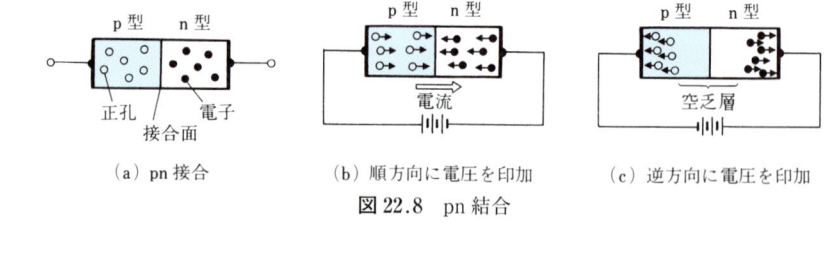

(a) pn接合　　(b) 順方向に電圧を印加　　(c) 逆方向に電圧を印加

図22.8 pn結合

図22.9 整流器の働き

交流を直流に変換することを整流というが，半導体ダイオードには，整流作用がある．

このように半導体ダイオードは，電圧の加え方によって電気抵抗が著しく異なるため，電流はp型からn型へは流れるが，逆にn型からp型へは流れない．前者を順方向，後者を逆方向という．半導体ダイオードには，図22.9のように，順方向の電圧のときだけ電流が流れるので，交流を直流に変換するための整流器として広く利用されている．

◆◆◆ トランジスターには，なぜ増幅作用があるか ◆◆◆

トランジスター(transistor)は図22.10のように，pn接合に，さらに接合面を一つ付加したもので，pnp型とnpn型の2種類がある．それぞれの部分をエミッターE，ベースB，コレクターCと呼ぶ．

エミッターを放射電極，コレクターを集電極という．

図22.11のようにBC間には，ベース電圧V_Bより高い電圧V_Cがかけられているが，逆電圧なので，B領域からC領域には電流I_Cは流れない．しかし，EB間に順方向の電圧V_Bをかけ，スイッチをS_1側に入れると，

V_Bは0.4V程度，V_Cは20V程度である．

22. 電気エネルギーと半導体

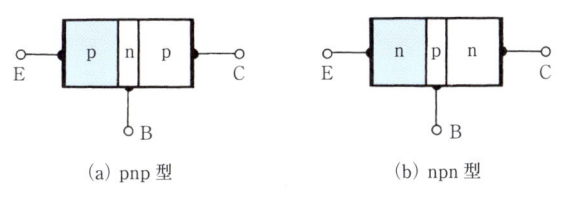

(a) pnp 型　　(b) npn 型

図 22.10　トランジスター

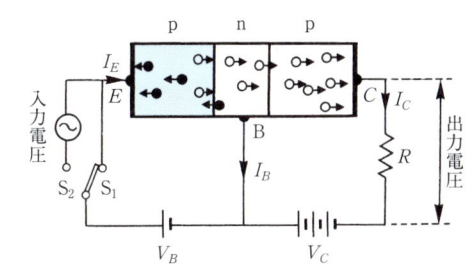

図 22.11　トランジスターの原理

順電流 I_B がわずかながら，E 領域から B 領域へ流れると同時に，B 領域から C 領域へも，大きな逆電流 I_C が流れる．

これは，エミッター領域からベース領域に達した多数のホールが，逆方向のコレクター電圧によって加速され，コレクター領域に流れ込むためである．このように，コレクター電流 I_C は電子でなく，ホールによる電流であり，ベース電流 I_B がわずかに変動しただけで，大きく変動する．これがトランジスターの電流増幅の原理である．

ベース電流 I_B はベース電圧によって変化するので，ベース電圧がわずかに変動すると，ベース電流 I_B の変動に伴って，コレクター電流 I_C が大きく変動する．さらに I_C の変動は，高抵抗 R の両端に大きな電圧変動となって現れる．これがトランジスターの電圧増幅の原理である．

拡声器の増幅回路では，同図の入力電圧として，マイクロフォンからの微弱な音声信号を与えると，高抵抗 R の両端には，それと同形の大きな出力電圧が得られる．

増幅率は一般に 50〜200 倍に達する．

◆◇◆　集積回路 IC とは，どんなものか　◆◇◆

多数の抵抗やコンデンサー，ダイオード，トランジスターを組み合わせると，計算や記憶，判断などの機能をもった回路を作ることができる．このような複雑な機能を微細な一つの回路にまとめたものが，集積回路 IC (integrated circuit) である．さらに高度な機能を持った回路を高密度化したものが大規模集積回路 (large scale integrated circuit, LSI) や，超大規模集積回路 (very large scale integrated circuit, VLSI) である．コンピュ

トランジスターはダイオードとともに，エレクトロニクス(電子工学)の主役を担っている．

ーターは IC や LSI, VLSI などで構成されている.

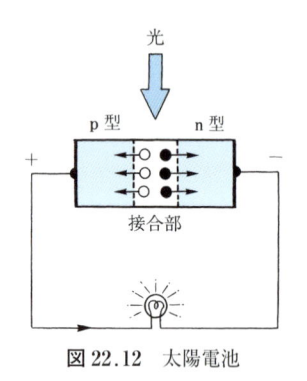

◆◆・ 太陽電池とは,どんなものか ・◆◆

pn 接合の接合面の近傍では,電子と正孔が接合面に向かって少し移動して結合・中和するため,n 領域は＋に,p 領域は－に帯電する.そのため,接合部分には,電場(接触電位差)が生じる.

そこへ図 22.12 のように,光が当たると,後述の光電効果(29 章を参照)によって,電子と正孔が対になって生じる.ところが pn 間には,接触電位差があるので,外部電池をつながなくても,生じた電子は n 領域に,正孔は p 領域に集まるため,p 領域を＋,n 領域を－とする起電力(光起電力)が生じる.これが太陽電池の原理である.

図 22.12 太陽電池

太陽電池は燃料費もかからず,CO_2 も出さないので,環境にやさしいエネルギー源であるが,出力(パワー)が $100\ \text{W/m}^2$ と小さく,年間平均日照率が 12% と低いのが難点である.

●●●・・ 章末問題 ・・●●●

問1 100 V の電源に 500 W のヒーターをつないだ.① 流れる電流,② ヒーターの抵抗,③ これを 4 時間使ったときの消費電力量を求めよ.

問2 500 W のヒーターのニクロム線が切れたので,修理したところ,ニクロム線の長さが元の半分になった.ヒーターの消費電力を求めよ.

問3 2400 kcal/h の石油ストーブと 800 W の電気ストーブの発熱量を比較せよ.ただし,1 cal＝4.2 J とする.

問4 発電効率が 40% の火力発電所がある.発熱量が 7000 kcal/kg の石炭を 1 時間に 10 t 燃やすとき,① 発電機の出力を求めよ.② 発生電圧を 3000 V として,流れる電流を求めよ.

問5 ダイオードの整流作用とトランジスターの増幅作用を説明せよ.

23 磁気と電流の磁気作用

磁性とは，どんなものか

　磁石に鉄片を近づけると，鉄片は引きつけられる．この性質を磁性という．昔の人は，磁石には鉄を引きつける何かがあるためと考え，これを磁気と名づけた．

　棒磁石も水平に吊るすと，方位磁石と同じく南北を指す．最も磁性の強い磁石の両端を磁極といい，北を指す磁極をN極，南を指す磁極をS極という．磁極の強さは磁気量(磁荷)で表し，その単位にはWb(ウェーバー)を用いる．WbはJ/A(ジュール/アンペア)に等しい．

　磁気は表23.1のように，静電気とよく似ている．電荷の周りに電場が生じたように，磁極の周りには磁場(磁界)が生じ，磁力線が密集する．磁石は図23.1のように，いかに分割しても，小片にはNとSが対になって現れ，その片方だけを取り出すことはできない．

　磁気は後述のように，電流によっても生じる．磁石の磁気もミクロに見れば，磁石内の原子の軌道電子の自転・公転により生じたものである．

　磁気は発電機やモーター，磁気テープ，磁気カード，フロッピーディスク，リニアーモーターカーなどに広く利用されている．

表23.1　電気と磁気

電荷	磁荷
電気量 q	磁気量 m
電場 E	磁場 H
電気力線	磁力線
誘電率 ε	透磁率 μ
誘電分極	磁気分極
静電誘導	磁気誘導

図23.1　磁石の切断・分割

磁場とは，どんなものか

　二つの磁極の磁気量を m_1, m_2 [Wb]，その間の距離を r [m] とすると，磁極間に働く力 F [N] は式(20.1)と同じく，次式で表される．

$$F = k_m \frac{m_1 m_2}{r^2} \tag{23.1}$$

　比例定数 k_m は，磁極間を満たしている物質の種類によって決まる．物質の透磁率を μ とすると，$k_m = 1/4\pi\mu$ で表される．真空の透磁率は $\mu_0 = 4\pi \times 10^{-7}$ [N/A²] なので，真空中では，$k_m = 10^7/(4\pi)^2 = 6.33 \times 10^4$ [N·m²/Wb²] となる．

　この式を，磁気に関するクーロンの法則という．

【練習】2.0×10^{-4} Wb と 5.0×10^{-4} Wb の磁極が，真空中に 0.8 m 離れて置かれている．その間に働く力を求めよ．　[答] 9.9×10^{-3} N

　一方，磁極 m から r 離れた点の磁場の強さ H は，式(20.3)と同じく，

磁場の強さが時間的に変わらないような磁場を静磁場という．

$$H = k_m \frac{m}{r^2} \tag{23.2}$$

で表される．したがって，磁極 m が強さ H の磁場から受ける力 F は，式(20.2)と同じく，次式で表される．

$$F = m \cdot H \tag{23.3}$$

磁場の強さ H は，電気力線と同じく磁力線の密度に比例する．その単位は，この式から分かるように，N/Wb（＝A/m）となる．

【練習】磁場の中に 2.0×10^{-4} Wb の磁極を置いたら，磁極は 5.0×10^{-1} N の力を受けた．磁場の大きさを求めよ．

［答］2.5×10^3 N/Wb

◆◆◆ 磁化とは，どんなものか ◆◆◆

鉄片は磁性をもたないのに，磁石に引きつけられる．これは誘電体が電場によって分極するのと同じように，鉄の原子・分子が，磁石の磁場によって磁気分極を起こし，磁化されるためである．鉄は図 23.2(a)のように，分子磁石が普段は無秩序な向きに並んでいるので，磁性を示さないが，これを磁場の中に置くと，同図(b)のように，その向きが磁場の向きに揃うので，両端に磁気が現れる．これを磁気誘導という．

(a) 磁化される前
(b) 磁化された後
図 23.2　鉄の磁化

磁化のされ方は，表 23.2 のように物質の種類によって異なる．磁場の向きに強く磁化されるものを強磁性体，弱く磁化されるものを常磁性体という．そのほか，磁場と逆向きに弱く磁化される反磁性体もある．磁化率は，物質の磁化されやすさを表す．

表 23.2　主な物質の磁化率（20℃）

常磁性体	アルミニウム	0.61×10^{-6}	強磁性体	純　鉄	200〜300
	空　気	24.1 〃		コバルト	250
	酸　素	106.2 〃		ニッケル	600
反磁性体	銅	−0.086 〃		ケイ素鋼	500〜7000
	ゲルマニウム	−0.12 〃		パーマロイ	8000〜10^4
	水	−0.720 〃		ミューメタル	2×10^4〜10^5
	水素	−1.97 〃		スーパーマロイ	10^5〜10^6

さて，磁極の近傍では，磁気誘導によって生じた磁場が加わるので，それを含めた磁場の強さ B は次式のように，元の強さ H より μ 倍高くなる．

$$B = \mu H \tag{23.4}$$

このように，周囲物質の透磁率 μ も含めた磁場の強さを磁束密度 B と呼んでいる．真空中では，$B = \mu_0 H$ となる．磁束密度 B の磁場には，1 m² 当たり B 本の磁力線が通っている．磁束密度の単位は，Wb/m²

(＝N/A·m)となり，これをテスラ(T)という．1 T＝1 Wb/m²

なお，強磁性体に機械的衝撃や熱を与えると，分子磁石の向きが乱れるため，磁性を失う．磁性が消える温度をキュリー温度という．

1 Tは，旧単位の10^4ガウスに等しい．

鉄は767℃で磁性を失う．

地磁気とは，どんなものか

羅針盤が北を指すことからも明らかなように，地球の周囲は弱い磁場になっているので，これを地磁気という．地磁気の原因は，地球の内部に大きな永久磁石があるためと考えられてきたが，地球の内部は鉄などが熔けるほどの高温になっているので，磁性は消失しているはずである．

地磁気は，地球を取り巻いている荷電粒子の回転に伴って生じる電流や，地球の内部にあるマグマの原子が，高温のために電子とイオンに分かれ，それらが対流や地球の自転に伴う円形電流(次節参照)によって生じると考えられる．

地球磁場の強さは東京で$3×10^{-5}$ Wb/m²(＝0.3ガウス)である．

電流によって生じる磁場

電気と磁気とは長い間，無関係なものと考えられてきたが，19世紀のはじめ，電流の流れている導線の近くに方位磁石を置くと，磁針が振れることから，電流の周りには図23.3のように，導線を中心とする同心円状に磁場が生じていることが発見された．

この磁場を直線電流による磁場という．電流磁場の向きは，電流を右ねじの進む向きに流すとき，右ねじの回る向きに一致するので，これを「右ねじの法則」という．

直線電流による磁場の強さH [N/Wb]は，電流の大きさI [A]に比例し，導線からの距離a [m]に反比例することから，次式で表される．

$$H = \frac{I}{2\pi a} \tag{23.5}$$

一方，図23.4のような半径aの円形導線(コイル)に電流Iが流れているとき，円の中心における磁場の強さHは，次式で表される．

$$H = \frac{I}{2a} \tag{23.6}$$

【練習】 直径10 cmのコイルに1.0 Aの電流を流したとき，コイルの中心における磁場の強さを求めよ． [答] 10 A/m

さて，図23.5のように，円筒にコイルを一様に巻いたものをソレノイドという．コイルに電流が流れると，円電流磁場が重なるため，ソレノイ

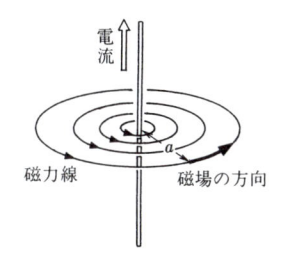

図23.3 直流電流による磁場

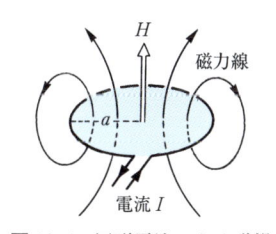

図23.4 円形電流による磁場

円電流磁場という．

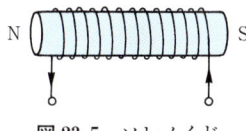

図23.5 ソレノイド

ドの内部では，軸方向に強い磁場ができる．ソレノイドの単位長さ当たりの巻き数を n [回/m] とすると，ソレノイド内部の磁場の強さ H は

$$H = nI \tag{23.7}$$

で表され，ソレノイドの半径には関係しない．

この式から，nI の電流は強さ H の磁場を作るので，電流と磁石が本質的に等価であることが分かる．電磁石はソレノイドの中に強磁性体を挿入したもので，その磁束密度は磁気誘導による磁場が加わるため，真空磁場より $10^3 \sim 10^4$ も高くなり，数 T にも達する．

【練習】長さ 10 cm のソレノイドにコイルを 400 回巻き，0.1 A の電流を流した．ソレノイド内部の磁場の強さを求めよ．［答］400 A/m

電磁力とは，どんなものか

図 23.6 のように，磁場の中に置いた導線に電流を流すと，導線は力を受けて矢印の向きに動く．この力を電流が磁場から受ける力という意味で，電磁力という．電磁力は，電流の流れている導線を一種の磁石と見なすと，磁石と電流磁石との間に働く力と解釈できる．モーターや電流計・電圧計，スピーカーなどは，この電磁力を利用したものである．モーターの原理を図 23.7 に示す．

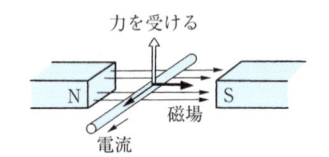

図 23.6 直流電流が磁場中で受ける力

実験によると，I [A] の電流が流れている長さ l [m] の導線を，強さ H [A/m] の磁場の中に磁場の方向と直角に置いたとき，導線が受ける力の大きさ F [N] は，次式で表される．B は磁束密度である．

$$F = \mu_0 H I l = B I l \tag{23.8}$$

なお，電流と磁場のなす角が θ のときは，F は次式で表される．

$$F = B I l \sin\theta \tag{23.9}$$

ところで，電磁力の向きは次のフレミングの左手の法則に従い，電流 I と磁場 H の方向に垂直になる．図 23.8 のように，左手の中指を I(電)，人さし指を H(磁)の向きにとると，親指が F(力)の向きになる．

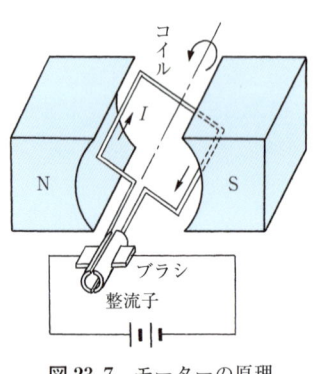

図 23.7 モーターの原理

さて，図 23.9 のように平行な導線に電流を流すと，一方の電流が作る磁場が他方の導線に作用するので，2 本の導線間には電磁力が働く．導線の長さを l [m]，電流を I [A]，両導線間の距離を a [m] とすると，2 線間に働く電磁力の大きさ F は，式(23.8)と式(23.5)から，

$$F = \mu_0 H_1 I_2 l = \mu_0 \frac{I_1}{2\pi a} I_2 l = \mu_0 \frac{I_1 I_2}{2\pi a} l \tag{23.10}$$

で表される．フレミングの左手の法則から分かるように，両電流の向きが同じなら，2 線間には引力が働き，逆向きなら反発力が働く．

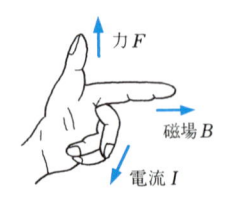

図 23.8 フレミングの左手の法則

23. 磁気と電流の磁気作用

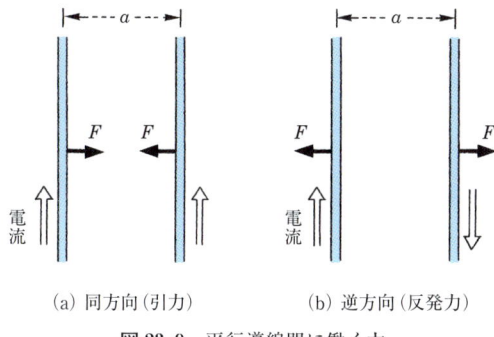

(a) 同方向(引力)   (b) 逆方向(反発力)

図 23.9 平行導線間に働く力

【例題】0.2 A の電流が流れている導線が，磁束密度 5.0 Wb/m² の磁場の中に，磁場と 30° の向きに置かれている．導線の長さ 0.1 m の部分に働く電磁力を求めよ．
[解答] 式(23.9)より，$F = BIl \sin\theta = 5.0 \times 0.2 \times 0.1 \times 0.5 = 0.05$ N

ローレンツ力とは，どんなものか

上述のように，電流は磁場から力を受けるので，運動している電子も磁場から図 23.10 のような力を受けるはずである．運動している電子が磁場から受ける力は，ローレンツ力と呼ばれ，本質的には電磁力と同じである．ローレンツ力は，導線中を流れる個々の電子が磁場から受ける力の総和に等しいと考えると，次のようにして導くことができる．

導線の断面積を S，その単位体積当たりの電子の数を n，電子の平均の速さを v，電荷を e とすると，導線を流れる電流 I は式(21.2)に示したように，$I = envS$ で表されるので，これを式(23.8)に代入すると，ローレンツ力は $F = BenvSl$ となるが，nSl は，導線中の電子の総数なので，1個の電子が受ける力の大きさ f [N] は，次式で表される．

$$f = \frac{BIl}{nSl} = \frac{BenvSl}{nSl} = evB \tag{23.11}$$

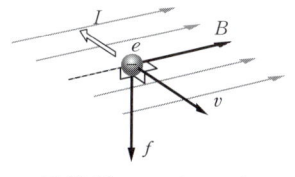

図 23.10 ローレンツ力

ローレンツ力は電子だけでなく，あらゆる荷電粒子に働く．荷電粒子の電荷を q [C] とすると，ローレンツ力の大きさは，$f = qvB$ で表される．

静止している電荷は，電場から力を受けるが，磁場からは何も受けない．しかし運動している電荷は，このように磁場からも力を受ける．

サイクロトロン運動とは，どんなものか

荷電粒子が真空中を飛んでいるとき，これに垂直磁場をかけると，荷電粒子はローレンツ力によって絶えず曲げられるので，図 23.11 のような円運動をする．

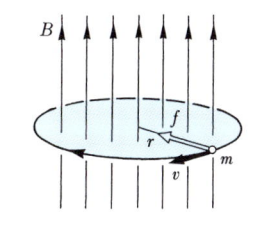

図 23.11 荷電粒子のサイクロトロン運動

いま，荷電粒子の質量を m，電荷を q，速度を v，磁場の磁束密度を B とすると，荷電粒子は絶えず，進行方向に直角なローレンツ力を受けるので，これを向心力として，$qvB = mv^2/r$ を満たすような，半径 r の等速円運動をする．

したがって荷電粒子は，次式のように m と v に比例した半径を画く．

$$r = \frac{mv}{qB} \tag{23.12}$$

一方，円運動の周期 T は次式のように，v と r に関係なく一定になる．

$$T = \frac{2\pi r}{v} = \frac{2\pi m}{qB} \tag{23.13}$$

この種の等速円運動をサイクロトロン運動という．

サイクロトロンは荷電粒子を高周波電圧で周期的に加速して，高エネルギーを与える装置であり，原子核の研究に広く使われている．

章末問題

問1 2.0 A の直線電流から，0.16 m 離れた点の磁場の強さを求めよ．

問2 半径 5.0 cm に 10 回巻きの円形コイルに 0.50 A の電流を流した．中心の磁場の強さを求めよ．

問3 強さ 2.0×10^2 A/m の磁場に，長さ 0.10 m の導線を垂直に置き，4.0 A の電流を流した．真空の透磁率を $\mu_0 = 4\pi \times 10^{-7}$ として，導線に働く電磁力を求めよ．

問4 長さ 30 cm の円筒に，コイルを 1200 回巻いたソレノイドに 1.0 A の電流を流した．内部の磁束密度を求めよ．

問5 磁束密度 5.0×10^{-4} Wb/m^2 の磁場の中に，質量 9.1×10^{-31} kg，電荷 1.6×10^{-19} C の粒子が 2.0×10^6 m/s の速さで垂直に入射した．① 粒子に働くローレンツ力を求めよ．② 円運動の半径を求めよ．

24 電磁誘導とは，何だろう

◆◆・ 電磁誘導とは，どんなものか ・◆◆

電流が磁場を作る現象に刺激を受けたファラデーは，逆に磁場から電流を作る方法を研究し，1831年に電磁誘導の現象・法則を発見した．

図24.1(a)のように，コイルと電流計をつないだ回路に，磁石を近づけたり遠ざけたりすると，コイルに電流が流れる．電流は磁石の磁場が強く，磁石の動きが速いほど大きくなる．

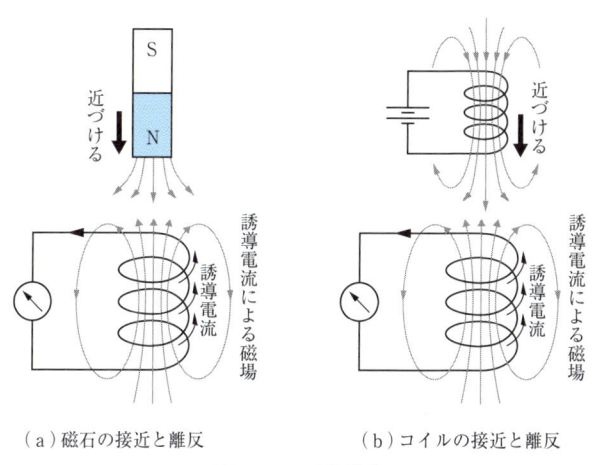

(a) 磁石の接近と離反　　(b) コイルの接近と離反
図24.1　電磁誘導

一方，電流の向きは，磁石を近づける場合と遠ざける場合では逆になり，また磁石のN極をS極に代えると逆になる．さらに運動の相対性から，磁石を固定してコイルを動かしても，コイルには電流が流れる．

このように，電気を磁気から作る(誘導する)現象を電磁誘導と呼び，生じた電流と起電力を誘導電流，および誘導起電力という．電磁誘導は同図(b)のように，磁石の代わりに，電流の流れている別のコイルを近づけたり，遠ざけても起こる．

いずれにしても，電磁誘導の発見によって，高電圧・大電流の大電力が得られるようになった．電磁誘導の発見は，まさに火の発見に次ぐ大発見であり，この発見なしには，今日の科学技術文明は開花しなかったであろう．

さらに，電磁誘導は図24.2のように，上側のコイルを動かす代わりに，

電磁誘導は，発電機やトランス(変圧器)，テープレコーダー，電磁調理器(IH)などに広く利用されている．

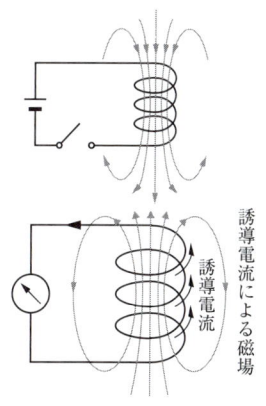

図24.2　電流(磁束)の変化による電磁誘導

その電流の大きさや向きを変化させるだけでも起こる．

ところで，磁束密度 B [Wb/m^2] の磁場に面積 S [m^2] のコイルを置くと，コイルを貫く磁力線の総数 $\varPhi$ [Wb] は次式で表され，$\varPhi$ を磁束という．

$$\varPhi = BS \tag{24.1}$$

ファラデーの実験結果によると，電磁誘導はコイルを貫く磁束が変化するために起こり，誘導起電力 V [V] は磁束 $\varPhi$ の時間的変化率 $d\varPhi/dt$ に等しく，次式で表される．

$$V = -\frac{d\varPhi}{dt} \tag{24.2}$$

これをファラデーの電磁誘導の法則と呼んでいる．コイルの巻き数が N 回であれば，誘導起電力は式(24.2)の N 倍になる．

$$V = -N\frac{d\varPhi}{dt} \tag{24.3}$$

電磁誘導によって生じた誘導電流は，新たな磁場を作る．誘導電流の向きに関しては，レンツが詳しく研究を行い，『誘導電流は，コイルを貫く磁束の変化を妨げる向きに流れる．』ことを発見した．これをレンツの法則と呼んでいる．

図 24.1 の例では，N 極を近づけると，コイルの中の磁束が増大するので，誘導電流はそれを減らすような向きに生じ，逆に N 極を遠ざけると，コイルの中の磁束が減少するので，それを増やすような向きに生じる．誘導電流による磁場の向きは，図 24.3(b)の「右手の法則」で確認できる．

> 【例題】5.0 Wb の磁束がコイル面を垂直に貫いている．磁束を 0.01 秒間に 0 にするとき，コイルに生じる誘導起電力を求めよ．
>
> ［解答］式(24.2)より，$V = \dfrac{\Delta \varPhi}{\Delta t} = \dfrac{5.0}{0.01} = 500$ V

> 磁場が静止した電荷からは生じないのと同じように，誘導電流も，静止した磁場からは生じない．

> レンツの法則は，力学の「慣性の法則」に相当する．

> 式(24.3)の－符号は，誘導起電力が磁束の変化を妨げる向きに生じることを意味している．

磁場の中で導体を動かすと，何 V の起電力が生ずるか

図 24.3(a)のように，磁場の中で磁力線を横切るように導体を動かしても，導体には誘導起電力が発生する．

まず，磁束密度 B の垂直磁場内に U 字型の導線を置き，これに接触しながら，長さ l [m] の導体 ab を速さ v [m/s] で右に動かすと，回路を貫く磁束が増大するので，導体には起電力が生じるが，導体の移動距離を x とすると，回路を貫く磁束は $\varPhi = BS = Blx$ なので，誘導起電力の大きさ

24. 電磁誘導とは，何だろう

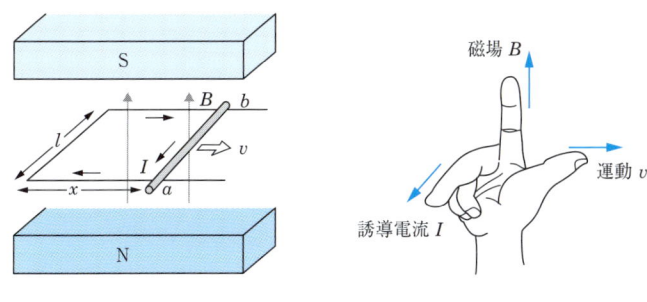

(a) 磁場中で動く導線　　(b) フレミングの右手の法則

図 24.3 磁場を横切る導線に生じる誘導起電力

V [V] は，式 (24.2) より次式で表される．

$$V = \frac{d\Phi}{dt} = \frac{d(Blx)}{dt} = \frac{Bl\,dx}{dt} = Blv \tag{24.4}$$

誘導電流 I の向きは同図 (b) のように，人差し指を磁場 B，親指を導体の運動速度 v の向きにとると，中指の向きになる．これをフレミングの右手の法則という．

ところで，式 (24.4) は次のようにして，導体中の自由電子に働くローレンツ力からも導くことができる．

まず，導体を速さ v で右に動かすと，導体内の自由電子も一緒に動くので，電荷 e の自由電子には，a→b 向きのローレンツ力が働く．そのため，導体の b 端には電子が集まるので－電位に，a 端には電子が不足するので＋電位になり，導体内には a→b 向きの電場 E が生じる．

一方，自由電子はローレンツ力 evB と逆向きに，この電場からも静電気力 eE を受けるので，ローレンツ力と静電気力が釣り合うまで移動する．したがって，次の関係が成り立つ．

$$evB = eE \quad \therefore \quad E = vB$$

この電場 E が長さ l の導体内に生じるので，ab 間の電位差 V は，$V = El = vBl$ で表され，式 (24.4) に一致する．

さらにまた，式 (24.4) は次のようにして，エネルギー保存則からも導くことができる．

まず，導体を速さ v で右に動かすと，導体 ab には，矢印の向きに強さ I の誘導電流が流れるので，導体は磁場から左向きの電磁力 BIl を受ける．そのため，導体を一定の速さ v で動かすには，これに打ち勝つような外力を右向きに加え続けねばならない．この外力のする仕事率 P [W] は，

$$P = Fv = (BIl)v = (Blv)I = VI \tag{24.5}$$

で表される．したがって，単位時間当たりに加えた力学的エネルギー Fv は，電気エネルギー VI に変換されることが分かる．

【練習】磁束密度 5.0×10^{-2} Wb/m² の一様な磁場の中で，長さ 0.20 m の導線を磁場と垂直に 3.0 m/s の速さで動かすとき，導線の両端に生じる誘導起電力を求めよ． ［答］30 mV

自己誘導とは，どんなことか

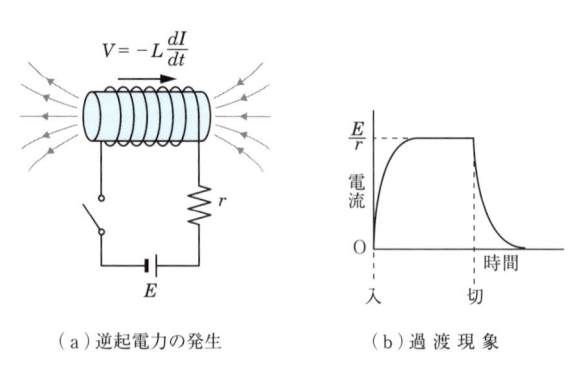

（a）逆起電力の発生　　（b）過渡現象

図 24.4　自己誘導

　図 24.4(a) の回路で，スイッチを閉じても，すぐには電流 I は一定の値（$=E/R$）にはならず，同図 (b) のように徐々に増大していく．これは，電流が流れ始めると，コイルを貫く磁束が増加しようとするので，それを打ち消す向きに，コイル自身に誘導起電力が生じるからである．

　また，スイッチを切るときは，コイルを貫く磁束が急に減少するのを打ち消す向きに，コイル自身に誘導起電力が生じるので，すぐには電流は 0 にはならず，同図 (b) のように徐々に減少していく．このように，コイルに流れる電流が変化すると，コイル自身に誘導起電力が生じる現象を自己誘導という．

　コイルを貫く磁束 Φ は電流 I に比例するので，比例係数を L とすると，
$$\Phi = LI \tag{24.6}$$
で表される．したがって，誘導起電力 V [V] は式 (24.2) より，
$$V = -\frac{d\Phi}{dt} = -\frac{d(LI)}{dt} = -L\frac{dI}{dt} \tag{24.7}$$
で表される．L は自己インダクタンス（自己誘導係数）と呼ばれ，その単位には H（ヘンリー）を用いる．電流が 1 秒間に 1 A 変化したとき，1 V の誘導起電力が生じるような自己インダクタンスが 1 H である．

> 自己誘導による起電力は，電流の変化を妨げる向きに生じるので，逆起電力ともいう．

> 図 (b) のように徐々に増大，または減少していく現象を過渡現象という．

【練習】自己誘導係数が 20 H のコイルに流れる電流が，0.1 秒間に 3.0×10^{-2} A 変化した．生じる誘導起電力を求めよ． ［答］6.0 V

ところで，自己インダクタンス L は，次のようにして理論的に求められる．コイルの単位長さ当たりの巻き数を n [回/m]，断面積を S [m^2]，その中に挿入している鉄心の透磁率を μ とすると，コイルを貫く磁束 Φ は，式(24.1)に式(23.4)と(23.7)を代入すると，次式で表される．

$$\Phi = BS = \mu HS = \mu nIS \tag{24.8}$$

さらに，コイルの長さを l [m] とすると，コイルの巻き数 N は nl に等しいので，式(24.3)に式(24.8)と $N = nl$ を代入すると，次式を得る．

$$V = -N\frac{d\Phi}{dt} = -N\mu S\frac{dI}{dt} = -nl\mu nS\frac{dI}{dt} \tag{24.9}$$

この式を式(24.7)と比較すると，自己インダクタンスは次式で表される．

$$L = \mu n^2 lS = \frac{\mu N^2 S}{l} \tag{24.10}$$

さて，図24.5に示す電気回路で，スイッチを切ると一瞬，ランプが明るく輝くが，これは自己誘導により，コイル内の磁場が消滅するのを妨げる向きに，その両端に起電力が生じて，コイルからランプへ誘導電流が流れるためである．

ところでコンデンサーの電場には，第20章で学んだように，$CV^2/2$ のエネルギーが蓄えられている．これと同じくコイルの磁場には，$LI^2/2$ のエネルギーが蓄えられている．ランプが輝くのは，そのコイルに蓄えられていた磁場のエネルギーが，電流に転換されたためである．

自己インダクタンス L は，コイルの巻き数を多くしたり，中に鉄心を入れたりけると，大きくなる．

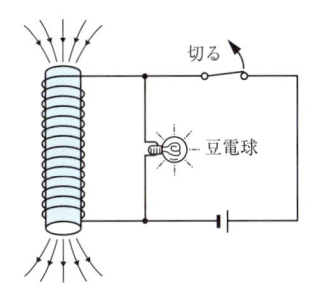

図 24.5 コイルに蓄えられるエネルギー

電気器具のスイッチを切る際に，スイッチから小さな火花が飛ぶのも，電気回路の自己誘導のためである．蛍光灯も放電開始(点灯)には，この自己誘導によって生じた高電圧を利用している．

◆◇◆ 相互誘導とは，どんなことか ◆◇◆

図24.6のように，巻き数がそれぞれ N_1, N_2 の二つのコイル L_1, L_2 を，コイル L_1 に流れる電流 I_1 の作る磁束が，コイル L_2 を貫くように近づけておくと，L_1 の電流変化によって，L_2 に誘導起電力 V_2 が生じる．この現象を相互誘導と呼び，これも電磁誘導の一種である．

ところで，コイル L_2 を貫く磁束 Φ_2 は I_1 に比例するので，比例係数を M とすると，$\Phi_2 = MI_1$ となる．したがって，相互誘導による起電力 V_2 は，次式で表される．

$$V_2 = -N_2\frac{d\Phi_2}{dt} = -M\frac{dI_1}{dt} \tag{24.11}$$

逆にコイル L_2 の電流変化も，コイル L_1 に誘導起電力 V_1 を生じるので，

$$V_1 = -N_1\frac{d\Phi_1}{dt} = -M\frac{dI_2}{dt} \tag{24.12}$$

が成り立つ．M は相互インダクタンスと呼ばれ，二つのコイルの磁気的結び付きの程度を表す．単位には，L と同じくヘンリーを用いる．M はコイルの巻き数や長さ，断面積だけでなく，両コイルの幾何学的配置具合

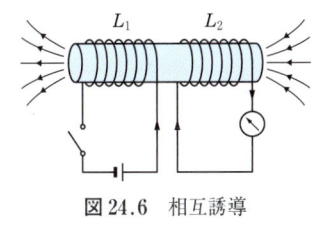

図 24.6 相互誘導

エンジンの点火プラグの電極間には，点火コイルの相互誘導により，数千 V の高電圧が生じるので，火花放電が起こる．エンジンは，この火花によって気体燃料に引火・爆発させている．

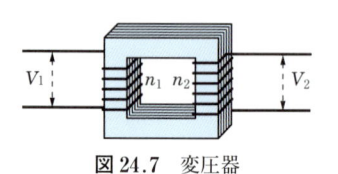

に関係する．

トランス(変圧器)は，この相互誘導を利用して，コイル L_2 に誘起する電圧 V_2 を自由に変圧できるようにしたものである．変圧器は図 24.7 のように，1 次コイル L_1 と 2 次コイル L_2 が共通の鉄心に巻かれているので，相互インダクタンス M は大きくなる．変圧器では，2 つのコイルを貫く磁束 Φ が共通なので，式(24.11)と(24.12)より次式が得られる．

$$\frac{V_2}{V_1} = \frac{N_2}{N_1} = \frac{I_1}{I_2} \tag{24.13}$$

この式から，1 次側と 2 次側の電圧比 V_2/V_1 は，巻き数比 N_2/N_1 に等しいことが分かる．さらに，V_2/V_1 は I_1/I_2 に等しいので，$V_1 I_1 = V_2 I_2$ が成り立ち，1 次側の電力は 2 次側に転換されることが分かる．

図 24.7 変圧器

【練習】1 次側の巻き数が 2000 のトランスを使って，交流 100 V の電源から 2 V の電圧を取り出したい．2 次側の巻き数を求めよ．

［答］40

章末問題

問 1 面積が $0.16\,\mathrm{m}^2$ の円形コイルが，$B = 0.15\,\mathrm{T}$ の磁場に垂直に置かれている．① 円形コイルを貫く磁束を求めよ．② この磁場が 0.01 秒間に 0 になった．生じた誘導起電力を求めよ．

問 2 翼の両端の長さが 40 m の飛行機が，地磁気の磁束密度が $3.0 \times 10^{-5}\,\mathrm{Wb/m}^2$ の上空を，速さ $3.0 \times 10^2\,\mathrm{m/s}$ で水平に飛んでいる．翼の両端に生じる誘導起電力を求めよ．

問 3 図に示す回路のスイッチ S を入れて，0.01 秒後における電流が 100 mA で，コイルの両端に生じた誘導起電力が 200 V であった．コイルの自己インダクタンスを求めよ．

問 4 コイル a を流れる電流が 0.01 秒間に，3 A から 5 A に変化したとき，コイル b の両端に 8 V の電圧が誘起した．ab コイル間の相互インダクタンスを求めよ．

問 5 1 次側の巻き数が 5000，2 次側の巻き数が 500 のトランスがある．① 1 次側に 100 V の交流をかけるとき，2 次側に誘起する電圧を求めよ．② 1 次側に 0.1 A の電流が流れるとき，2 次側に流れる電流の大きさを求めよ．

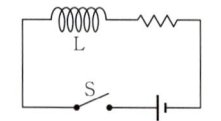

25 交流とは,何だろう

◆◆◆ 交流発電機の原理は,どうなっているか ◆◆◆

　発電所から家庭や工場に供給されている電気は交流である.図 25.1 のように,交流は電圧・電流の値と向き(＋,－)が,時間とともに周期的に変わる.＋と－が1秒間に変わる回数を周波数(frequency)という.

　交流の周波数は,東日本では 50 Hz,西日本では 60 Hz であるが,いずれも家庭用の交流電圧は 100 V で,産業用の電圧は 200 V である.東海道新幹線には 25,000 V,60 Hz の交流が使われている.

> 周波数は振動数と同じ意味であるが,電気では周波数と呼ぶ.
> 周波数が東日本と西日本とで異なるのは,東京電力がドイツから 50 Hz の交流発電機を輸入した後,それに対抗して,関西電力がアメリカから 60 Hz 交流発電機を輸入したためである.
> この歴史的失敗が,現在も東西間の電力の相互融通のガンになっている.

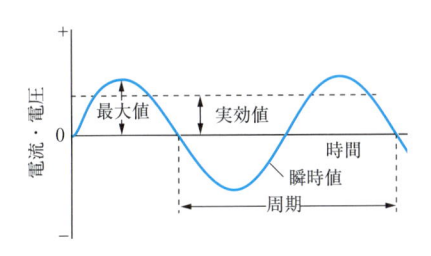

図 25.1 交流

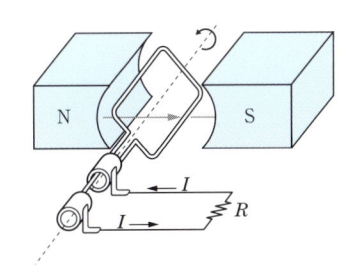

図 25.2 交流発電機の原理

　交流発電機の仕組みを図 25.2 に示す.磁場の中でコイルを回転させると,コイルを貫く磁束が変化するので,コイルには誘導起電力が生じる.その起電力を,コイルの両端の円環に接触しているブラシを通して,外部に取り出すようになっている.

　発電機の磁束密度を B [Wb/m^2],コイルの面積を S [m^2],コイル面と磁場のなす角を θ,回転の角速度を ω とし,コイル面が磁場に垂直になるときの時刻を 0 とすると,時刻 t [s] にコイルを貫く磁束 Φ [Wb] は,

$$\Phi = BS\cos\theta = BS\cos\omega t \tag{25.1}$$

で表される.したがって,コイルの巻き数を N とすると,誘導起電力は式(24.3)より次式で表され,正弦波を画く.時々刻々と変化する V を瞬時値,V_0 を最大値という.最大値 V_0 は N,B,S,ω に比例する.

$$V = -N\frac{d\Phi}{dt} = NBS\omega\sin\omega t = V_0\sin\omega t \tag{25.2}$$

　交流の周波数 f [Hz] は,発電機の回転数 n [s^{-1}] にほかならないので,角速度は $\omega = 2\pi n = 2\pi f$ で表される.そのため,ω を角周波数という.

> コイルを回転させるのに,ダムの水の位置エネルギーを利用したものが水力発電で,高温水蒸気の運動エネルギーを利用したものが,化石燃料による火力発電やウランによる原子力発電である.

> 交流の周期 T [s] は,コイルの1回転に要する時間であるから,$T = 1/f$ が成り立つ.なお,交流式の電気時計やテープレコーダーは,電源の周波数が違うと,モーターの回転数が異なる.

◆·◆ 交流の実効値とは、どんなことか ◆·◆

交流の電圧・電流の大きさを表すには、最大値の V_0, I_0 ではなく、次式の実効値 (effective value) V_e, I_e を用いる.

$$V_e = \frac{V_0}{\sqrt{2}}, \quad I_e = \frac{I_0}{\sqrt{2}} \tag{25.3}$$

交流の電圧・電流は周期的に変動するので、1 周期にわたる平均値は 0 になる. そこで電圧・電流の平均の大きさは、分子運動論の 2 乗平均速度と同じように、瞬時値の 2 乗の平均値の平方根をとった値で表している. その値が実効値である. 交流の電圧計・電流計は、この実効値を示す.

抵抗 R に $V_0 \sin \omega t$ の電圧を加えると、$I = (V_0/R) \sin \omega t = I_0 \sin \omega t$ の電流が流れるので、抵抗 R に生じるジュール熱 P は、式 (22.3) より、$P = I^2 R = I_0^2 R \sin^2 \omega t = I_0^2 R (1 - \cos 2\omega t)/2$ で表され、図 25.3 のように変動する. そこで、これを 1 周期にわたって平均すると、第 2 項の $\cos 2\omega t$ の変動項は 0 になるので、電力の平均値 $\overline{P}$ は

$$\overline{P} = \frac{I_0^2 R}{2} \langle 1 - \overline{\cos 2\omega t} \rangle = \frac{I_0^2 R}{2} = \left(\frac{I_0}{\sqrt{2}}\right)^2 R = I_e^2 R$$

となる. 式 (25.3) で与えられる I_e は、直流と実効的に同じジュール熱を発生するので、これを実効値という. 電圧についても同様である.

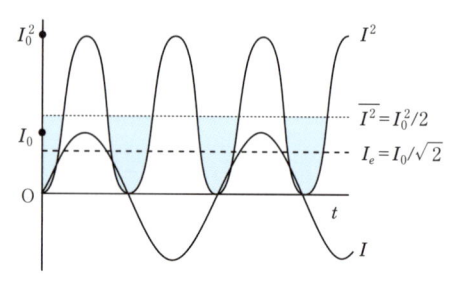

図 25.3 交流の実効値

【練習】家庭用の交流電圧は、実効値が 100 V である. 最大値は何 V か. ［答］141 V

◆·◆ コンデンサーに交流電圧を加えると、どんな電流が流れるか ◆·◆

コンデンサーに直流電圧を加えても、電流が流れるのは、充電のときだけで、極板間の抵抗が高いので、充電された後は流れない. しかし、コン

25. 交流とは，何だろう

デンサーに交流電圧を加えると，図25.4(a)のように，電圧の変化に伴ってコンデンサーの充電・放電が周期的に起こるので，向きが交互に入れ替わる電流が導線を流れることになる．

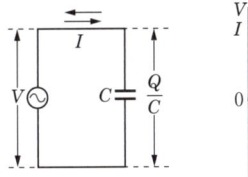

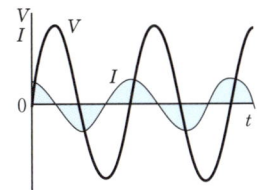

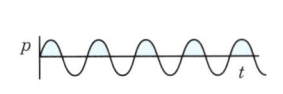

(a) 電圧と電流　　　　　(b) 電　力

図25.4　コンデンサーを流れる交流の位相

いま，容量 C のコンデンサーに $V = V_0 \sin \omega t$ の電圧を加えると，コンデンサーに蓄えられる電気量は，$Q = CV = CV_0 \sin \omega t$ となる．電圧の変化に伴って電気量 Q も変化するので，流れる電流は次式で表される．

$$I = \frac{dQ}{dt} = CV_0 \frac{d \sin \omega t}{dt} = \omega C V_0 \cos \omega t = I_0 \sin\left(\omega t + \frac{\pi}{2}\right) \quad (25.4)$$

この式から，電流の位相は同図(a)のように，電圧より $\pi/2$ だけ進むことが分かる．$1/\omega C$ は $I_0 = \omega C V_0$ より分かるように，交流に対する抵抗に相当するので，これをコンデンサーのリアクタンスと呼び，

$$X_c = \frac{1}{\omega C} \quad (25.5)$$

で表す．V_e と I_e と X_c の相互関係は，次式で表される．

$$I_e = \frac{V_e}{X_c} \quad (25.6)$$

リアクタンス X_c の単位は，抵抗の単位と同じく，オーム[Ω]である．

コンデンサーは，ω が高くなるほど X_c が小さくなるので，逆に電流は流れやすくなる．直流は周波数が0なので，電流は流れない．

【例題】電圧の実効値が100Vで，周波数が60Hzの交流電源に2.0μFのコンデンサーをつないだとき，流れる電流を求めよ．

[解答] 式(25.5)より，$X_c = \frac{1}{\omega C} = \frac{1}{2\pi \times 60 \times 2.0 \times 10^{-6}}$．∴ 電流は式(25.6)より，$I_e = \frac{V_e}{X_c} = 100 \times (2\pi \times 60 \times 2.0 \times 10^{-6}) = 7.5 \times 10^{-2}$ A

コイルに交流電圧を加えると，どんな電流が流れるか

図25.5のように，コイルに交流が流れると，コイルには電流の変化に

逆らう自己誘導起電力が生じるので，コイルは交流に対して一種の抵抗の働きをする．そのため，電流は直流に比べて流れにくくなる．

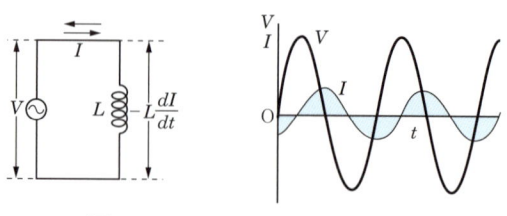

図 25.5 コイルを流れる交流の位相

いま，インダクタンス L のコイルに $V = V_0 \sin \omega t$ の電圧を加えると，コイルには電流の変化に逆らう自己誘導起電力が生じるので，キルヒホッフの第 2 法則より，$V - L(dI/dt) = 0$ が成り立つ．したがって，この微分方程式を次のようにして解くと，流れる電流 I は式(25.7)で表される．

$$\therefore \ L\frac{dI}{dt} = V_0 \sin \omega t \quad \therefore \ \frac{dI}{dt} = \frac{V_0}{L} \sin \omega t$$

$$\therefore \ I = \frac{V_0}{L} \int \sin \omega t \, dt = -\frac{V_0}{\omega L} \cos \omega t$$

$$= \frac{V_0}{\omega L} \sin\left(\omega t - \frac{\pi}{2}\right) = I_0 \sin\left(\omega t - \frac{\pi}{2}\right) \tag{25.7}$$

この式から，電流の位相は同図のように，電圧より $\pi/2$ だけ遅れることが分かる．ωL は $I_0 = V_0/\omega L$ より分かるように，交流に対する抵抗に相当するので，これをコイルのリアクタンスと呼び，次式で表す．

$$X_L = \omega L \tag{25.8}$$

コイルのリアクタンス X_L は周波数が高くなるほど大きくなるので，それに伴って電流 $I_e (= V_e/X_L)$ は流れにくくなる．

逆起電力が最も大きくなるのは，同図では電流変化の最も激しいとき，つまり電流が 0 のときである．このことから，電流の位相が電圧より $\pi/2$ だけ遅れることが分かる．

リアクタンス X_L の単位も，Ω で表す．

【練習】電圧の実効値が $3.0\,\mathrm{V}$ で，周波数が $50\,\mathrm{Hz}$ の交流電源に $5.0 \times 10^{-2}\,\mathrm{H}$ のコイルをつないだとき，流れる電流を求めよ．

[答] $1.9 \times 10^{-1}\,\mathrm{A}$

◆◆◆ R, L, C からなる交流回路には，どんな電流が流れるか ◆◆◆

図 25.6 のように，抵抗 R，インダクタンス L，コンデンサー C を直列につないだ回路に交流電圧を加えたとき，R, L, C の両端の電圧 V_R, V_L, V_C と流れる電流 I との関係を調べてみよう．

R, L, C には同一電流が流れるので，電流 I を位相の基準にとると，

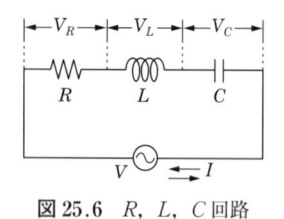

図 25.6 R, L, C 回路

25. 交流とは，何だろう

V_R は I と同位相であるが，V_L は I より $\pi/2$ だけ進み，V_C は逆に I より $\pi/2$ だけ遅れることになる．したがって，流れる電流を $I = I_0 \sin\omega t$ とすると，両端の電圧はそれぞれ次式で表される．

$$V_R = I_0 R \sin\omega t, \quad V_L = I_0 \omega L \sin\left(\omega t + \frac{\pi}{2}\right), \quad V_C = \frac{I_0}{\omega C} \sin\left(\omega t - \frac{\pi}{2}\right)$$

電圧の瞬時値については，キルヒホッフの第2法則が成り立つので，全体にかかる電圧を V とすると，$V = V_R + V_L + V_C$ となるが，最大値と実効値については，位相差があるため加成性は成り立たない．

$$V \neq V_{0R} + V_{0L} + V_{0C}, \quad V_e \neq V_{eR} + V_{eL} + V_{eC}$$

そこで，各電圧の位相差を考慮した実効値を図 25.7(a) にベクトル表示した．V_{eL} と V_{eC} は互いに打ち消し合うので，各電圧のベクトル和 V_e は三平方の定理により，次式で表される．

(a) 電圧・電流の位相　　(b) インピーダンス

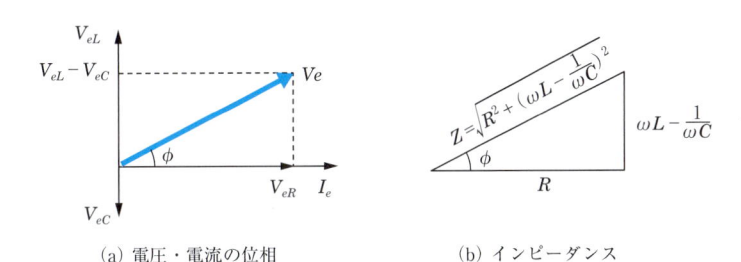

図 25.7 交流回路の電圧・電流とインピーダンス

$$V_e = \sqrt{V_{eR}^2 + (V_{eL} - V_{eC})^2} = \sqrt{(I_e R)^2 + \left(I_e \omega L - \frac{I_e}{\omega C}\right)^2}$$

$$= I_e \sqrt{R^2 + \left(\omega L - \frac{1}{\omega C}\right)^2} = I_e Z \qquad (25.9)$$

Z はインピーダンスと呼ばれ，交流に対する抵抗を意味し，同図(b)からも分かるように，次式で表される．

インピーダンス Z の単位も，Ω で表す．

$$Z = \sqrt{R^2 + \left(\omega L - \frac{1}{\omega C}\right)^2} \qquad (25.10)$$

さらに，全体にかかる電圧 V と電流 I の位相差を ϕ とすると，

$$\tan\phi = \frac{\omega L - (1/\omega C)}{R}, \quad \cos\phi = \frac{R}{Z} \qquad (25.11)$$

が成り立つので，全体にかかる電圧は $V = V_0 \sin(\omega t + \phi)$ となり，位相が ϕ だけ電流 I より進むことになる．したがって，電圧 V を位相の基準にとり，R，L，C の直列回路に $V = V_0 \sin\omega t$ の電圧を加えると，回路に流れる電流は次式で表される．

$$I = \frac{V_0}{\sqrt{R^2 + \left(\omega L - \frac{1}{\omega C}\right)^2}} \sin(\omega t - \phi) = I_0 \sin(\omega t - \phi) \qquad (25.12)$$

> 式(25.13)は次のようにしても求められる．R, L, C の直列回路では，キルヒホッフの第2法則より，$L(dI/dt) + RI + Q/C = V_0 \sin\omega t$ が成り立つので，これをさらに t で微分すると，次式が得られる．
>
> $$L\frac{d^2I}{dt^2} + R\frac{dI}{dt} + \frac{I}{C} = V_0\omega\cos\omega t$$
>
> この微分方程式の一般解を $I = I_0\sin(\omega t - \phi)$ として上式に代入して，I_0 と ϕ を求めると，式(25.12)と(25.11)が得られる．

【練習】自己インダクタンス 10 H のコイルがある．50 Hz および 60 Hz の交流に対するリアクタンスを求めよ．

[答] $3.1\times 10^3\,\Omega$, $3.8\times 10^3\,\Omega$

◆◆◆ 交流の電力は，どのように表されるか ◆◆◆

交流の電力も直流の電力と同じように，電圧と電流の積で表されるが，電圧と電流が絶えず変化するので，電力も図25.8のように時間とともに変化する．そこで交流の電力は，その瞬時値の1周期についての平均値で表す．いま，電圧と電流をそれぞれ $V = V_0\sin\omega t$，$I = I_0\sin(\omega t - \phi)$ とすると，電力の瞬時値 P は，$P = VI = V_0 I_0 \sin\omega t \sin(\omega t - \phi)$ で表されるので，これに三角関数の公式

$$2\sin A \sin B = \cos(A - B) - \cos(A + B)$$

を適用して積を和に直すと，次式が得られる．

$$P = \frac{V_0 I_0}{2}\{\cos\phi - \cos(2\omega t - \phi)\}$$

そこで，これを1周期にわたって平均すると，第2項の $\cos(2\omega t - \phi)$ は0になるので，電力の平均値 $\overline{P}$ [W] は次式で表される．

$$\overline{P} = \frac{V_0 I_0}{2}\cos\phi = V_e I_e \cos\phi \tag{25.13}$$

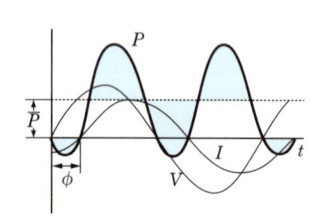

図 25.8 交流の電力

このように，交流の電力は電圧と電流の位相差 ϕ にも関係する．$\cos\phi$ ($= R/Z$) を力率と呼び，%で表す．コイルやコンデンサーだけからなる回路では，$\phi = \pi/2$ なので，力率は0になり，電力は消費されない．

例えば，コンデンサーだけの回路に交流電圧を加えると，電流は流れるが，電力は図25.4(b)のように，＋と－が等量になるので，全体としては消費されない．電力が＋のときは，電流は電源からコンデンサーへ流れ，静電エネルギーとしてコンデンサーに蓄えられる．

しかし，電力が－のときは，電流はコンデンサーから電源へ流れ，コンデンサーに蓄えられていた静電エネルギー $(1/2)CV^2$ は，電気エネルギー

VI として電源に返される．このように，コンデンサーは，電場の静電エネルギーと電気エネルギーを 1/4 周期ごとに交換しているに過ぎないので，エネルギーは消費しない．コイルについても，同じことがいえる．

電力の成分の $V_e I_e \sin\phi$ は，電流が流れていても電力にはならないので，これを無効電力という．

> 【例題】$R = 30\,\Omega$ の抵抗とリアクタンス $X_L = 40\,\Omega$ のコイルを直列につなぎ，実効値 200 V の交流電圧をかけたときの消費電力を求めよ．
>
> [解答] 式 (25.10) より，$Z = \sqrt{R^2 + (\omega L)^2} = \sqrt{30^2 + 40^2} = 50\,\Omega$，電流は $I_e = V_e/Z = 200/50 = 4\,\text{A}$，力率は $\cos\phi = R/Z = 30/50 = 0.6$，∴ 消費電力 $\overline{P}$ は式 (25.14) より，$\overline{P} = V_e I_e \cos\phi = 200 \times 4 \times 0.6 = 480\,\text{W}$

章末問題

問1 図 25.2 のような交流発電機がある．面積 $0.10\,\text{m}^2$，巻き数 100 のコイルを磁束密度 1.0 T の磁場の中で，1 秒間に 50 回転させるとき，起電力の最大値を求めよ．

問2 右図の回路に 2.0 A の交流を流した．ab 間，bc 間，cd 間，ad 間の電圧の実効値を求めよ．

問3 電圧が 100 V，周波数が 50 Hz の交流電源に，自己インダクタンス $L = 2\,\text{H}$，$R = 100\,\Omega$ のコイルをつないだとき，流れる電流を求めよ．

問4 直流に対する電気抵抗が $12.56 (\fallingdotseq 4\pi)\,\Omega$ のコイルに，周波数が 50 Hz の交流を流したところ，電気抵抗が $15.70 (\fallingdotseq 5\pi)\,\Omega$ になった．コイルの自己インダクタンス L を求めよ．

問5 $R(=4\,\Omega)$，L，C の直列回路に 100 V，60 Hz の交流電圧をかけたところ，コイルのリアクタンスが $5\,\Omega$，コンデンサーのリアクタンスが $8\,\Omega$ になった．① インダクタンス，② 容量，③ インピーダンス，④ 電流，⑤ 力率，⑥ 消費電力を求めよ．

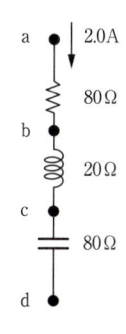

26 電磁波とは，何だろう

◆◆◆ 電気振動とは，どんなことか ◆◆◆

電磁波とは図 26.1 のように，電波，赤外線，紫外線，光，X 線，γ 線の総称であり，電場と磁場を伴った波動である．その中の電波は，図 26.2 のような LC 回路で電気振動を起こさせて発生させる．

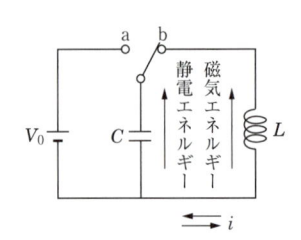

図 26.2 電気振動

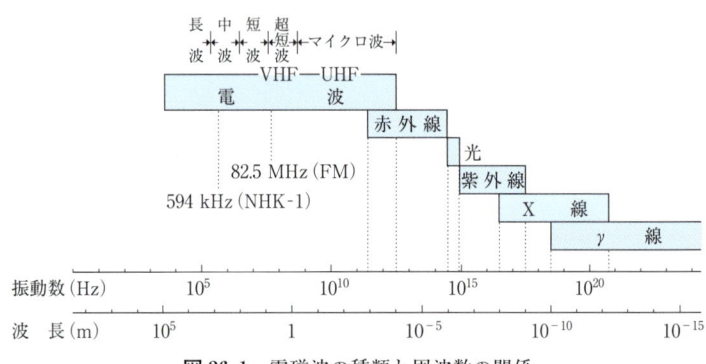

図 26.1 電磁波の種類と周波数の関係

同図のスイッチを a 側に倒してコンデンサーを充電した後，b 側に切り替えると，コンデンサーが放電し始め，C から L へ電流が流れるが，電流の変化に伴って，コイルには自己誘導起電力が生じるので，その起電力によって，今度は L から C へ電流が流れ，コンデンサーは逆向きに充電される．このように，電流が LC 間を交互に流れる現象を電気振動，その電流を振動電流，回路を振動回路という．

電気振動は，コンデンサーに蓄えられた静電エネルギーとコイルに蓄えられた磁気エネルギーとが，周期的に交換される現象である．

ところで，振動回路では，L と C にかかる電圧 V_0 も，流れる電流 I_0 も共通なので，生じる電気振動の角周波数を ω_0 とすると，$I_0 = V_0/\omega_0 L = V_0 \omega_0 C$ が成り立つ．したがって，$1/\omega_0 L = \omega_0 C$ より，周波数 f_0 は

$$f_0 = \frac{1}{2\pi\sqrt{LC}} \tag{26.1}$$

で表される．f_0 は LC 回路に固有な値なので，固有周波数という．f_0 は L と C の値の制約から，10^{12} Hz 以下になるが，振動電流の周波数が一般の交流に比べて著しく高いので，特に高周波電流という．

電気振動は U 字管の中の水の振動や，ばね振動に似ている．

水の入った U 字管を傾けた後，元に戻すと，右側の水が左側へ移動したり，左側の水が右側へ移動するので，水の位置エネルギーと運動エネルギーが，周期的に交互に交換される．

ばね振動では，ばねの位置エネルギーとおもりの運動エネルギーが，周期的に交互に交換される．

【練習】 10 μF のコンデンサーと，16 mH のコイルをつないだ振動回路の固有周波数を求めよ． ［答］ 3.98×10^2 Hz

共振とは，どんなことか

図 26.3(a) に示す R, L, C 回路のインピーダンス Z は，加える電源の周波数によって変化するが，Z は式 (25.10) から分かるように，角周波数が $\omega L = 1/\omega C$ のとき最小になるので，逆に電流は最大になる．そのため，流れる電流は同図 (b) のように変化する．したがって，$R < \omega L$ ならば，コイルの両端の電圧 V_{eL} は，次式のように加えた電圧 V_e よりも高くなる．同時にコンデンサーの両端にも，絶対値が V_{eL} と同じ電圧が生じる．

$$V_{eL} = I_e \omega L = \frac{V_e}{R} \omega L = V_e \frac{\omega L}{R} > V_e$$

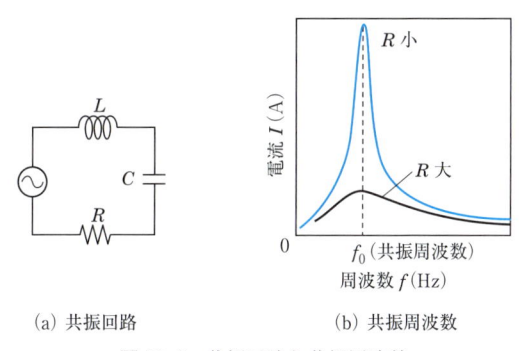

(a) 共振回路　　　　(b) 共振周波数

図 26.3　共振回路と共振周波数

【例題】 $R = 5\,\Omega$，$X_L = X_C = 100\,\Omega$ の直列回路に 100 V の交流を加えたとき，① 流れる電流 I_e，② V_{eL} を求めよ．
［解答］式 (25.10) より，$Z = \sqrt{R^2 + (X_L - X_C)^2} = \sqrt{5^2 + (100-100)^2} = 5\,\Omega$，
∴ ① $I_e = V/Z = 100/5 = 20$ A，② $V_{eL} = I_e \omega L = 20 \times 100 = 2000$ V

このように，電気回路の共振は，電源の周波数が回路の固有周波数に一致（同調）したときに起こるので，同調とも呼ばれる．その際，回路には大きな電流が流れ，L と C の両端には，加えた電圧より高い電圧が現れる．共振を起こす周波数は共振周波数 f と呼ばれ，f は $\omega L = 1/\omega C$ より，式 (26.1) と同形の次式で与えられる．

共振のことを音波では共鳴，電気では同調という．

$$f = \frac{1}{2\pi\sqrt{LC}} \tag{26.2}$$

共振の原理は，ラジオやテレビの選局用の同調回路に利用されている．

身の回りの空間には，各放送局から電波がやってきているが，同調回路の可変コンデンサーを調節して容量Cを変化させ，回路の固有周波数f_0をラジオやテレビの電波の特定周波数に一致させると，共振が起こるので，回路には共振周波数$f(=f_0)$の電流だけが流れることになる．

【練習】 $8.0\,\mu\text{F}$のコンデンサーと$20\,\text{mH}$のコイルを用いて，共振回路をつくった．この回路の共振周波数を求めよ．　　［答］$398\,\text{Hz}$

◆◆・ 電磁波は，どのようにして発生させるか ・◆◆

電磁誘導の法則によれば，磁場が変動すると導体に起電力が生じる．実際には導体がなくても，その周りの空間には，図26.4(a)のように電場が生じる．つまり，「磁場の変動によって電場が生じる」．

これを誘導電場という．

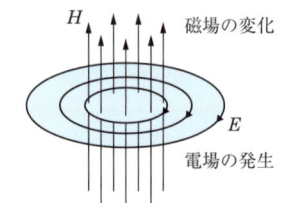

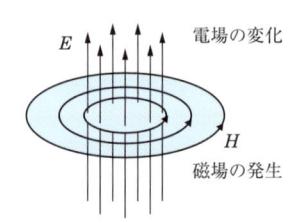

(a) 磁場の変化に伴う電場の発生　　(b) 電場の変化に伴う磁場の発生
図26.4 電磁場の変動による電磁波の発生

ところがマクスウェルは，この電磁誘導の法則の逆発想から，同図(b)のように，「電場の変動によっても磁場が生じる」と考え，有名なマクスウェルの方程式を提唱(1864年)し，空間を光速で伝わる電磁波の存在を理論的に予言した．その存在は，ヘルツの実験によって確認された．

これを誘導磁場という．

彼の理論によると，電磁波が真空中を伝わる速さcは，真空誘電率を$\varepsilon_0(=1/4\pi\times9\times10^9)$，真空透磁率を$\mu_0(=4\pi\times10^{-7})$とすると，

屈折率が$n(>1)$の媒質中における光速は，c/nに等しいので，真空中での光速cを越えることはない．

$$c=\frac{1}{\sqrt{\varepsilon_0\mu_0}}=3.00\times10^8\,\text{m/s} \tag{26.3}$$

で表される．

ところで電磁波は，どのようにして発生させるのだろうか．電磁波の発生方法と発生機構は，次に述べるように，電磁波の種類(電波，赤外線，可視光線，紫外線，X線)によって異なる．

(1) 荷電粒子の電気振動による電波の放射

LC回路に電気振動が起こると，LとCには，それぞれ振動電場と振動磁場が生じる．コンデンサーの極板間には電流こそ流れないが，電荷が絶えず変化するので，極板間に振動電場が生じ，それに伴って，その周りに

も振動磁場が生じる．さらに，この振動磁場は電磁誘導によって，その周りに振動電場を形成する．

このようにして，電場と磁場の変化が互いに原因・結果となって電気力線と磁力線が交互に発生し，図26.5のように電場と磁場が一組となって次々と空間を伝わっていく．これが電磁波である．電場と磁場の振動方向は，図26.6のように互いに直角で，ともに電磁波の進行方向に対して垂直なので，電磁波は横波であることが分かる．

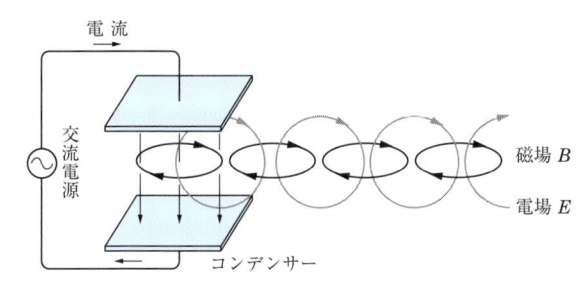

図 26.5 電磁波の発生

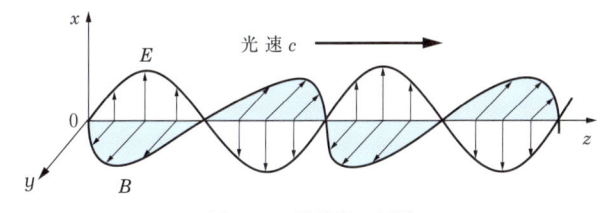

図 26.6 電磁波の伝播

20章で学んだように，静止した電子の周りには電場は生じるが，静電場なので，電磁波は発生しない．また，等速運動をしている電荷（直流）は，静電場だけでなく静磁場も生じるが，いずれも変動しないので，電磁波は発生しない．しかし，振動している電荷（交流）は加速度運動をしているので，電磁場が変動し，電磁波の形でエネルギーを放射する．

(2) 荷電粒子の熱振動による赤外線，可視光，紫外線の放射

物質中のイオンと電子が熱振動をすると，18章の「熱放射」の節で述べたように，主に赤外線が放射されるが，物質が高温になると，熱振動が激化するので，可視光や紫外線も放射される．

熱振動も加速度運動の一種である．

(3) 荷電粒子が加速度を受ける際に放射される電磁波

荷電粒子の進路が強い電場や磁場で曲げられたり，あるいは急激な減速を受けると，荷電粒子は加速度を受けるので，その加速度の大きさに応じて電磁波が放射される．進路が曲げられる際に放射される電磁波の波長は，赤外線からX線まで分布する．

特に図26.7のように，陰極から出た電子を数万〜数十万Vの高電圧に

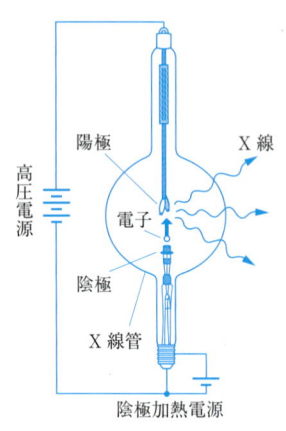

図 26.7 X線の発生

よって加速して，金属陽極に激突させると，電子は急減速（制動，ブレーキ）されるので，その運動エネルギーを電磁波（X線）の形で放射する．そのため，この種の電磁波を制動X線という．

レントゲンは1895年，同図のような実験装置を使った高速電子に関する実験中に，目には見えないが，透過力の強い光のようなものが，金属陽極から放射されていることを偶然発見し，これを未知なる光線という意味でX線と名付けた．

◆◆・電磁波は，どんな分野に利用されているか・◆◆

電磁波の性質は周波数によって大きく異なるので，その利用分野も周波数によって異なる．

① 電波：電波には光と同じく，直進，反射，屈折，干渉，回折，偏りなどの諸性質がある．その中で，中波と短波は図26.8のように，上空の電離層（E層，F層）で反射しながら伝わっていく．

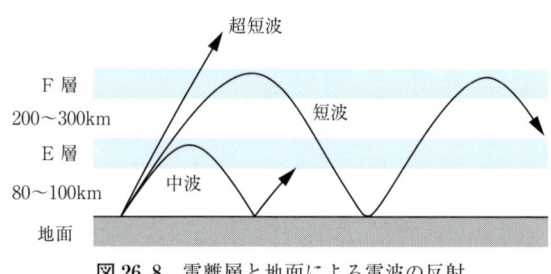

図 26.8 電離層と地面による電波の反射

Very High Frequency, Ultra High Frequency

ラジオ用の中波と短波は山かげにも届くが，携帯電話用のVHFとテレビ用のUHFは届きにくい．それは，波長の長い中波（$\lambda=100 \sim 1000$ m）は回折しやすいが，波長の短いVHF（$\lambda=1 \sim 10$ m）やUHF（$\lambda=0.1 \sim 1$ m）は回折しにくいためである．

空港や気象台で使われているレーダー（radar 電波探知測距）は，電波を対象物に当て，その反射波を検知して，対象物の方向と距離を測定する装置である．

レーダーに似た用語にレーザーがあるが，レーザー（Laser）とは，発光機構が一般の光とは異なり，振動数と位相の揃った，強度も指向性も極めて高い光のことで，レーダーとは関係ない．

レーザーは現代ハイテクが生んだ象徴的な産物であり，医療（レーザーメス）や通信，計測，工業面などに広く利用されている．

電子レンジには，2.45 GHzのマイクロ波（UHF）が使われている．マイクロ波が物質に当たって吸収されると，その中の水分子が，電場によって1秒間に24億5000万回も激しく振動（重心の回りに，左右へ交互に半回転）する．電子レンジは，そのとき生じる水分子同士の摩擦熱を利用したものである．

食品をアルミフォイルで包むと，マイクロ波がアルミフォイルで反射されるため，食品は加熱されない．

② 赤外線：物体の温度が高くなると，その中の電子の熱運動が激しくなり，電磁場が変動する．それに伴って放射される電磁波が赤外線（$\lambda=$

1 mm～780 nm) である．逆に，赤外線が物体や生体に当たって吸収されると，その中の原子・分子の熱運動が激しくなるので，物体や生体の温度が上昇する．赤外線を暖く感じるのは，そのためである．

ところで，地球観測衛星のランドサットは，一例として 5～6, 6～7, 7～8, 8～11×10^{-7} m の 4 種の波長域の可視光と赤外線を使って，地表面を観測している．地上の物体は，それぞれ特定の波長の電磁波を反射したり，吸収するので，ランドサットから 4 種の波長域で撮った写真を合成すると，目的とする地上の物体を色分けして見ることができる．

その画像情報は，森林・水などの資源や環境調査に利用されている．

③ 可視光：光 ($\lambda = 380 \sim 780$ nm) は目に見える電磁波なので，可視光と呼ばれ，その性質と利用については，すでに 14 章～16 章で学んだ．

④ 紫外線：紫外線は太陽などの高温物体から放射される．光より波長が短い ($\lambda = 10 \sim 380$ nm) ので，エネルギーも高い．そのため，紫外線が物質に当たると，原子・分子が電離され，種々の化学反応が起こる．紫外線に殺菌や日焼け，変色作用があるのは，そのためである．

⑤ X 線と γ 線：X 線 ($\lambda = 1 \times 10^{-8} \sim 1 \times 10^{-12}$ m) と γ 線 ($\lambda = 1 \times 10^{-11}$ m 以下) は，紫外線に比べて波長が著しく短く，エネルギーが極めて高いので，物質に対する化学作用は桁違いに大きい．

両者は電磁放射線と呼ばれ，その詳細については，29 章で述べる．

【練習】周波数 80 MHz の FM 電波の波長を求めよ．　［答］3.75 m

章末問題

問 1 図 26.2 のような，$L = 5.0$ H, $C = 2.0 \times 10^{-7}$ F, $V_0 = 30$ V の電気振動回路で，スイッチ S を a 側に入れた後，b 側に入れると，LC 間に電気振動が起こる．① その固有振動数を求めよ．② 振動電流を求めよ．

問 2 R, L, C の直列共振回路がある．$R = 15 \Omega$, $L = 200 \mu$H のとき，600 kHz のラジオの電波に同調させるに必要なコンデンサーの容量を求めよ．

問 3 $R = 10 \Omega$, $L = 10^{-4}$ H, $C = 10^{-8}$ F を直列につないだ回路がある．① インピーダンス Z が最小になる角周波数 ω を求めよ．② Z の最小値を求めよ．この回路の両端に角周波数 10^6 s^{-1}，電圧 10 V の高周波電圧をかけたとき，③ 流れる電流 I_e，④ R, L, C の両端の電圧 V_R, V_L, V_C を求めよ．

問 4 ラジオ受信機のコイルのインダクタンスが，$L = 200 \mu$H のとき，周波数が 500 kHz から 2000 kHz までの電波を受信するに必要なコンデンサーの容量の範囲を求めよ．

27 光の本性と原子の構造は、どうなっているのだろう

[1] 光の本性は、粒子か波動か

光はマクスウェルの電磁波説の登場の後、電磁波の一種と考えられてきたが、19世紀末に電磁波説（波動説）では説明できない、光電効果という新しい現象が発見された。光電効果とは、その名のとおり、光が物体に当たると、その表面の原子から電子が飛び出す現象である（図27.1）。

> 飛び出す電子を光電子、流れる電流を光電流という。

実験によれば、光電効果は図27.2のように、物質の種類によって決まった限界振動数 ν_0 以上の光でないと起こらない。また、光電子の運動エネルギーは、光の振動数 ν が高いほど大きく、光の強弱には関係しない。しかし、これらの現象は波動説では説明できない。そこで登場したのが、アインシュタインの光量子説（1905年）である。

> 光電効果は可視光だけでなく、紫外線やX線、γ線でも起こる。

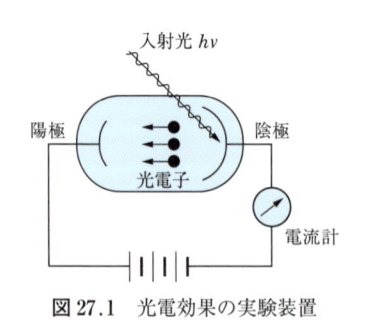

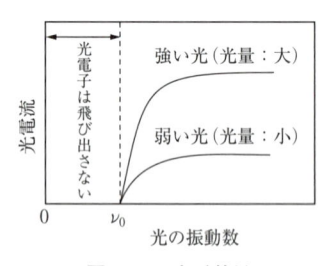

図27.1 光電効果の実験装置　　図27.2 光電効果

◆◆◆ 光量子説とは、どんなことか ◆◆◆

アインシュタインの光量子説によると、光は波動性のほかに粒子性を備え、粒子としてのエネルギー E [J] と運動量 p [kg·m/s] をもっている。電磁波の振動数を ν [Hz]、波長を λ [m] とすると、エネルギーと運動量は、それぞれ次式で表され、両式をアインシュタインの関係という。

$$E = h\nu \tag{27.1}$$

$$p = \frac{h}{\lambda} \tag{27.2}*$$

ここに $h(=6.63\times10^{-34}\text{J}\cdot\text{s})$ はプランク定数であり，両式は波動としての物理量 ν, λ と，粒子としての物理量 E, p とを関係づけている．

> ＊30章で学ぶ相対性理論によれば，光速を $c=3\times10^8\text{m/s}$ とすると，エネルギー E の物体は E/c^2 に等しい質量をもっているので，エネルギー $h\nu$ の光子は，$h\nu/c^2$ の質量を有する．一方，振動数と波長の間には，$c=\lambda\nu$ が成り立つので，光子の運動量 p は次式で表される．
> $$p=(h\nu/c^2)c=h\nu/c=h/\lambda$$

プランク定数 h は，ミクロの世界におけるエネルギーの最小単位を与える物理定数である．

したがって，エネルギーは h の整数倍の，とびとびの値しか取り得ないが，これは電荷が，その最小単位 $e(=1.60\times10^{-19}\text{C})$ の整数倍の値しか取り得ないと同じである．

光量子説では振動数 ν，波長 λ の電磁波を，式(27.1)と(27.2)で定まるエネルギー E と運動量 p をもった多数の粒子の流れと解する．このような光の粒子を光量子，または光子(photon)という．両式から分かるように，振動数が高いほど，光子のエネルギーも運動量も大きくなる．

【練習】波長 500 nm の光子の，① エネルギーと ② 運動量を求めよ．
［答］① 4.0×10^{-19} J，② 1.32×10^{-27} kg·m/s

アインシュタインは，この光量子説を使って，光電効果を次のように見事に説明した．電子の質量を m，速さを v，光の振動数を ν とすると，光電子の運動エネルギーはエネルギー保存則から，式(27.3)で表される．

$$\frac{1}{2}mv^2=h\nu-I \tag{27.3}$$

この式をアインシュタインの光電方程式という．

I は物質に固有な値であり，物質の電離エネルギーである．金属では I の値が小さいので，容易に光電効果が起こる．

光量子説によれば，光は波動であると同時に，粒子でもある．逆に，光は単なる波動でもなく，粒子でもないのである．このことを一般に，光の2重性と呼んでいる．このように光量子説は，波動説と粒子説を統一した理論であり，現代物理学では，光の波動性と粒子性は対立概念としてではなく，相補的概念として捕らえられている．

物質波とは，どんなものか

これまで波動と考えられていた光が，粒子性を有することに驚嘆を抱いたド・ブロイは，その逆発想として，電子のような微粒子も波動性を有していると考え，物質波の存在を予測した(1823年)．電子に付随する物質波を特に電子波という．物質波は表27.1のように，電子だけでなく，陽子や原子，分子などの粒子にも確認されている．

さて，ド・ブロイの大胆な発想によれば，粒子のエネルギーを E，運動

物質波のことをド・ブロイ波とも呼ぶ．

表 27.1 物質波の波長

粒子	質量[kg]	速度[m/s]	波長[nm]
電 子	9.11×10^{-31}	1.0×10^6	0.73
電 子	9.11×10^{-31}	6.0×10^6	0.12
α 粒子	6.69×10^{-27}	6.6×10^4	0.0015
陽 子	1.67×10^{-27}	1.0×10^6	0.0004

量を $p(=mv)$ とすると，それに付随する物質波の振動数と波長は，式 (27.1) と (27.2) より，それぞれ

$$\nu = \frac{E}{h} \tag{27.4}$$

$$\lambda = \frac{h}{p} = \frac{h}{mv} \tag{27.5}$$

で与えられる．これをド・ブロイの関係という．

ここで，電子波の波長を求めてみよう．いま，真空中で質量 m，電荷 e の電子を電位差 V の電場の下で加速して，速さ v を得たとすると，電気的エネルギーがすべて力学的エネルギーに変換されるので，

$$\frac{1}{2}mv^2 = eV \tag{27.6}$$

が成り立つ．この式から求めた v を式 (27.5) に代入すると，

$$\lambda = \frac{h}{mv} = \frac{h}{m\sqrt{2eV/m}} = \frac{h}{\sqrt{2meV}} \tag{27.7}$$

が得られる．そこでこの式に，$m=9.11\times10^{-31}$ kg，$e=1.60\times10^{-19}$ C，$h=6.63\times10^{-34}$ J·s を代入すると，電子波の波長は次式で与えられる．

$$\lambda = \frac{1.23\times10^{-9}}{\sqrt{V}} \tag{27.8}$$

> **【例題】** 電子を電位差 100 V の下で加速したときの，① 電子の速さ，② 電子波の波長を求めよ．
>
> [解答] 式 (27.6) より，
>
> ① $v = \sqrt{\dfrac{2eV}{m}} = \sqrt{\dfrac{2\times1.60\times10^{-19}\times100}{9.11\times10^{-31}}} = 5.93\times10^6$ m/s．
>
> ② 式 (27.8) より，$\lambda = \dfrac{1.23\times10^{-9}}{\sqrt{V}} = \dfrac{1.23\times10^{-9}}{\sqrt{100}} = 0.123$ nm．

不確定性原理とは，どんなことか

人は物を見るとき，対象物に必ず光を当て，その反射波で判断している．つまり観測手段に光を利用している．普通の物体に光を当てても，物体が動き出したり，その速度が変化することはないが，電子に波長 λ の光を当てると，図 27.3 のように電子が h/λ の運動量を受けるため，その

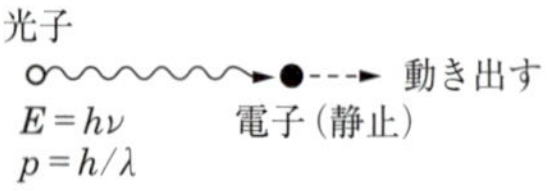

アインシュタインの関係は，光の振動数と波長から，それに対応する光子のエネルギーと運動量を求める式である．

これに対して，ド・ブロイの関係は逆に，粒子のエネルギーと運動量から，粒子に付随する物質波の振動数と波長を求める式である．

光学顕微鏡は，光の回折現象のために分解能に限界があるので，光の波長（10^{-7}m）より小さい物を見ることは，原理的に不可能である．

そこで，電子を高電圧の下で加速し，光の波長より短い電子波を使って分解能を高めて，微小物体を見るものが電子顕微鏡である．

この例題から分かるように，電子波の波長は光より短く，X線の波長と同程度か，それより短い．

図 27.3 不確定性原理
$E=h\nu$
$p=h/\lambda$
光子／電子（静止）／動き出す

27. 光の本性と原子の構造は，どうなっているのだろう　　　　　　　　　　　　　　　　　　　　177

速度が変化し，電子本来の速度が正確に測定できなくなる．

電子の運動量 p を正確に測定するため，長波長の光を用いると，光の回折現象によって，電子の位置 x のボケ（不確かさ）Δx が大きくなる．位置の不確かさ Δx は，光の波長 λ と同程度なので，$\Delta x \geqq \lambda$ となる．

一方，電子の位置 x を正確に測定するため，短波長の光を用いると，電子の運動量が h/λ だけ変動するので，電子の運動量の不確かさ Δp は，$\Delta p \geqq h/\lambda$ となる．そのため，どんな波長の光を用いても，Δx と Δp の積は次式のように，プランク定数の h より大きくなる．

$$\Delta x \cdot \Delta p \geqq h \tag{27.9}$$

これをハイゼンベルクの不確定性原理という．不確定性原理は，ミクロの世界で光を観測手段に使う以上，電子の位置と運動量の測定値には，プランク定数程度の誤差が避けられず，両物理量を同時に正確に測定することは原理的に不可能であり，認識の限界を示したものである．

> 盃に熱燗の酒を注いだ後，アルコール温度計を挿入すると，温度計が酒の熱を奪うため，本来の酒の温度が不確定になるが，これは不確定性原理に似た身近かな例であろう．
>
> 不確定性原理は，プランク定数の次元から明らかなように，電子のエネルギーを E，観測時間を t とすると，$\Delta E \cdot \Delta t \geqq h$ で表される．したがって，ある時刻における電子のエネルギーも正確に測定することは不可能であることが分かる．

［2］　原子の構造は，どうなっているのだろう

原子の構造に関する研究は，19 世紀末から盛んになり，20 世紀の初めには，ラザフォードが図 27.4 のような，原子模型を提示するまでに至った．それによると，原子（atom）は原子核（nucleus）と電子（electron）から成り，電子は太陽系の惑星と同じように，原子核の周囲の軌道を回っている．一方，原子核は陽子と中性子から構成されている．

> この種の電子を軌道電子という．

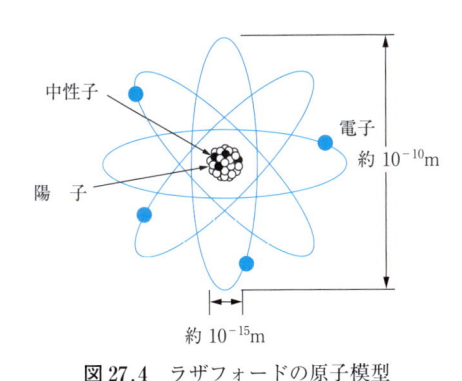

図 27.4　ラザフォードの原子模型

> 原子には，いくつかの電子軌道があり，軌道半径の小さい方から K 殻，L 殻，M 殻，…という．原子の大きさは電子軌道の最大直径で決まり，約 10^{-10} m である．これに対して原子核の大きさは，その 10 万分の 1 の約 10^{-15} m である．
>
> 仮に原子の大きさを 1000 m とすると，原子核の大きさは 1 cm となる．

◆◆◆ 電子軌道の半径とエネルギー準位を求めてみよう ◆◆◆

原子構造の研究には，気体原子から放射される光が，元素に特有な線スペクトル（輝線）を示すことから，それを調べる方法（分光学）が採られてい

た．19世紀末には，水素ガスを詰めた放電管に，数千Vの電圧を加えて発光させると，図27.5のような，とびとびの輝線群が得られ，各輝線の波長には，次のような規則性があることが判明していた．

$$\frac{1}{\lambda} = \frac{\nu}{c} = R\left(\frac{1}{m^2} - \frac{1}{n^2}\right) \quad (m, n は整数, n > m) \quad (27.10)$$

R はリュドベリー定数と呼ばれ，$1.097 \times 10^7 \, \mathrm{m^{-1}}$ である．

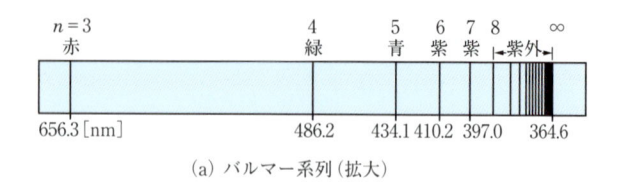

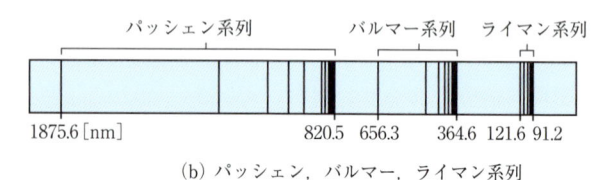

図27.5 水素原子のスペクトル
(a) バルマー系列（拡大）
(b) パッシェン，バルマー，ライマン系列

そこでボーアは，式(27.10)のスペクトルの波長の逆数が2つの項の差になっていることに注目し，この式に光量子説 $E = h\nu$ を適用して，

$$E_n = -\frac{Rch}{n^2} \quad (27.11)$$

を導き，この式が水素原子内の軌道電子のエネルギー準位を表し，エネルギー準位 E_n は軌道半径が K 殻，L 殻，M 殻，…と大きくなるに従って高くなると解釈した．さらにボーアは，電子は原子核からのクーロン力を向心力として円運動を行っているものとして，次式のようなエネルギー準位 $E_n [\mathrm{J}]$ と，それに対応した軌道半径 $r_n [\mathrm{m}]$ を算出した．

$$E_n = -\frac{2\pi^2 k_0^2 m e^4}{h^2} \cdot \frac{1}{n^2} \quad (n = 1, 2, 3, \cdots) \quad (27.12)$$

$$r_n = \frac{h^2}{4\pi^2 k_0 m e^2} \cdot n^2 \quad (n = 1, 2, 3, \cdots) \quad (27.13)$$

ここに h はプランク定数，m は電子の質量，e はその電荷，k_0 は真空中のクーロン力定数である．図27.6は，これらの値を式(27.13)に代入して求めた軌道半径である．$n=1$ のときの軌道半径は最小値で，$r_0 = 5.29 \times 10^{-11} \, \mathrm{m}$ となる．これをボーア半径という．

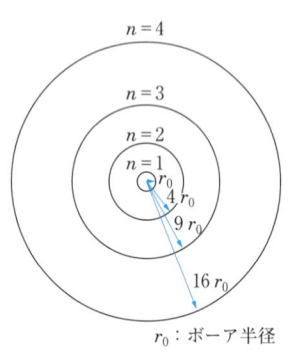

図27.6 水素原子内の電子の軌道半径
r_0：ボーア半径

水素原子の構造解明に威力を発揮したボーアの理論は，やがてド・ブロイの物質波の思想を受け継いだシュレーディンガーの波動方程式へと発展し，さらに複雑な原子構造を対象にした量子力学の構築へと進展して行った．

27. 光の本性と原子の構造は，どうなっているのだろう

原子から放射される電磁波

ボーアの理論によれば，軌道電子は安定なので，電磁波は放射しないが，図27.7のように，電子がエネルギー準位 E_n の定常状態から，それよりエネルギーの低い E_m の状態に移る際には，そのエネルギー差 $h\nu$ に相当した電磁波を放射する．逆に，エネルギー準位 E_m の電子に外部からエネルギー $h\nu$ を与えると，電子は $h\nu$ だけエネルギー準位の高い軌道に遷移する．その関係は次式で表される．

$$h\nu = E_n - E_m \tag{27.14}$$

ところで25章では，電磁波は荷電粒子の加速度運動の際に放射されること述べたが，現代物理学は上述のように，軌道電子が遷移する際にも放射されることを明らかにした．

原子は一般にエネルギー準位の低い，安定な状態を保っているが，原子に外部から熱や光，紫外線，放射線などのエネルギーを与えると，軌道電子はこれを吸収して高準位に励起するか，あるいは原子核の拘束を断ち切って，原子から飛び出してしまう．これが電離である．

その結果，軌道には電子の空席ができる．可視光や一部の赤外線，紫外線とX線は，いずれも空席の生じた軌道に，外殻軌道の電子が遷移する際に放射される．この中で可視光や一部の赤外線は，図27.8のように比較的外殻軌道の空席に遷移する際に放射される．これに対して，紫外線は中殻軌道へ遷移する際に，X線は内殻軌道へ遷移する際に放射される．この種のX線を26章で述べた制動X線と区別して，特性X線という．

> この移動を遷移(転移)という．

> 夜光塗料には，α 線を出す放射性物質が極微量添加されているので，塗料原子の軌道電子は α 線によって励起された後，元の基底状態に戻る際に発光する．

> なお，励起された電子が直ちに遷移して，その物質に固有な光を放つとき，これを蛍光と呼び，励起を止めた後もしばらく光を放つとき，これを燐光という．

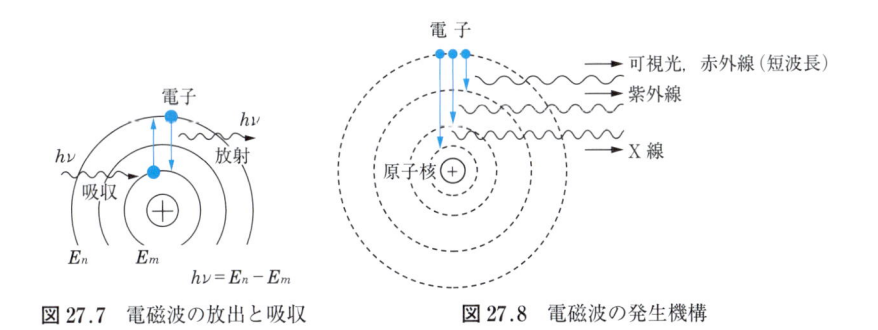

図27.7 電磁波の放出と吸収

図27.8 電磁波の発生機構

エレクトロンボルトとは，何か

原子のようなミクロな世界では，エネルギーの単位にエレクトロンボルト [eV] がよく使われる．これは，電子が1Vの電位差の下で加速された

> エレクトロンボルトのことを電子ボルトともいう．

ときにもつ運動エネルギーを 1 eV とした単位系である．電子の電荷は $e=1.6\times10^{-19}$ C なので，これを電位差 1 V の下で加速すると，その運動エネルギーは式 (20.5) より，$E=1.6\times10^{-19}$ J になる．したがって，

$$1\,\mathrm{eV}=1.6\times10^{-19}\,\mathrm{J} \tag{27.15}$$

が成り立つ．電子を 100 V の電位差の下で加速すると，そのエネルギーは簡単に 100 eV になり，確かに J 単位で表すより便利である．

そこで，式 (27.12) に h, m, e, k_0 の値を代入し，式 (27.15) を用いて eV に換算すると，水素原子内の電子のエネルギー準位 E_n [eV] は，

$$E_n = -13.6\frac{1}{n^2} \quad (n=1,\ 2,\ 3,\cdots) \tag{27.16}$$

で表される．水素原子の最低のエネルギー準位 ($n=1$ に相当) は，$E_1 = -13.6$ eV となり，これは水素原子のイオン化 (電離) エネルギーにほかならない．

【練習】振動数が 5.0×10^{14} Hz の光子 1 個のエネルギー [eV] を求めよ． [答] 2.06 eV

章末問題

問 1 プランク定数を $h=6.63\times10^{-34}$ J·s，光速を $c=3\times10^8$ m/s として，① 可視光線 ($\lambda=4\sim8\times10^{-7}$ m)，② 紫外線 ($4\times10^{-7}\sim10^{-8}$ m)，③ X 線 ($10^{-8}\sim10^{-11}$ m)，④ γ 線 ($10^{-11}\sim10^{-15}$ m) の光子 1 個のエネルギー [eV] を求めよ．

問 2 波長が 6.0×10^{-7} m の可視光線がある．① 光子 1 個のエネルギー [J] を求めよ．② この光源が 1 W のとき，毎秒放射される光子の個数を求めよ．

問 3 電位差 150 V の下で加速された電子の，① エネルギー [J]，② 速さ，③ 電子波の波長を求めよ．ただし，電子の電荷，質量とプランク定数は，$e=1.60\times10^{-19}$ C, $m=9.11\times10^{-31}$ kg, $h=6.63\times10^{-34}$ J·s とする．

問 4 水素原子内の電子が，エネルギー準位 E_4 から E_2 に遷移するとき，① 放射される光子のエネルギー [J]，② 光の振動数，③ 波長を求めよ．

28 原子核の構造・性質は，どうなっているのだろう

原子核は，何から構成されているか

原子核は図27.4に示したように，陽子(proton)と中性子(neutron)から構成されている．元素の種類は陽子の数Zによって決まり，中性子の数Nには関係しない．Zを原子番号(atomic number)と呼び，ZとNの和$A=Z+N$を質量数(mass number)という．陽子は表28.1のように，電子と同量の＋電荷を有し，質量は電子の1836倍もある．中性子は電荷を有せず，質量は陽子に近い．

表28.1 陽子と中性子，電子の性質

	質　量	電　荷
陽　子	$m_p = 1.6726231 \times 10^{-27}$ kg	$e = +1.60217733 \times 10^{-19}$ C
中性子	$m_n = 1.6749286 \times 10^{-27}$ kg	0
電　子	$m_e = 9.1093897 \times 10^{-31}$ kg	$e = -1.60217733 \times 10^{-19}$ C

中性の原子では，電子の数がZ個なので，全体として電気的に中性を示す．原子核の構成を示すには，元素記号の左肩に質量数Aを，左下に原子番号Zを付ける．中性子は電荷が0なので，${}_0^1 n$で表す．

> 陽子や中性子，電子などを素粒子という．

ところで原子核には，図28.1のように，${}_1^1 H$（水素），${}_1^2 H$（重水素），${}_1^3 H$（3重水素）のように，陽子数は同じでも，中性子数が違うために質量数の異なる元素がある．これらの元素を同位元素(isotope)，または同位体という．同位元素の化学的性質は同じである．

> 原子核の種別を表すときは，核種という用語を用いる．Zが同じでも，Nが違えば，核種は異なる．
>
> 同位体と似た用語に同重体がある．これは質量数が等しく，原子番号が異なる核種のことである．

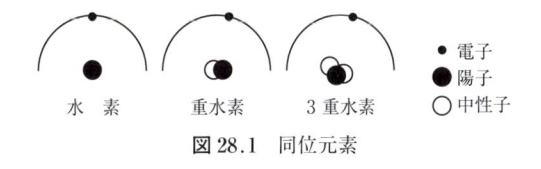

図28.1 同位元素

核力とは，どんなものか

原子核内の陽子相互間には，電気的な反発力が働いているが，それでも原子核が分解せずに安定しているのは，その反発力より強い，何らかの引力が，核子相互間に働いているためである．この力を核力という．

> 陽子と中性子を総称して，核子という．核力はクーロン力と異なり，隣接している核子相互間にだけ作用する．核力は，万有引力ともクーロン力とも異なる第3のタイプの引力である．

湯川博士の中間子論によれば，例えば陽子 p と中性子 n の間に働く核力は，次のように核子同士が π 中間子という微粒子を互いにキャッチボールと同じく，やりとり（放出・吸収）することによって生じる．

$$\begin{cases} p \rightleftarrows n + \pi^+ \\ n \rightleftarrows p + \pi^- \end{cases}$$

陽子が $+$ の π 中間子を放出したり，$-$ の π 中間子を吸収すると，中性子に変化し，逆に中性子が $+$ の π 中間子を吸収したり，$-$ の π 中間子を放出すると，陽子に変化する．

中間子の名称は，その質量が電子と陽子の中間にあることに由来している．

このように，陽子と中性子は中間子を交換して，互いに絶えず変身している．そのため，核力のことを交換力という．

◆◇◆ 放射能とは，いったい何なのか ◆◇◆

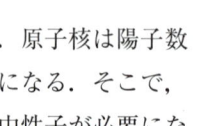

原子核には安定な核種もあれば，不安定な核種もある．原子核は陽子数が多くなるほど，クーロン反発力が強くなるので不安定になる．そこで，陽子数の多い原子核を安定化するには，それだけ多くの中性子が必要になる．原子核の安定性は，陽子数 Z と中性子数 N の比に関係し，中性子が不足している核種や過剰な核種は不安定になる．

そのため，^{226}Ra や ^{238}U のような不安定な原子核は，独りでに壊変して，より安定な別の核種に変化する．その際，α 線や β 線，γ 線を放出するので，この現象を放射性崩壊という．このように，原子核が自然に壊れて別の核種に変化する際に，放射線を放出する性質や能力のことを放射能という．

ところで，図 28.2 のように磁場内では，α 線は多少曲がり，β 線はそれとは逆向きに大きく曲がり，γ 線は影響を受けずに直進する．このことから，α 線の実体は ＋ 電荷を帯びた He 原子核の流れ，β 線は電子の流れ，γ 線は波長の短い電磁波であることが分かった（表 28.2）．

ベクレルは 1896 年，^{238}U から放射線が出ていることに気づき，^{238}U に放射能があることを発見した．続いて，キュリー夫妻が ^{238}U より強力な放射能を有する ^{226}Ra を発見している．放射性崩壊の発見は，それまで絶対不変と考えられていた元素が，放射線を出して他の元素に変わることを示し，当時の物質観に革命的な変革をもたらした．

同位体の総数は約 2800 種あり，その中で安定同位体は 271 種で，残りは放射性同位体（radioisotope, RI）である．ラジオアイソトープは放射性元素や放射性原子，放射性原子核，放射性核種と同じ意味に使われ，それを含んだ物質を放射性物質という．放射性物質と放射能，放射線の関係は，ラジウムと蛍を対比させると分かりやすい（表 28.3）．

放射性元素には，^{3}H や ^{14}C，^{40}K，^{222}Rn，^{226}Ra，^{238}U などのように，地球創成の昔から自然界にあるものと，^{60}Co や ^{131}I，^{137}Cs などのように，核反応

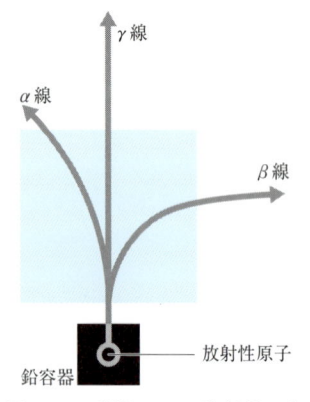

図 28.2 磁場による放射線の偏向（磁場は紙面の表側から裏側へ向かう）

放射性崩壊の「崩壊」は，原子核がバラバラになってしまう印象を与えるので，放射性「壊変」とも呼ぶ．

そのため，α 線を α 粒子，β 線を β 粒子とも呼ぶ．

表 28.2 α，β，γ 線の実体

	α 線	β 線	γ 線
実体	He 原子核	電子	電磁波
電荷	$+2e$	$-e$	0
電離力	大	中	小
透過力	小	中	大

マスコミでは，放射能を放射性物質の意味に使われているが，それはあくまで俗称である．
また，放射能と放射線を混同している記事や映像が結構多いが，両者を混同することは，蛍と蛍の光を混同するのに等しい．物質とエネルギーを混同してはならない．

28. 原子核の構造・性質は，どうなっているのだろう

によって人工的に造られたものがある．前者を天然放射性元素，後者を人工放射性元素という．放射性核種としては現在，約2,600種確認されているが，その中で天然放射性核種は，約70種に過ぎない．

表28.3 物と性質とエネルギーの関係

	ラジウム	蛍
物	放射性物質	発光性昆虫
性質	放射能	発光能
エネルギー	放射線	光

◆◇・ α崩壊とは，どんなことか ・◇◆

原子核は原子番号が高くなるほど，陽子相互間のクーロン反発力が強くなるので不安定になる．そこで原子番号の高い原子核は，図28.3のように，陽子2個と中性子2個から成るHe原子核を自然に放出して，より安定な原子核へと変化する．これがα崩壊にほかならない．

α崩壊の代表的核種である $^{226}_{88}$Ra は，α崩壊をして $^{222}_{86}$Rn に変わる．そのことを次のように表す．原子核がα崩壊をすると，原子番号は2，質量数は4だけ減少する．

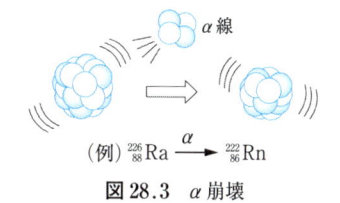

$$^{226}_{88}\text{Ra} \rightarrow {}^{222}_{86}\text{Rn} + {}^{4}\text{He}(\alpha), \text{ または } {}^{226}_{88}\text{Ra} \xrightarrow{\alpha} {}^{222}_{86}\text{Rn}$$

図28.3 α崩壊
(例) $^{226}_{88}$Ra $\xrightarrow{\alpha}$ $^{222}_{86}$Rn

【練習】$^{238}_{92}$U がα崩壊をすると，どんな原子核になるか．[答] $^{234}_{90}$Th

^{238}U はα壊変を8回，β壊変を6回行って，安定な ^{206}Pb になる．

◆◇・ β崩壊とは，どんなことか ・◇◆

β線も不安定な原子核から放射される．核内に電子は存在しないのに，なぜ原子核から電子が放出されるのだろうか．中性子過剰型の核種では，核内の中性子nが次のように，陽子pに壊変して安定になろうとする．

$$n \rightarrow p + e^- + \nu$$

その際，図28.4のように電子 e^- と中性微子 ν を放出する．これが β^- 崩壊である．中性微子(neutrino)は電荷も0，質量も限りなく0(電子の質量の 10^{-6} 以下)に近い素粒子である．β^- 崩壊型の核種には，$^{14}_{6}$C がある．$^{14}_{6}$C は次のように，β^- 線を放射して $^{14}_{7}$N に変わる．

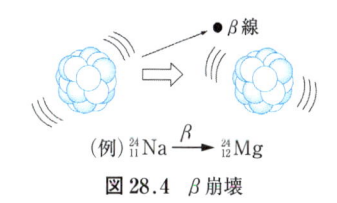

$$^{14}_{6}\text{C} \rightarrow {}^{14}_{7}\text{N} + e^-(\beta^-), \text{ または } {}^{14}_{6}\text{C} \xrightarrow{\beta^-} {}^{14}_{7}\text{N}$$

図28.4 β崩壊
(例) $^{24}_{11}$Na $\xrightarrow{\beta}$ $^{24}_{12}$Mg

これに対して中性子不足型の核種では，核内の陽子が次のように，中性子に壊変し，その際，陽電子 e^+(positron)と中性微子を放出する．

$$p \rightarrow n + e^+ + \nu$$

これが陽電子(β^+)崩壊である．β^+ 崩壊型の核種には，フッ素 $^{18}_{9}$F がある．β^- 崩壊では，原子番号は1だけ増大し，β^+ 崩壊では1だけ減少するが，いずれも質量数は変化しない．

陽電子とは，質量も電荷は普通の電子と同じであるが，電荷が電子とは逆に＋である．なお，ガン検診の際には，^{18}F が注射される．

【練習】$^{18}_{9}$F が β^+ 崩壊をすると，どんな原子核になるか．[答] $^{18}_{8}$O

γ放射とは，どんなことか

γ線はα崩壊やβ崩壊をした後の原子核の中から，あるいは核反応によって生成した原子核の中から放射される．この点，特性X線が核外電子の遷移によって放射されるのとは対照的である．

X線とγ線との違いは，波長の長短にあるように思われがちであるが，正しくは発生源の相違にある．

原子核には，電子軌道のような軌道こそないが，いくつかのエネルギー準位がある．α崩壊やβ崩壊，あるいは核反応によって生成した直後の原子核は，高準位の励起状態になっている．これは，崩壊または生成直後の原子核は，陽子と中性子の幾何学的配置にひずみを生じ，核子相互間のひずみの位置エネルギーが高くなっているためである．

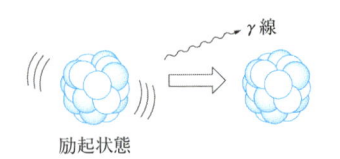

そこで，余分のエネルギーを図28.5のように，γ線として放射し，基底状態に遷移する．この現象がγ放射である．そのため，γ線のエネルギースペクトルは，核種に固有な線スペクトルを示す．γ放射では，α崩壊やβ崩壊と異なり，原子番号も質量数も変わらない．

励起状態
(例) $^{60}_{27}$Co, $^{137}_{55}$Cs, $^{235}_{92}$U

図28.5 γ放射

放射能の強さや半減期とは，どんなことか

放射能の強さは[kg]では表さず，[Bq]で表す．放射性核種が1秒間に壊変する個数(＝壊変数/時間)を放射能の強さという．1秒間に1個の割合で壊変して放射線を出すとき，その物質の放射能の強さを1 Bq(ベクレル)という．

ところで，放射能の強さは当然，放射性物質の量が多いほど強い．しかし同一量の放射性物質でも，1秒間当たりの崩壊数は核種によって大きく異なり，不安定な核種ほど多くなる．したがって，放射能の強さは同一量なら，不安定な核種ほど強くなる．

放射性核種の数は，壊変に伴って減少するが，その数が元の数の半分になるまでの時間を半減期という．半減期は表28.4のように，核種に固有な値なので，例えば^{131}Iの放射能の強さは，8日で半減する．

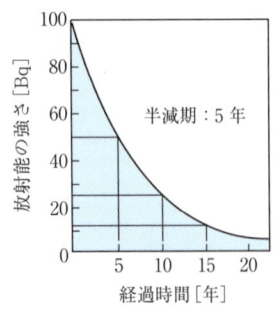

放射能は風呂の温度と同じように，指数関数的に低下する(図28.6)．放射性原子核の現在($t=0$)の数をN_0，半減期をT(sec)とすると，t秒後にも壊変しないで残っている放射性原子核の数Nは，次式で表される．

$$N = N_0 \left(\frac{1}{2}\right)^{t/T} \tag{28.1}$$

そこで，この式を基にして求めた放射能の強さQ[Bq]，つまり単位時間当たりの壊変数($-dN/dt$)は，次式で表される．

表28.4 370億Bq当りの質量と半減期

核種	質量	半減期
^{131}I	0.0081 mg	8日
^{60}Co	0.87 mg	5年
^{137}Cs	11 mg	30年
^{226}Ra	1 g	1600年
^{235}U	470 kg	7億年
^{238}U	3000 kg	45億年

Bqの次元はs^{-1}である．なお，放射性核種が壊変するとき，核種によっては，1壊変につき複数個の放射線を放出するものもあるので，Bqは1秒間当たりの放射線の個数ではなく，1秒間当たりの壊変数を意味する．放射能の強さのことを単に放射能ともいう．

図28.6 放射能の減衰の様子

$$Q = 0.693 \frac{N_A M}{AT} \cdot \exp\left(-\frac{0.693 t}{T}\right) \qquad (28.2)$$

ここに，M は放射性物質の質量，A はその質量数，N_A はアボガドロ数である．この式から分かるように，放射能の強さ Q は，放射性物質の質量 M が多いほど，かつ半減期 T が短いほど強くなる．また，放射能の強さは，時間とともに指数関数的に低下する．したがって放射能の強さは，半減期の短い（短寿命の）核種ほど強いが，逆に急速に衰える．

一般に，e^x の x が複雑な数式の場合には，e^x を $\exp(x)$ で表す．

【練習】放射能が 160 Bq の ^{131}I がある．半減期を 8 日として，32 日後の放射能の強さを求めよ． ［答］10 Bq

半減期の短い核種は，威力の強い機関銃に似ており，1 秒間当たりの壊変数（弾丸の放出数）が多いので，逆に弾切れも早い．

核反応とは，どんなものか

原子核に α 粒子や陽子，中性子などを衝突させると，原子核は別の核種に変わる．例えば図 28.7 のように，^{14}N 原子核に高エネルギーの陽子 p (^{1}H) を衝突させると，^{14}N とは全く異なる ^{11}C が生じ，同時に α 粒子（^{4}He）が放出される．

$$^{14}\text{N} + {}^1\text{H} \rightarrow {}^{11}\text{C} + {}^4\text{He}, \quad {}^{14}\text{N}(p, \alpha){}^{11}\text{C}$$

この現象を（原子）核反応，または核変換という．このように核反応は，A+a→B+b か，A(a, b)B で表す．核反応では，陽子と中性子が組み替わるだけなので，反応の前後で，核子と電荷の総数は保存される．そのため，質量数の和も原子番号の和も，反応の前後で変わらない．

核反応で生じた原子核は不安定なので，一般に放射性のものが多い．上述の ^{11}C も，半減期が約 20 分の β^+ 放射型の核種である．

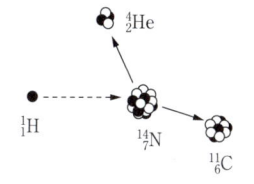

図 28.7 原子核反応

このように，核反応によって元素自身が変わるので，核反応は錬金術の現代版ともいえる．

【練習】次の核反応を表す式の □ は，どんな原子核か．
$^{14}_{7}\text{N} + {}^4_2\text{He} \rightarrow \square + {}^1_1\text{H}$ ［答］$^{17}_{8}\text{O}$

結合エネルギーや質量欠損とは，どんなものか

原子核を構成している核子は，強い核力で結合しているので，これを陽子と中性子にバラバラに分解するには，核力を断ち切るほどのエネルギーを外部から加えねばならない．これが原子核の結合エネルギーにほかならない．

そこで逆に，バラバラ状態の核子同士が結合して原子核を構成する際には，結合エネルギー相当分のエネルギーが余るので，これが核の運動エネ

表 28.5 He 原子核の質量欠損

陽子	1.6726×10^{-27} kg × 2
中性子	1.6749×10^{-27} kg × 2
合計	6.6950×10^{-27} kg
^{4}He原子核	6.6447×10^{-27} kg
質量欠損	0.0503×10^{-27} kg

30 章で学ぶように，質量とエネルギーは等価なので，質量はエネルギーに転化する．つまり，質量 m とエネルギー E は本質的に同じなのである．

1 MeV（メガ電子ボルト）＝ 10^6 eV

ルギーや γ 線の形で核外へ放出される．不安定な原子核が分裂する際にも同様に，結合エネルギーの一部が放出される．

ところで，He 原子核の質量は表 28.5 のように，陽子 2 個と中性子 2 個の質量の和よりも，わずかに小さい．一般に，原子核の質量も，それを構成している陽子と中性子の質量の総和より，わずかに軽くなっている．その差 Δm を質量欠損という．原子核の質量を M，陽子と中性子の質量をそれぞれ M_p, M_n とすると，質量欠損は次式で表される．

$$\Delta m = \{ZM_p + (A-Z)M_n\} - M \qquad (28.3)$$

原子核の質量が核子の総質量より Δm だけ軽くなる理由は，アインシュタインの相対性理論によって明らかにされ，次式のように質量欠損 Δm に相当したエネルギー E が，上述の結合エネルギーにほかならない．

$$E = \Delta mc^2 \quad (c \text{ は光速}) \qquad (28.4)$$

そこで，バラバラ状態の核子同士が結合して，核子相互間の位置エネルギーが，より低い状態になると，結合エネルギー相当分のエネルギーが核外へ放出されるので，それだけ質量も軽くなる．したがって，質量欠損は結合エネルギーの別名と解してよい．

【例題】表 28.5 を基にして，He 原子核の核子 1 個当たりの結合エネルギーを求めよ．
［解答］He 原子核の質量欠損 $\Delta m = 0.0503 \times 10^{-27}$ kg ∴ その結合エネルギーは，$E = \Delta mc^2 = 4.53 \times 10^{-12}$ J $= 28.3 \times 10^6$ eV $= 28.3$ MeV．したがって，核子 1 個当たりの結合エネルギー $\fallingdotseq 7$ MeV

ところで，原子核の核子 1 個当たりの結合エネルギーは，図 28.8 のように質量数 A の増大に伴って増加し，$A=56$（鉄）の近傍で最大になる．そのため，この近傍の原子核は最も強く結合して，安定である．しかし，さらに質量数が大きくなると，陽子間の反発力が増大するので，核子 1 個当たりの結合エネルギーは小さくなり，不安定になる．

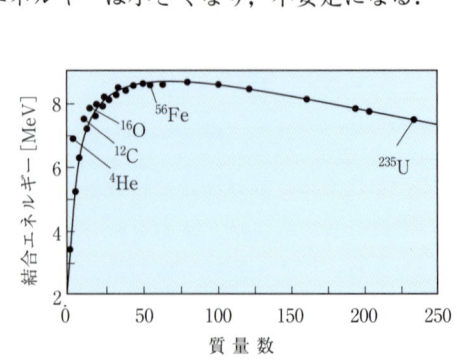

図 28.8 核子 1 個当りのエネルギー

核分裂とは，どんなものか

^{235}Uや^{239}Puなどの，質量数の大きな原子核は極めて不安定なので，これに中性子nが当たると，図28.9のように2個の原子核AとBに分裂し，同時に2～3個の中性子が放出される．その際，分裂前後における原子核の結合エネルギーの差額相当分のエネルギーが放出される．この現象を核分裂と呼び，AとBを核分裂生成物（核分裂片）という．放出される中性子も核分裂片も，猛烈な速度を持っている．

核分裂のパターンは一通りではないので，300種以上の核分裂片が生じ，その一例を次に示す．原子番号の和と質量数の和は，いずれも分裂の前後で変わらない．核分裂片の大部分が強い放射能を有している．

$$^{235}_{92}U + ^{1}_{0}n \rightarrow ^{137}_{55}Cs + ^{97}_{37}Rb + 2^{1}_{0}n$$

$$^{235}_{92}U + ^{1}_{0}n \rightarrow ^{141}_{56}Ba + ^{92}_{36}Kr + 3^{1}_{0}n$$

核分裂の際に放出される2～3個の中性子が，近くの^{235}U原子核に当たると，さらに核分裂が起こり，そのとき生じた中性子は次の核分裂を起こす．このように中性子が担い手となって，ネズミ算的に次々と増大する核分裂を連鎖反応という．^{235}Uの核分裂の際に，膨大なエネルギーが発生するのも，核分裂が連鎖的に進むためである．

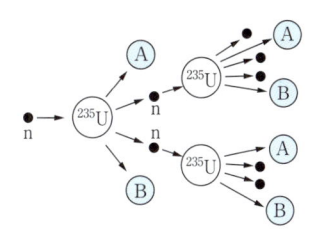

図28.9 ^{235}Uの核分裂と連鎖反応

原爆は連鎖反応が瞬時に進むようにしたものであるが，原子力発電では，連鎖反応が原子炉の中で徐々に進み，しかも連鎖反応を制御できるようになっている．

【例題】^{235}Uが核分裂すると，質量数が約120の核分裂片が2個生じる．^{235}Uの核子1個当たりの結合エネルギーは，図28.8より約7.6 MeVで，質量数が約120の原子核のそれは，約8.5 MeVある．①1個の^{235}U原子核が分裂すると，放出されるエネルギーは何MeVか．②1 kgの^{235}U原子核が分裂すると，放出されるエネルギーは何calか．

[解答] ①核分裂前後の原子核1個の結合エネルギーの差＝$(8.5-7.6) \times 235 \fallingdotseq 200$ MeV．②アボガドロ数＝6.02×10^{23}，∴ 1 kgの^{235}U原子核の数$=6.02 \times 10^{23} \times 10^{3}/235 = 2.56 \times 10^{24}$ ∴ 放出されるエネルギー$E = 200 \times 2.56 \times 10^{24} = 5.1 \times 10^{26}$ MeV$= 5.1 \times 10^{32} \times (1.6 \times 10^{-19})$ J$= 8.2 \times 10^{13}$ J$= 8.2 \times 10^{13}/4.2$ cal$\fallingdotseq 2.0 \times 10^{13}$ cal

これは20万tの水を100℃上昇させ，石炭の約3000tの熱量に相当する．このように原子核の中には，膨大なエネルギーが秘められている．これを核エネルギーという．

そこで，^{235}U原子核の分裂前後の質量を比較すると，分裂後の総質量は，分裂前の総質量よりわずかに軽くなっている．この質量欠損がエネルギーに転化したものが，核エネルギーである．1 kgの^{235}Uが核分裂する

このように核エネルギーの根源は，分裂前後における核子の結合エネルギーの差にあるが，見方を変えれば，核分裂に伴う質量欠損にある．

核エネルギーのことを原子力エネルギー，原子力ともいう．

と，0.09％（約1g）の質量がなくなり，代わりに石炭の約3000t分（300万倍）のエネルギーが発生する．

このように，^{235}Uや^{239}Puなどの核燃料1kg当たりのエネルギー発生量が，化石燃料より約300万倍も高いのは，表28.6のように消失する質量の違いにある．

その基を正せば，核力の大きさ[MeV]と化学結合力の大きさ[eV]の違いによる．

核エネルギーの8割は，核分裂片の運動エネルギーに，2割が中性子やβ線，γ線のエネルギーになる．高エネルギーの核分裂片は付近の原子に次々と衝突するので，その運動エネルギーは最終的には，熱エネルギーになる．
このように，核エネルギーは熱と放射線の形で放出される．

表28.6　核エネルギーと化学エネルギーとの比較（1kg当り）

物　質	反　応	放出エネルギー	消失する質量
水　素	核融合	1.5×10^{14}cal	約7g
ウラン	核分裂	2.0×10^{13}	約0.9g
石　油	燃　焼	11×10^6	0.00000…
石　炭	燃　焼	$(3\sim8)\times10^6$	0.00000…

◆◆◆ 原子力発電の原理は，どうなっているのか ◆◆◆

火力発電では，化石燃料で水を温めて高温の水蒸気を作り，それを発電機に直結したタービン（羽根車）へ噴射して回転させる．原子力発電では図28.10のように，原子炉の中で核分裂を起こさせ，その際生ずる熱エネルギーで水（冷却水）を温めて高温の水蒸気を作る．それ以降は火力発電と全く同じである．

ところでU鉱石は，質量数の異なる^{235}Uと^{238}Uの混合物である．その中で核分裂するほうの^{235}Uは0.7％で，核分裂し難い^{238}Uが99.3％である．そこで原爆では，^{235}Uの濃度を90％以上に高めた濃縮Uを使用するが，原子力発電では安全上，3〜5％の濃縮Uを使用する．

福島原発の大事故の直後，日独伊は脱原発に動いたが，途上国では，①温暖化防止，②発電コストの安さ，③エネルギーの安定供給の面から逆に，原発を増設している．
その背景には，化石燃料の枯渇がある．

原子力発電の特長は，1kg当たりのエネルギー発生量の大きさにあり，化石燃料に比べて約300万倍も高いが，欠点は，核分裂生成物のA，Bが放射能を持っていることにある．しかし，その発生量は化石燃料の燃焼によって生じる気体廃棄物（CO_2，SO_2，NOx）に比べて桁違いに少なく，cal

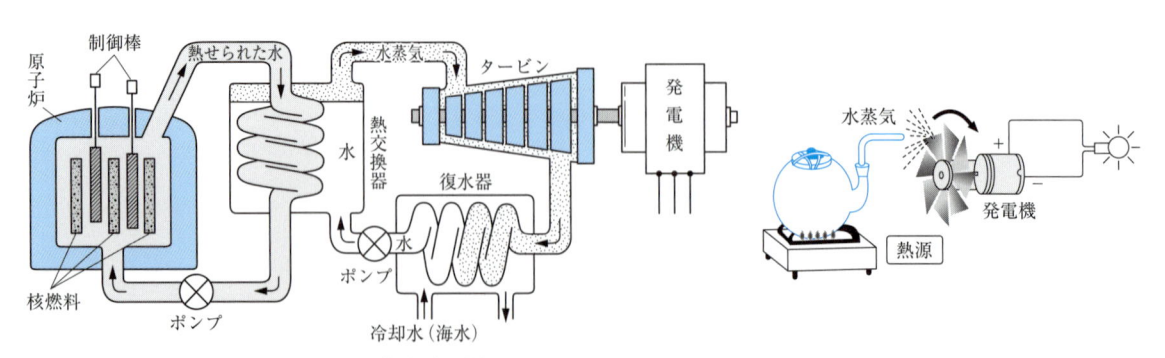

図28.10　原子力発電の仕組み

当たりで比較すると，化石燃料の百万分の一に過ぎない．

核融合とは，どんなものか

原子力には，① 核分裂のほかに，② 核融合がある．

水素のような軽い原子核同士を超高温の下で融合させると，^{4}He 原子核が生成されるが，その際，両結合エネルギーの差額相当分のエネルギーが外部へ放出される（図 28.11）．

これが核融合の原理である．核融合は核分裂に比べて，放出されるエネルギーが大きく，かつ生成物に放射能がなく，しかも U のように資源的制約もないので，未来のエネルギー源として期待されている．

太陽や恒星は水素から構成され，そのエネルギーは，$4\,^1\text{H} \rightarrow {}^4\text{He}$ の核融合反応により放出されている．太陽では，1 秒間に 6.57 億 t の H が，6.53 億 t の He に転換されているので，減少・消失した 400 万 t の質量が，電波から X 線までの電磁波のエネルギーに転化している．

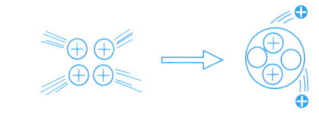

図 28.11 核融合反応

章末問題

問 1 ベリリウム $^9_4$Be に α 線（$^4_2$He）を当てたところ，中性子 $^1_0$n が放出され，ある元素が生じた．この核反応を式で表せ．

問 2 $^{222}_{86}$Rn の半減期は 90 時間である．放射能濃度が 9361 Bq/l の鳥取県三朝温泉（国内最高）のラドン温泉水を汲み置きしたとき，半月後の放射能濃度を求めよ．

問 3 $^{226}_{88}$Ra の半減期は 1600 年である．1 g の $^{226}_{88}$Ra が 1 秒間に壊変する個数を求めよ．

問 4 半減期が 1600 年の $^{226}_{88}$Ra と 45 億年の $^{238}_{92}$U がある．1 g の放射能の強さを比較せよ．

問 5 1 kg の $^{235}_{92}$U 原子核が分裂するとき，消失する質量を求めよ．

29 放射線の性質と作用

◆◆◆ 放射線の種類には，どんなものがあるか ◆◆◆

X線に続いて，α線，β線，γ線が相次いで発見され，現在では表29.1のように，いろいろな放射線が発見されている．放射線は電磁放射線と粒子放射線に大別され，いずれもエネルギーが高く，電離作用を有する．

電磁波の中で，X線とγ線を電磁放射線という．

表 29.1 放射線の種類

放射線の種類		記 号	電 荷	質量数
電磁放射線	X 線	X	0	―
	γ 線	γ	0	―
粒子放射線	α 線	α	＋2	4
	β 線	β^-	－1	―
	電 子 線	e^-	－1	―
	陽電子線	β^+	＋1	―
	陽 子 線	p	＋1	1
	重粒子線		＋1以上	6以上
	核分裂片		＋20～22e	72～162
	中性子線	n	0	1

粒子放射線は種類が多い．電子線は高速電子の流れであり，X線と同じく，人工放射線の一種である．電子線は電子線加速器を使って，電子を高電圧の下で加速して発生させるが，加速電圧が一定なので，エネルギーの揃った電子が得られる．β線も電子線と同じく，高速電子の流れであるが，個々の電子のエネルギーは不揃いである．

陽電子は＋電荷を帯びた電子のことで，β^+崩壊の際に放射される．

陽子線や重粒子線（重イオン線）は，陽子や重い元素をサイクロトロンなどのイオン加速器を用いて加速して発生させる．核分裂片（核分裂生成物）は ^{235}U や ^{239}Pu が核分裂する際に生じ，猛烈な運動エネルギーをもっている．中性子線は原子核反応の際に発生する．

重イオンとは，Heより重いイオンの総称である．

放射線にはこのほか，宇宙の彼方から地球に降り注いでいる宇宙線がある（図29.1）．その中の1次宇宙線は，銀河系の中にある星間物質が磁場の下で加速されたものや，恒星の超新星爆発や太陽表面での爆発などによって生じた荷電粒子群の流れであり，その大部分は陽子とα粒子である．

2次宇宙線は，大気圏に突入した1次宇宙線が酸素や窒素などの原子核と衝突して，核反応により2次的に生じたもので，高エネルギーの電子や中性子，γ線などの混合放射線である．

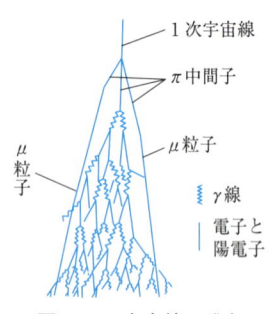

図 29.1 宇宙線の飛来

宇宙線のエネルギーは極めて高く，最高 10^{14} MeV にも達する．

放射線には，どんな性質があるか

 放射線が恐れられる一方，ガンの治療に利用されるのは，なぜだろう．それは放射線には，① 強い透過力と，② 電離作用が備わっているからである．β線による原子の電離と励起の様子を図29.2に示した．

 α線やβ線のような荷電粒子は物質に当たると，物質を構成している原子や分子の軌道電子を，クーロン力によって次々と電離，または励起しながら物質中を進んでいく．放射線は原子・分子を電離・励起するたびごとに，それだけエネルギーを失うので，放射線のエネルギーは次第に低下していく．

 透過力と電離作用（電離力）の大きさは，放射線の種類によって異なり，同じ放射線でも，そのエネルギーによって異なる．表29.2はα線，β線，γ線の透過力と電離力を比較したものである．α線は巨大で電荷も多く，電離力が大きいので，多数の原子・分子を電離する．そのためにエネルギーが費やされるので，透過力は逆に小さくなる．γ線は電離力が小さいので，透過力は逆に大きい．β線は両者の中間にある．

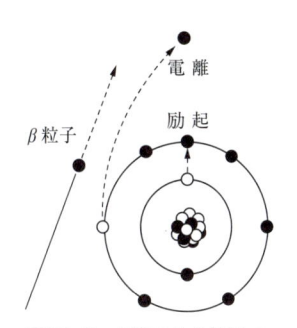

図29.2 β線による原子の電離と励起

電子が離れるから，電離（イオン化）という．

放射線を人や物質が受けても，紫外線による日光浴と同じ理屈で，放射線が残ったり，まして放射能が残ったりすることは有り得ない．残るのは，放射線の影響や効果である．

表29.2 放射線の透過力と電離力

	透過力	電離力
α線	1	10^4
β線	10^2	10^2
γ線	10^4	1

表29.3 電磁放射線による電離

① 光電効果
② コンプトン効果
③ 電子対創生

電磁放射線による電離作用は，どうなっているか

 上述のように，α線やβ線のような荷電粒子線が物質に当たると，そのクーロン力によって，物質構成原子・分子は電離・励起を受ける．しかし，電荷を持たないX線やγ線が物質に当たると，どうなるであろうか．

 電磁放射線は，原子・分子に対してクーロン力を及ぼさないので，その電離作用も，荷電粒子線のそれとはかなり異なり，表29.3に示す3効果によって物質構成原子・分子を電離・励起する．

光電効果とは，どんなことか

 光電効果は27章で述べたように，光が物質に当たると，その表面から電子が飛び出す現象である．電磁放射線が原子・分子の近くを通ると，その近傍の電場と磁場が激しく振動するため，軌道電子は強烈な刺激を受ける．電磁放射線のエネルギーが，軌道電子と原子核との結合（電離）エネルギーより高いと，軌道電子は原子からの束縛に打ち勝って，原子から飛び出し，電離される（図29.3）．しかし，その様相は前述の荷電粒子線による電離とは大きく異なる．

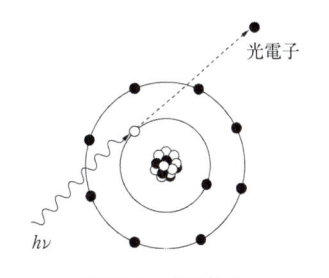

図29.3 光電効果

電磁放射線は可視光よりもエネルギーが高いので，容易に光電効果を起こす．なお，太陽電池はこの光電効果を利用して，光のエネルギーを電気エネルギーに変換している．

荷電粒子線による電離では，電離のたびごとに，荷電粒子はエネルギーの一部を原子・分子に与えながら，徐々にエネルギーを失っていくのに対して，光電効果による電離では，電磁放射線の光子エネルギーが電離エネルギーと光電子の運動エネルギーに転化するので，電磁放射線は1回の光電効果で全エネルギーを失い，そのまま消滅する．

しかし，光電効果によって飛び出した光電子は，電子線やβ線と同じく荷電粒子として働き，さらに付近の原子・分子を2次的に電離する．

◆◆・ コンプトン効果とは，どんなことか ・◆◆

光が物質に当たると，いろいろな角度に散乱されるが，散乱光の波長は入射光の波長に等しい．ところがコンプトンは1923年，光より波長の短いX線を物質に当てると，図29.4のように原子の軌道電子を弾き飛ばし，X線自身は波長が長くなって，別方向に散乱される現象を発見した．これをコンプトン効果という．

この現象は，電磁放射線を単なる波動と考える波動説では説明できないので，彼は光量子説によって次のように見事に説明した．

光量子説によると，振動数νのX線はエネルギー$h\nu$と運動量$h\nu/c$を有している．そのため，光子が原子・分子の軌道電子と衝突すると，電子にエネルギーと運動量の一部を与えて弾き飛ばすので，原子・分子は電離されるが，散乱光子自身はそれだけエネルギーが$h\nu'(\nu>\nu')$に低下し，つまり波長が長くなる．

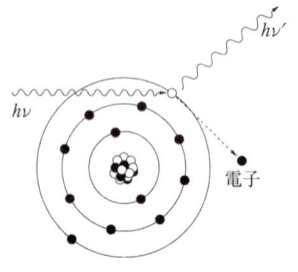

図29.4 コンプトン散乱

コンプトン効果はコンプトン散乱とも呼ばれ，X線よりも波長の短いγ線のほうが起こりやすい．

このようにコンプトン効果では，入射光子のエネルギー$h\nu$の一部が電子の運動エネルギーに転化し，残りは散乱線のエネルギー$h\nu'$になる．

散乱された電磁放射線は2次的，3次的なコンプトン効果を起こしながら，次第にエネルギーを失い，最後に光電効果を起こして消滅するか，あるいは低エネルギーの電磁波に変化して，最終的には原子・分子の熱運動のエネルギーになる．一方，コンプトン効果によって生じた電子は，光電子と同じく，さらに付近の原子・分子を次々と電離する．

◆◆・ 電子対創生とは，どんなことか ・◆◆

電子対創生とは図29.5のように，1.02 MeVより高いエネルギーの電磁放射線が原子の近くを通ると，原子核のクーロン電場の中で光子が消滅し，代わりに一対の電子と陽電子が生成する現象である．簡単にいえば，光子エネルギーが電子と陽電子，つまり物質に転換する現象であり，強いて表せば，$h\nu \rightarrow e^+ + e^-$と書くことができる．

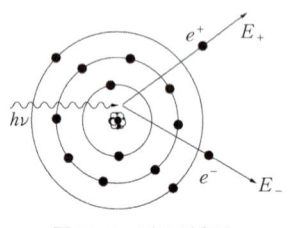

図29.5 電子対創生

しかし，なぜ1.02 MeVより高くないと起きないのだろうか．

29. 放射線の性質と作用

相対性理論によると，質量 m の物体は静止していても，$E=mc^2$ のエネルギーを有しているので，これを静止エネルギーという．この式は，質量とエネルギーが本質的に同じものであることを表し，質量はエネルギーに転化し，逆にエネルギーは質量に転化することを意味している．

> 【例題】電子の静止エネルギーを求めよ．
> ［解答］電子の質量は $m=9.11\times10^{-31}$ kg，光速度は $c=3.0\times10^8$ m/s なので，電子の静止エネルギーは，$E=mc^2=8.2\times10^{-14}$ J となる．
> これを eV（$1\,\text{eV}=1.60\times10^{-19}$ J）に換算すると，$E=0.51$ MeV

電子対創生では，入射光子のエネルギーの一部が両電子の質量（静止エネルギー）に転化し，残りがその運動エネルギーになる．したがって電子対創生は，入射光子のエネルギーが電子対の静止エネルギーの 1.02 MeV（$=2\times0.51$）より高くないと起こらない．

電子対創生によって生じた両電子は，光電効果やコンプトン効果で生じた電子と同じく，周囲の原子・分子を電離・励起しながらエネルギーを徐々に失っていく．なお，陽電子は最終的には付近の電子と衝突して，再び元の γ 線に転化する．これは電子対創生の逆現象なので，消滅放射あるいは電子対消滅と呼ばれ，$e^+ + e^- \rightarrow 2\gamma$ で表される．

放射されるγ線を消滅放射線，あるいは消滅γ線という．消滅放射の現象は，ガン診断用のポジトロン CT（陽電子イメージング，PET）として利用されている．

放射線の強さや放射線の量とは，どんなものか

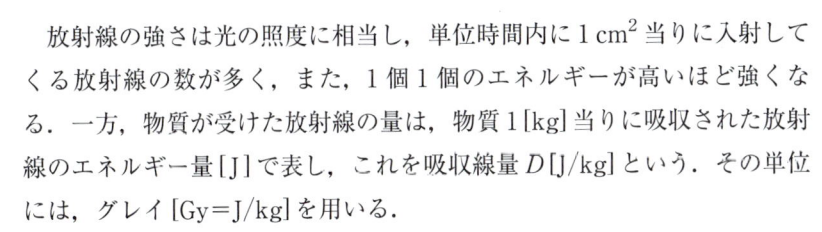

放射線の強さは光の照度に相当し，単位時間内に 1 cm² 当りに入射してくる放射線の数が多く，また，1 個 1 個のエネルギーが高いほど強くなる．一方，物質が受けた放射線の量は，物質 1 [kg] 当りに吸収された放射線のエネルギー量 [J] で表し，これを吸収線量 D [J/kg] という．その単位には，グレイ [Gy=J/kg] を用いる．

放射線が物質に吸収されたエネルギーは，原子や分子の電離と励起エネルギーに費やされるので，放射線が物質中で失ったエネルギーにほかならない．（吸収）線量 D [Gy] は単位時間当たりの線量を I [Gy/h]，照射時間を t [h] とすると，日光浴の光量と同じく次式で表される．

$$D = I \cdot t \tag{29.1}$$

この単位時間当たりの線量 I を放射線の強さ，あるいは線量率という．

ところで，人体組織が放射線を受けた（被曝）ときの影響は，吸収線量だけでなく，放射線の種類にも関係するので，それを考慮した線量を実効線量と呼び，単位にはシーベルト [Sv] を用いる．X 線と γ 線，β 線で

式(29.1)は，夏の日光浴と冬の日光浴を比べると分かりやすい．

原水爆の場合は，被爆という．

は，1 Gy＝1 Sv になるが，α 線では，1 Gy＝20 Sv になる．

【練習】 ^{226}Ra の 1 g（＝370 億 Bq）から，1 m 離れた点の放射線の強さは，約 0.01 Sv/h（＝10 mSv/h）である．そこに 2 時間滞在したときの被曝線量を求めよ． ［答］20 mSv

放射線の強さは，放射能の強さに関係するか

　放射性物質から放射される放射線は，光源から放射される光と同じく，四方八方（放射状）に拡がる．そのため，放射性物質の放射能の強さと放射線の強さの関係は，図 14.12 の光源の明るさ［カンデラ］と照度［ルクス］の関係と同じで，両者の間には距離が関係する．

　したがって，ある点の放射線の強さは，放射性物質（放射線源と呼ぶ）の放射能が強いほど強く，放射線源からの距離が長いほど弱くなるので，図 29.6 のように放射線源から遠ざかるに従って弱くなる．放射能の強さと放射線の強さの関係は，地震のマグニチュードと震度の関係に似ている．

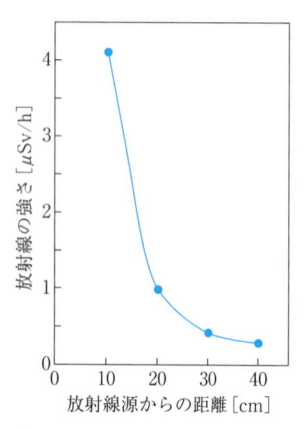

図 29.6 距離による放射線の強さの低下

【練習】放射線源から 1 m 離れた点の放射線の強さは，3 m 離れた点の値より何倍強いか． ［答］9 倍

自然放射線とは，どんなものか

　人は，① 宇宙線のほかに，② 大地から来る放射線，③ 食物中に含まれている微量の放射性物質から出る放射線，④ 大気中のラドン（^{222}Rn）からの放射線を受けている．これらを自然放射線という．

　その被曝線量は世界平均で，年間 2.4 mSv にもなる（表 29.4）．人が地上で受けている宇宙線は，約 500 個/秒もあり，その強さは高度とともに強くなり，成層圏では地上の 100 倍にもなる．宇宙線は，人工衛星に搭載されている電子機器の故障の原因になっているが，生物に進化をもたらす突然変異の原因にもなっている．

表 29.4 自然放射線からの年間被曝線量

① 宇宙線から	0.38 mSv
② 大地から	0.48 mSv
③ 食物から	0.29 mSv
④ ラドンから	1.25 mSv

広さ 60 坪（≒200 m^2），深さ 1 m の宅地には，約 1 kg の U が埋蔵されている．

温泉に ^{226}Ra や ^{222}Rn が含まれるのは，その証しである．

　大地から来る放射線の強さは，表 29.5 のように地域によって異なり，花崗岩地帯は U の含有量が多いので，高くなる．地殻には ^{40}K や ^{226}Ra，^{232}Th，^{238}U などの放射性元素が，約 500 兆 t（＝4.3×10^{25} Bq）も埋蔵されている．これは地球創造の際に生じたもので，地熱の大半は，それらの放射性元素から出た放射線のエネルギーが，熱エネルギーに転化したものである．

これらの放射性元素は雨水や地下水，河川，海水にも，微量ながら溶けている．海水には，$3\,mg/m^3$ の U が溶けているので，U の総量は 45 億 t にもなる．土壌や空気，水中の放射性元素は，動植物に摂取されるので，食品には例外なく，微量の放射性元素（自然放射能）が含まれている．そのため人の体内にも，^{40}K などの放射性元素が含まれている．身近な放射能の強さと濃度を表 29.6 に示した．

表 29.5　地域による自然放射線量の違い

神奈川	0.81 mSv/年
熊本	0.98
長崎	1.00
広島	1.07
大阪	1.08
福岡	1.10
岐阜	1.19
広東	3.0
ケララ（インド）	17
ラムサール（イラン）	71

表 29.6　身近な放射能の強さと濃度

地殻 700 兆トン（推定）	4.3×10^{25} Bq	ホウレン草	89〜222 Bq/kg
福島原発残存量	1.1×10^{19} 〃	サラダ油	181 〃
チェルノブイリ放出量	5.2×10^{18} 〃	玄米	74 〃
福島原発放出量	4.8×10^{17} 〃	尿	111 Bq/l
広島原爆	2.7×10^{17} 〃	牛乳	52 〃
山梨県増富温泉	11,100 Bq/l	海水	11 〃
人体（60 kg）	7,600 Bq	河川水	3.7 〃
一般食品規制値	100 Bq/kg	水道水	0.74 〃
土壌	155〜1,025 〃	大気	0.4〜5.6 Bq/m^3

最近の研究によると，自然放射線を遮断した環境の下では，生物は生育しにくいことが分かっている．放射線や放射能と聞いただけで，不安や恐怖を覚える人が多いが，大切なのは，その量である．

放射線や放射能が有害か無害かの目安は，自然放射線や自然放射能のレベルと考えてよい．あまりにも神経質過ぎると，食事も温泉浴も転居も海外旅行も健診も危険なことになる．何ごとも，『正しく怖がる』ことが肝心である．身近な放射線の強さと線量を表 29.7 に示した．

表 29.7　身近な放射線の強さと線量

平常時の原発周辺	0.001	mSv/年	避難区域	20	mSv 以上/年
胸部 X 線写真	0.05	mSv/回	宇宙飛行士	100〜150	mSv/回
飛行機（日米間往復）	0.19	〃	臨床的症状なし	250	mSv 以下
胃部 X 線写真	0.6	〃	白血球の減少	250〜500	mSv
線量限度（一般人）	1.0	mSv/年	脱毛	3,000	〃
自然放射線	2.4	〃	致死線量	7,000	〃
ラドン温泉（中津川）	2.8	〃	原爆初期放射線	100,000	〃
胸部 X 線 CT スキャン	6.9	mSv/回	がん治療	10〜100	Gy

食物には，健康に欠かせないカリウムが含まれているが，その中の 0.0117% は天然の放射性 ^{40}K である．例えば，米には ^{40}K が 33 Bq/kg が含まれている．

そのため，体重 60 kgw の大人には，常時 4000 Bq の ^{40}K が蓄積されており，^{40}K による内部被曝線量は年間 0.17 mSv になる．

放射線の健康への影響は，どうなっているか

放射線には，① 発ガンなどの身体的影響と，② 奇形などの遺伝的影響があるが，逆にガンやアザを治す効果があるのは，なぜだろう．

物質が放射線を受けると，物質構成原子・分子の電子が電離作用によって叩き出されるので，原子・分子がイオン化したり，分子間の化学結合が切れたりする．その結果，種々の化学反応が起こる．物質が生体の場合

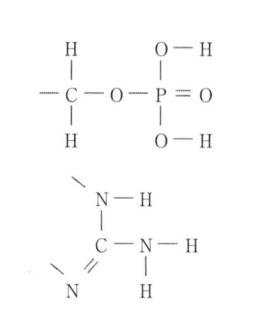

図 29.7　DNA の分子構造の一部

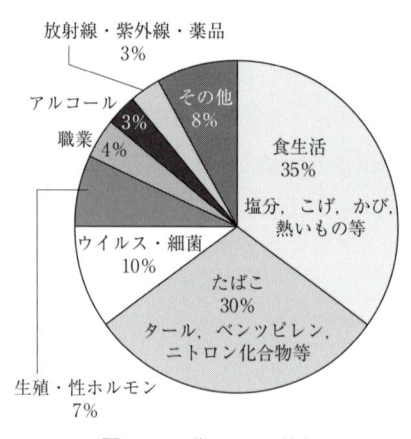

図 29.8　発ガンの原因

は，細胞中の DNA 分子（図 29.7）が切断されるが，その傷の大部分は修復される．しかし，被曝線量が多くなると，修復が追いつかず，突然変異を招く．

　ガンの原因は図 29.8 のように，食生活と煙草が 2/3 を占めるが，放射線によっても，確かにガンや遺伝的影響が発生しやすくなり，その発生率は被曝線量に比例して増加する．原爆のデータによるガンの発生確率と，自然発生率を表 29.8 に並記した．100 mSv 以下の低線量では，自然発生のガンとの識別が不可能である．なお，遺伝的影響は動物実験では顕著に認められるが，人では幸いにも認められていない．

　一方，ガンの放射線治療では，大量の放射線をガン細胞に集中的に照射し，ガン細胞の化学結合をズタズタに切断して死滅させる．

> 喫煙に伴うガンによる死者は，国内だけで年間約 20 万人で，交通事故死数の約 1 万人をはるかに上回り，副流煙による死者も 2〜3 万人に達している．

表 29.8　放射線による発ガンの確率

100 mSv の被曝	自然発生率
50 人/1 万人 （0.5％増）	3030 人/1 万人 （30.3％）

◆・◆　放射線は，どんな分野で利用されているか　・◆・◆

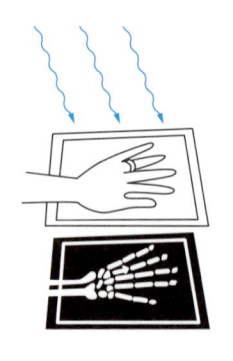

　放射線は医療分野だけでなく，工業，農業，理化学の各分野で広く使われ，最近の医療や産業は，放射線を利用せずには成り立たなくなっている．放射線の利用には，① 放射線の強い透過力に着目した『情報利用』と，② 電離作用を巧みに応用した『エネルギー利用』がある．

　① には，レントゲン検査や γ 線による船舶の溶接部，飛行機エンジンの検査などがある．物体内を透過した放射線の強さは，その厚さが厚いほど，密度が高いほど弱くなるので，透過した放射線の強さを測定すれば，内部欠陥や異物の有無と分布などの内部情報が得られる．

　② では，物質に放射線を照射して，物質構成原子・分子にイオン化や化学結合の切断を起こさせ，いろいろな化学反応を誘発させている．一例として，プラスチックの改質，タイヤ用ゴムの強化，難燃性の電線被覆材の製造などが挙げられる．

> 放射線を利用している事業所の数は，国内だけでも 8000 箇所（レントゲン装置は含まず）にも達している．

29. 放射線の性質と作用

物質が生体の場合には，さらに複雑な生化学反応が起こるので，それを利用して生理機構を狂わせることができる．この原理を利用したものが，じゃがいもの発芽防止や，ウリミバエなどの害虫の不妊化による防除技術である．注射器や手術用の糸などの医療器具の滅菌にも，放射線が利用されているが，その原理は放射線によるガン細胞の殺傷死滅と同じである．

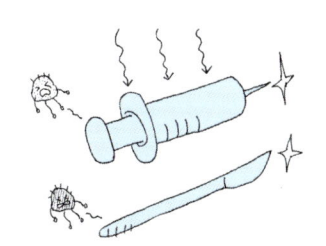

章末問題

問1 次の中から電磁波を選び出し，波長の長いほうから順に並べよ．
① X線，② β 線，③ γ 線，④ 磁力線，⑤ 電波，⑥ 紫外線，⑦ 中性子線，⑧ 音波，⑨ 赤外線，⑩ 可視光線，⑪ 電気力線

問2 電子と陽電子が接触すると，両者は消滅して，$e^+ + e^- \to 2\gamma$ のように，消滅 γ 線（光子2個）が生ずる．そのエネルギーを，① J と ② MeV とで表し，③ その波長を求めよ．ただし，電子の質量を $m = 9.11 \times 10^{-31}$ kg，光速度を $c = 3.0 \times 10^8$ m/s，プランク定数を $h = 6.63 \times 10^{-34}$ J·s とする．

問3 放射線源から1m離れた位置にA点がある．4m離れた位置のB点での被曝線量が，A点に1時間滞在したときと同じ被曝線量になるには，B点に滞在できる時間を求めよ．

問4 宇宙飛行士は約3カ月の滞在期間中に，100～150 mSv の宇宙線を被曝する．① 宇宙船内の宇宙線の強さは，地上での強さの約何倍か．② 宇宙ステーションに1年間滞在すると，ガンの発生確率は自然発生率に比べて，約何％増加するか．

問5 煙草には多種多様な発ガン物質が含まれ，それがDNAを傷つける威力は，1本が 0.04 mSv の放射線被曝に相当する．① 1日に25本吸えば，年間何 mSv の被曝線量に相当するか．② 20年間続けると，ガンの発生確率は自然発生率に比べて，約何％増加するか．

30 相対性理論とは，どんなものか

　相対性理論といえば，Einstein と言われるほど，その名はよく知られているが，その内容は難解であるためか，余り知られていない．
　相対(性理)論には，等速度運動という特殊な場合だけを取り扱う「特殊相対論」と，一般の加速度運動までを取り扱う「一般相対論」の2つがある．前者は時間，空間(長さ)，質量，およびエネルギーに関する理論であり，後者は重力に関する理論である．

◆◆◆　特殊相対論とは，どんなものか　◆◆◆

　ニュートンによって確立された力学では，時間や空間，質量などの物理量は，これまで学んだように，絶対的なものとして取り扱ってきた．そのため，1秒間や1m，1kgは，静止している座標系で測っても，速度 v で運動している座標系で測っても同じ値になる．
　ところが相対論によれば，物体が光速度 c に近いような速度 v で運動すると，運動座標系で測った値と静止座標系で測った値とが，次のように異なってくる．
　① 速度 v で飛行している宇宙船の中で t_0 時間続いた現象は，地上から見ると，

$$t = \frac{t_0}{\sqrt{1-(v/c)^2}} \tag{30.1}$$

になるので，地上では宇宙船の中より，時間は長くなる(図30.1)．

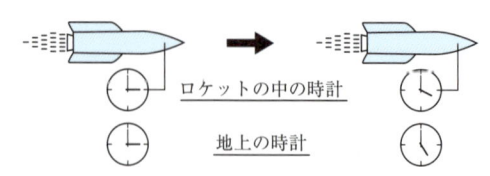

図 30.1　ロケットの中の時計の遅れ

　② 宇宙船の中で測った長さ l_0 [m] の棒は，地上から見ると，

$$l = l_0 \sqrt{1-\left(\frac{v}{c}\right)^2} \tag{30.2}$$

になるので，棒は運動の方向に縮んで見える．

③ さらに相対論によれば，運動する物体の質量 m も，その速度 v とともに増大し，物体の静止質量を m_0 とすると，次式で表される．

$$m = \frac{m_0}{\sqrt{1-(v/c)^2}} \tag{30.3}$$

相対論は，時間や空間，質量などは決して絶対的な値ではなく，物体の運動によって変わる，相対的な値に過ぎないことを述べたものである．このように，これまで自明のことと信じられてきた時間や空間，質量の絶対性が，相対論の登場によって崩れたのである．しかし，なぜこのように常識と矛盾するような奇妙な現象が生じるのだろうか．

相対論は不確定性原理と並んで，物理学の分野の中で最も哲学的である．

それは，私たちが時間や空間の認識手段に，有限の速度 c で伝わる光を使っているからで，仮に光が瞬時に伝わるのであれば，相対論的現象は現れない．また，式(30.1)～(30.3)から分かるように，物体の速度 v が $v \ll c$ であれば，相対論的現象は現れない．物体の速度が光速度に近づくほど，相対論的現象は顕著に現れる．

ところで相対論は表30.1のように，① 光速度不変の原理と，② 運動の相対性原理を基にして構築された理論である．① はマイケルソン・モーリーの実験結果に基づき，「光は光源の速度や観測者の速度に関係なく，真空中では光速度 c で等方的に伝わる」という考えである．

② は「運動は本来，相対的なものなので，物理法則は異なる座標系の人に対しても，同等な形で表されなければならない」という考えである．宇宙船の例では，宇宙船が静止して，地球が運動していると考えてもよいが，重要なのは，宇宙船と地球の相対速度である．

表30.1 相対論の基になっている原理

| ① 光速度不変の原理 |
| ② 運動の相対性原理 |

◆◇◆ 同時とは，どんなことか ◆◇◆

図30.2のように，光速に近い速さで進行している電車を考えよう．いま，電車の中央で光を発すると，車内の人Aは，光は電車の最前部と最後部に同時に到達すると感じる．ところが地上の人Bは，電車がその間に進んでいるから，光は最後部に到達した後，少し遅れて最前部に到達した

(a) 車内で見る

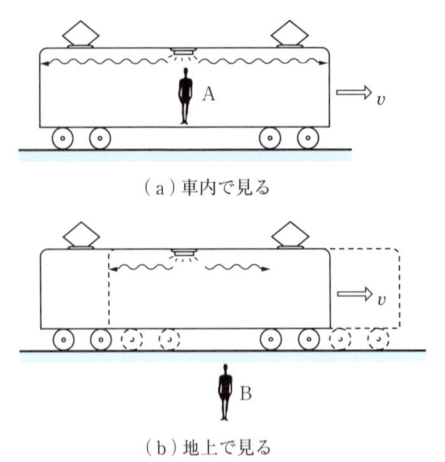

(b) 地上で見る

図 30.2　同時性の違い

と感じる．このように，車内の人にとっては，同時に起きた現象が，座標系の異なる地上の人にとっては，同時ではないのである．

運動していると，なぜ時間はゆっくり進むか

このように，座標系が異なると同時性が崩れる．ところが時間とは，同じ場所での時刻と時刻との差にほかならないので，座標系が異なると時間の長さも違ってくる．そのことを図 30.3 によって調べてみよう．

いま，電車の天井から l だけ離れた床面に向かって光を発し，それを床面の鏡で反射させたとする．片道に要する時間 t_0 は，車内の人 A にとっては，経路 l を光速度 c で割ったものであるから，次式で表される．

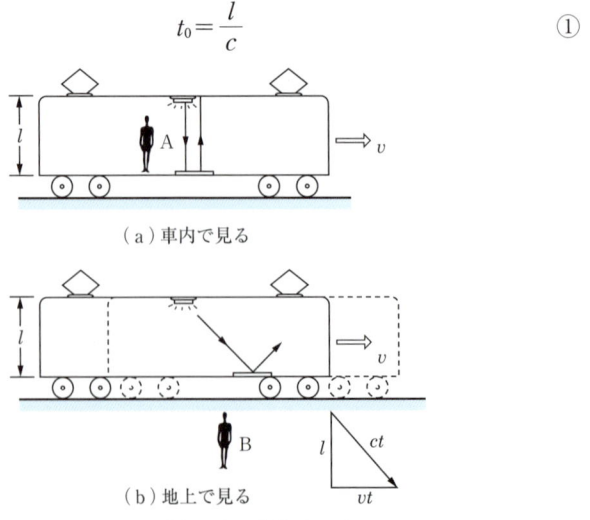

$$t_0 = \frac{l}{c} \qquad ①$$

(a) 車内で見る

(b) 地上で見る

図 30.3　電車の中で往復する光

30. 相対性理論とは，どんなものか

一方，これを地上の人Bが見ると，電車はその間に同図(b)のように進んでいるから，光は鏡に斜めに当たって反射される．そのため，光の経路は②式のように，車内のAにとっての経路lより長くなるので，片道に要する時間tも，式(30.1)のようにt_0より長くなる．

$$l^2 + (vt)^2 = (ct)^2 \qquad ②$$

そこで，②に①を代入して整理すると，次式が得られる．

$$(ct)^2 = (ct_0)^2 + (vt)^2 \qquad \therefore \quad (c^2 - v^2)t^2 = (ct_0)^2$$

$$t = \frac{ct_0}{\sqrt{c^2 - v^2}} = \frac{t_0}{\sqrt{1 - (v/c)^2}} \qquad (30.1)$$

$$t_0 = t\sqrt{1 - \left(\frac{v}{c}\right)^2} \qquad (30.1)'$$

式(30.1)から分かるように，地上で観測した時間tのほうが，高速の電車内で観測した時間t_0よりも長くなる．このことは逆に，高速の電車や宇宙船内での時間t_0は，地上での時間tより短いことを意味する．したがって，運動している座標系では，時間は地上よりゆっくり刻む(ゆっくり進む)ので，時計は遅れることになる．

【練習】 光速の60%で飛行している宇宙船から，地上で5年間続いている現象を見ると，何年間に見えるか． ［答］4年

この例から分かるように，宇宙船内にいる人は，地上の人より年齢を取らない．これを浦島効果という．時間はこれまで，観測者の運動に関係なく，過去から未来へ向かって，万人に共通な速さで経過して行くものと考えられてきたが，相対論はその絶対性を否定し，観測者によって変わる，相対的なものであることを明らかにした．

アインシュタインは1905年，26歳のとき，「特殊相対論」と「光量子説」の2論文を発表している．ノーベル賞は光量子説で受賞しているが，キュリー夫人のように2度受賞しても当然と思われる．いずれにしても，ニュートンと並ぶ大天才である．

◆◆◆ 運動していると，なぜ長さが縮むか ◆◆◆

物体の長さは，同時刻における両端の座標の差にほかならない．しかし，同時性は座標系によって異なり，静止座標系では同時であっても，運動座標系では同時ではない．そのため物体の長さも，これを測定する座標系によって違ってくる．物体に対して静止している観測者が測った長さをl_0とすると，物体に対して運動している観測者には，式(30.2)で表される長さlに縮んで見える(図30.4)．

長さが縮んで見える現象をローレンツ収縮という．

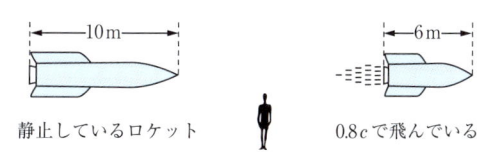

図30.4 長さの短縮

【練習】 光速の80%で飛行している，長さ10 mの物体を地上から見ると，何mに見えるか． ［答］6 m

ニュートン力学では，時間と空間は互いに独立であると考えられてきたが，相対論はこれを否定し，いずれも観測者の立場によって異なり，しかも時間と空間は互いに関連し合っていることを明らかにした．そのため，時間と3次元の空間を併せた4次元の世界を，「時空」と呼んでいる．

◆◇◆ 運動していると，なぜ質量が増大するか ◆◇◆

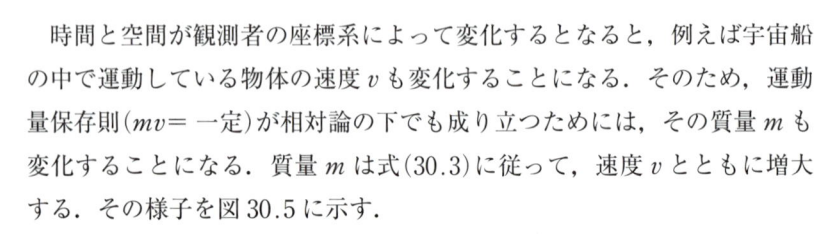

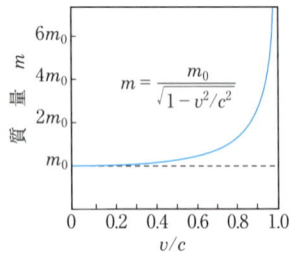

時間と空間が観測者の座標系によって変化するとなると，例えば宇宙船の中で運動している物体の速度 v も変化することになる．そのため，運動量保存則 ($mv=$ 一定) が相対論の下でも成り立つためには，その質量 m も変化することになる．質量 m は式(30.3)に従って，速度 v とともに増大する．その様子を図30.5に示す．

図30.5 運動に伴う質量の増大

【練習】 電子が光速の60%で運動すると，その質量は静止質量の何倍になるか． ［答］1.25倍

◆◇◆ 速度の合成式は，どのように表されるか ◆◇◆

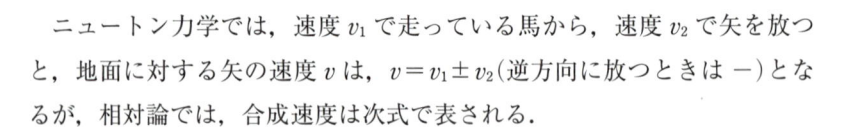

ニュートン力学では，速度 v_1 で走っている馬から，速度 v_2 で矢を放つと，地面に対する矢の速度 v は，$v=v_1\pm v_2$ (逆方向に放つときは $-$) となるが，相対論では，合成速度は次式で表される．

$$v=\frac{v_1\pm v_2}{1\pm(v_1v_2/c^2)} \tag{30.4}$$

日常の世界では，$v_1, v_2 \ll c$ なので，$v=v_1\pm v_2$ となる．しかし，相対論の世界では，仮に $v_1=v_2=c$ となっても，式(30.4)より，合成速度 v は $2c$ にはならず，c を越えることはあり得ないことが分かる．

◆◇◆ $E=mc^2$ は，なぜエネルギーを表すか ◆◇◆

さらに，相対論の帰結には，エネルギーと質量の等価性(本質的に同じなこと)がある．ニュートン力学では，質量とエネルギーは全く異なる物理量であるが，相対論では，次式に示すように両者は等価であり，質量そのものが物質のエネルギーにほかならないのである．

mc^2 を質量エネルギーともいう．

$$E=mc^2 \tag{30.5}$$

質量はエネルギーの一形態に過ぎないのだよ.

A.Einstein

このようにアインシュタインは，質量 m とエネルギー E の関係について革命的な解釈を与え，エネルギーと質量は独立した物理量ではなく，等価であることを示し，「質量はエネルギーの一形態に過ぎず，エネルギーの違った現れ方にほかならない」と考えたのである．

したがって，質量（物質）はエネルギーに転化し，逆にエネルギーは物質に転化するので，従来のエネルギー保存則や質量保存則は，厳密には成り立たない．物質のエネルギーへの転化現象は，核分裂や核融合に見られ，エネルギーの物質への転化現象は，電子対創生に見られる．

ところで $E = mc^2$ は，なぜエネルギーを表すのだろうか．

いま，質量 m の物体に力 F が働き，物体が dt 間に dx だけ動いたとすると，その仕事は Fdx に等しいので，物体のエネルギー dE はエネルギー保存則から，Fdx だけ増大する．一方，速度 v で運動する物体の質量 m は，式(30.3)より

$$m^2\left(1 - \frac{v^2}{c^2}\right) = m_0{}^2 \quad \therefore \quad m^2 - m_0{}^2 = \frac{p^2}{c^2} \quad ①$$

で与えられる．ここに，p は運動量 mv を表す．①を t で微分すると，

$$2m\frac{dm}{dt} = \frac{2p}{c^2}\frac{dp}{dt} \quad \therefore \quad \frac{dm}{dt} = \frac{v}{c^2}\frac{dp}{dt} \quad \therefore \quad c^2\frac{dm}{dt} = v\frac{dp}{dt} = vF \quad ②$$

が得られる．一方，エネルギーの変化量 dE は次式で表される．

$$dE = Fdx = Fvdt \quad ③$$

そこで，③に②を代入すると，

$$dE = Fdx = Fvdt = c^2\frac{dm}{dt}dt = c^2 dm \quad (30.6)$$

が得られるので，質量の変化はエネルギーの変化に等しく，逆にエネルギーの変化は質量の変化に等しいことが分かる．

【練習】 質量 1 kg の物体が，すべてエネルギーに変わると，何 J になるか． ［答］9×10^{16} J

ここで，物体のもっている全エネルギー E を求めるため，式(30.3)を(30.5)に代入してみよう．

式(30.5)は，ドルから円への換算やジュールからカロリーへの換算のように，質量[kg]からエネルギー[J]への換算式と考え，c^2 を換算係数と解釈すると分かりやすい．

$$E = mc^2 = \frac{m_0}{\sqrt{1-(v/c)^2}} c^2 = m_0 c^2 \left(1 - \frac{v^2}{c^2}\right)^{-1/2}$$

上式の括弧の部分に，次の2項定理の公式

$$(1+x)^n = 1 + nx + \frac{n(n-1)}{2!}x^2 + \frac{n(n-1)(n-2)}{3!}x^3 + \cdots$$

を適用して級数に展開すると，次式が得られる．

$$E = m_0 c^2 \left(1 + \frac{1}{2}\frac{v^2}{c^2} + \frac{3}{8}\frac{v^4}{c^4} + \cdots\right)$$
$$= m_0 c^2 + \frac{1}{2}m_0 v^2 + \frac{3}{8}m_0 \frac{v^4}{c^2} + \cdots \qquad (30.7)$$

一般に $v \ll c$ であるから，第3項以降は無視できる．第1項は静止エネルギーと呼ばれ，これは静止している物体でも，その静止質量 m_0 に相当したエネルギー $m_0 c^2$ を持っていることを意味する．

第2項は，ニュートン力学で運動エネルギーと呼ばれているものであるが，これは相対論的な運動エネルギーの近似値に過ぎない．相対論では，運動エネルギーは第2項以降の総和，つまり $mc^2 - m_0 c^2$ で表される．したがって，物体の持っている全エネルギーは，静止エネルギーと運動エネルギーの和であることが分かる．

章末問題

問1 速さ 30 m/s で駅を通過中の電車がある．いま，電車の床面でボールを速さ 15 m/s で，① 電車の進行方向に転がすとき，② 垂直方向に転がすとき，プラットホームに立っている駅員に見える，ボールの速さと方向を求めよ．

問2 長さ 50 m の電車が観測者に対して，$0.6c$ の速さで走ってくる．観測者には，何 m に見えるか．

問3 粒子が次の速さで運動しているとき，その質量は静止質量に対して，何倍に増加するか．
① 300 km/h, ② $0.1c$, ③ $0.5c$, ④ $0.9c$, ⑤ $0.999c$

問4 地球は 30 km/s の速さで公転している．地球の質量は公転によって何 kg 増加するか．ただし，静止質量は 6.0×10^{24} kg である．

問5 太陽の総放射エネルギーは 3.85×10^{26} W である．太陽が1秒間に失っている質量は何 kg か．

章末問題解答

1章

問1 $c^2=2^2+2^2+2\times 2\times 2\cos 60°=12$ ∴ $c=3.4$ kgw, $\tan\alpha=\dfrac{2\sin 60°}{2\cos 60°+2}=\dfrac{\sqrt{3}}{3}=\dfrac{1}{\sqrt{3}}$ ∴ $\alpha=30°$

問2 T と F の合力は，$W(=150\text{ gw})$ とつり合うので，三角形の3辺の比より，$\dfrac{T}{W}=\dfrac{5}{3}$，$\dfrac{F}{W}=\dfrac{4}{3}$
∴ $T=250$ gw, $F=200$ gw

問3 $F_1\sin 45°+F_2\sin 30°=100$, $F_1\cos 45°=F_2\cos 30°$ ∴ $F_1=90$ kgw, $F_2=73$ kgw

問4 ① $F_1=10\sin 45°=10\times\dfrac{1}{\sqrt{2}}=7.1$ kgw   ② $F_2\cos 45°=10\sin 45°$ ∴ $F_2=10$ kgw

問5 ① $\mu=\tan 30°=\dfrac{1}{\sqrt{3}}=0.58$ ② $F=\mu N=0.58\times 2.0=1.2$ kgw

2章

問1 ① 36 km/h   ② 20 m/s   ③ マッハ 0.75

問2 ① $v=10-2.0\,t$ ② $x=10\,t-1.0\,t^2$ ③ $0=10-2.0\,t$ ∴ $t=5.0$ 秒
④ $x=10\,t-1.0\,t^2$ を微分して0とおくと，$\dfrac{dx}{dt}=10-2t=0$ ∴ $t=5$ ∴ $x=10\times 5-5^2=25$ m

問3 ① $a=\dfrac{8-10}{2}=-1$ m/s^2 ② $16=10\times 2+\dfrac{1}{2}a2^2$ ∴ $16=20+2a$ ∴ $a=-2$ m/s^2
③ $10^2-8^2=2a\times 5$ ∴ $a=3.6$ m/s^2

問4 $0^2-30^2=2a\times 20$ 一方，$-90^2=2as$ ∴ $s=180$ m

問5 $0^2-10^2=2a\times 5$ ∴ $-100=10a$ ∴ $a=-10$ ∴ $F=2\times 10^3\times 10=2\times 10^4$ N

3章

問1 $50\left(1+\dfrac{a}{9.8}\right)=60$ ∴ $a=1.96$ m/s^2（上向き）

問2 $t_1=\sqrt{2h/g}$ ∴ $t_2=\sqrt{2\times 2h/g}=\sqrt{2}\,t_1$ ∴ $\sqrt{2}$ 倍

問3 式(3.24)より，$x=\sqrt{\dfrac{2y}{g}}\,v_0-\sqrt{\dfrac{2\times 1960}{9.8}}\times 100=2.0\times 10^3$ m

問4 式(3.14)より，$0=v_0\sin\theta-gt_1$ ∴ $t_1=\dfrac{v_0\sin\theta}{g}$．これを式(3.16)に代入，$h_m=v_0\sin\theta\cdot t_1-\dfrac{1}{2}gt_1^2=\dfrac{v_0\sin^2\theta}{2g}$

問5 式(3.27)の $a=g\sin\theta$ を式(3.3)に代入，$x=\dfrac{1}{2}g\sin\theta t^2$．一方，$h=x\sin\theta$．両式より，$t=\dfrac{1}{\sin\theta}\sqrt{\dfrac{2h}{g}}$

4章

問1 ① $\omega=2\pi\times\dfrac{8}{5}=10$ rad/s   ② $v=r\omega=0.8\times 10=8.0$ m/s   ③ $a=r\omega^2=0.8\times 10^2=80$ m/s^2
④ $F=ma=0.20\times 80=16$ N

問2 $F=m\dfrac{v^2}{r}=\dfrac{50}{100}\times\left(\dfrac{36\times 10^3}{60\times 60}\right)^2=50$ N

問3 $g=\dfrac{GM}{r^2}=\dfrac{6.7\times 10^{-11}\times 7.3\times 10^{22}}{(1.7\times 10^6)^2}=1.7$ m/s^2

問 4 ① 地球の公転の運動方程式は，式(4.8)と(4.9)より，$m_1\dfrac{v^2}{r}=G\dfrac{m_1m_2}{r^2}$ ∴ $v=\sqrt{\dfrac{Gm_2}{r}}=$
$\sqrt{\dfrac{6.7\times10^{-11}\times2.0\times10^{30}}{1.5\times10^{11}}}=\sqrt{8.93\times10^8}=3.0\times10^4$ m/s ② $T=\dfrac{2\pi r}{v}=\dfrac{2\pi\times1.5\times10^{11}}{3.0\times10^4}=3.14\times10^7$ 秒
≒365 日

問 5 ① 式(4.15)より，$v=6.4\times10^6\times\sqrt{\dfrac{9.8}{6.4\times10^6+3.6\times10^7}}=6.4\times10^6\sqrt{\dfrac{9.8}{42.4\times10^6}}=3.1$ km/s

② 式(4.16)より，$T=2\pi\dfrac{(6.4\times10^6+3.6\times10^7)^{3/2}}{6.4\times10^6\times\sqrt{9.8}}=8.6\times10^4$ 秒（=1 日）

5 章

問 1 $W=Fs=10\times10^3\times9.8\times100=9.8\times10^6$ J ∴ $P=\dfrac{W}{t}=9800$ kW

問 2 $\dfrac{1}{2}mv^2=\mu' mgs$ より，$\dfrac{1}{2}\times7.0^2=0.50\times9.8s$ ∴ $s=5.0$ m

問 3 一定の速さだから，加速度 $=0$ ∴ 推進力 $=$ 抵抗力 ① $F=100$ kgW$=100\times9.8=980$ N
② $P=Fv=980\times10$ W$=9.8$ kW ③ $\dfrac{9.8\times10^3}{746}=13.2$ HP

問 4 $k=\dfrac{F}{x}=\dfrac{mg}{x}=\dfrac{2.0\times9.8}{0.14}=140$ ∴ $U=\dfrac{1}{2}kx^2=0.5\times140\times0.14^2=1.4$ J

問 5 ① $1\times9.8\times250=2450$ J ② $v=\sqrt{2\times9.8\times250}=70$ m/s

6 章

問 1 36 km/h$=10$ m/s，運動量の変化 $=$ 力積 ∴ $1.5\times10^3(0-10)=-1.5\times10^4=F\times3.0\times10^{-3}$
∴ $F=-5.0\times10^6$ N

問 2 ① $\Delta p=0.15\times\{60-(-40)\}=15$ N·s ② $F=\dfrac{\Delta p}{\Delta t}=1500$ N

問 3 ① $F=\dfrac{\Delta(mv)}{\Delta t}=\dfrac{\Delta m}{\Delta t}v=600\times2000=1.2\times10^6$ N ② $F=ma$ ∴ $a=\dfrac{F}{m}=\dfrac{1.2\times10^6}{40\times10^3}=30$ m/s²

問 4 $0.20\times4.0+0.10\times(-6.0)=0.20v_1'+0.10v_2'$ ∴ $8-6=2v_1'+v_2'$ ∴ $2=2v_1'+v_2'$（原式） ① $e=0$ ∴ $v_1'=v_2'$ を原式に代入すると，$2=3v_1'$ ∴ $v_1'=0.67$ m/s, $v_2'=0.67$ m/s ② $e=1$ ∴ $v_1-v_2=-(v_1'-v_2')$ ∴ $4-(-6)=10=v_2'-v_1'$. これを原式に代入すると，$v_1'=-2.7$ m/s, $v_2'=7.3$ m/s ③ $0.60=-\dfrac{v_1'-v_2'}{v_1-v_2}=-\dfrac{v_1'-v_2'}{4-(-6)}$ ∴ $6=v_2'-v_1'$. これを原式に代入すると，$v_1'=-1.3$ m/s, $v_2'=4.7$ m/s

問 5 噴射後のロケットの速さを V' とすると，$MV=(M-m)V'-mv$ ∴ $V'=\dfrac{MV+mv}{M-m}$

7 章

問 1 ① $A=0.3$ m ② $T=2$ 秒 ③ $\nu=0.5$ Hz ④ $v_m=0.9$ m/s ⑤ $a_m=3$ m/s²

問 2 ① $A=15$ cm ② $T=2.0$ 秒 ③ $x=15\sin\pi t$ ④ $T=2\pi\sqrt{\dfrac{m}{k}}$ より，$k=\dfrac{4\pi^2m}{T^2}=4\pi^2\times\dfrac{1.0}{2.0^2}=9.9$ N/m

問 3 $0.5\times9.8=k\times0.2$ より，$k=25$ ∴ $T=2\pi\sqrt{\dfrac{0.5}{25}}=0.9$ 秒

問 4 ① $E=\dfrac{1}{2}kA^2=\dfrac{1}{2}\times20\times0.03^2=9.0\times10^{-3}$ J ② $E=K+U$ より，$U=0$ のとき，K は最大. ∴ $\dfrac{1}{2}mv_m^2=$

章末問題解答

9.0×10^{-3} ∴ $v_m=\sqrt{\dfrac{18\times10^{-3}}{0.5}}=0.19$ m/s ③ 式(7.19)と(7.20)より,$E=\dfrac{1}{2}mv^2+\dfrac{1}{2}kx^2=\dfrac{1}{2}kA^2$

∴ $v=\pm\sqrt{\dfrac{k}{m}(A^2-x^2)}=\pm\sqrt{\dfrac{20}{0.5}(3^2-2^2)\times10^{-4}}=\pm0.14$ m/s

問5 外部からの強制振動の振動数が,振動系の固有振動数に一致したとき.

8章

問1 $25\times\dfrac{4}{2}=50\times\left(\dfrac{4}{2}-x\right)$ より,$50=100-50x$ ∴ $x=1$ m

問2 $30\times6=W(6-x)$ より,$20\times6=Wx$ ∴ ① $x=2.4$ m ② $W=50$ kgw

問3 $x=\dfrac{\sum m_ix_i}{\sum m_i}$,$\sum m_ix_i=1\times0+2\times60+5\times90+3\times120+4\times180=1650$,$\sum m_i=1+2+5+3+4=15$

∴ $x=110$ cm

問4 $x=\dfrac{\sum m_ix_i}{\sum m_i}=\dfrac{2\times0+1\times b+4\times b}{2+1+4}=\dfrac{5}{7}b$,$y=\dfrac{\sum m_iy_i}{\sum m_i}=\dfrac{2\times0+1\times0+4\times h}{2+1+4}=\dfrac{4}{7}h$

問5 ① $I=\dfrac{1}{2}\times100\times1^2=50$ kg·m^2 ② $K=\dfrac{1}{2}\times50\times(2\pi\times60)^2=3.6\times10^6$ J

9章

問1 式(9.3)の $E=\dfrac{F/\pi r^2}{\Delta l/l}$ より,$F=E\dfrac{\Delta l}{l}\pi r^2$ ∴ $F=E\dfrac{\Delta al}{al}\pi(ar)^2=a^2\cdot E\dfrac{\Delta l}{l}\pi r^2$ ∴ a^2 倍

問2 式(9.2)より,$\dfrac{F}{S}=1.5\times10^{10}\times\dfrac{5}{10\times10^3}=7.5\times10^6$ N·m^{-2}

問3 ① 式(9.2)より,$\dfrac{F}{S}=\dfrac{102\times9.8}{0.1\times10^{-4}}=1.0\times10^8$ N·m^{-2} ② $\dfrac{\Delta l}{l}=\dfrac{0.22\times10^{-2}}{2}=0.11\times10^{-2}$ ③ $E=\dfrac{①}{②}=$ 9.1×10^{10} N·m^{-2}

問4 上端から x の位置にある,長さ dx 部分に着目する.dx 部分には,x より下部の荷重 $\rho g(l-x)S$ が加わるので,その伸びを $d\varepsilon$ とすると,式(9.3)より,$E\dfrac{d\varepsilon}{dx}=\dfrac{\rho g(l-x)S}{S}$ ∴ $d\varepsilon=\dfrac{\rho g(l-x)dx}{E}$ で表される.

伸び Δl は,この $d\varepsilon$ を 0 から l まで積分すれば求められるので,$\Delta l=\dfrac{\rho g}{E}\int_0^l(l-x)dx=\dfrac{\rho g}{E}\left[lx-\dfrac{x^2}{2}\right]_0^l=\dfrac{\rho gl^2}{2E}$

問5 力積 $=F\Delta t=ma\Delta t=M\cdot[LT^{-2}]\cdot T=[MLT^{-1}]$,運動量 $=M\cdot[LT^{-1}]=[MLT^{-1}]$

10章

問1 $p=50$ kgw/1 cm$^2=50$ kgw/cm$^2=50$ atm

問2 $P=pS=1.0\times10^5$ [Pa]$\times0.20^2$ [m^2]$=4.0\times10^3$ N

問3 氷の全重量 W は氷の全体積を V,密度を $\rho_i(=917$ kg/m$^3)$ とすると,$W=\rho_iVg$.一方,浮力 B は水面下にある氷の体積を V_i,水の密度を $\rho_w(=1000$ kg/m$^3)$ とすると,$B=\rho_wV_ig$.ところが,$W=B$ なので,$\rho_iVg=\rho_wV_ig$ ∴ $\dfrac{V_i}{V}=\dfrac{\rho_i}{\rho_w}=0.917$ ∴ $\dfrac{V-V_i}{V}=1-0.917=0.083=8.3$ %

問4 $S=\pi\dfrac{2^2}{4}=\pi$ [cm^2]. 一方,$Sv=20\ l$/min $=\dfrac{20\times10^3}{60}$ cm^3/s ∴ $v=\dfrac{20\times10^3}{60\pi}=106$ cm/s

問5 式(10.6)より,それぞれ $\dfrac{r^4}{l}=\dfrac{1^4}{100}$,$\dfrac{2^4}{200}$ ∴ $\dfrac{1/100}{16/200}=\dfrac{1}{8}$ ∴ $\dfrac{10}{8}=1.25$ 時間

11章

問1 $\lambda = \dfrac{340}{500} = 0.68$ m, $T = \dfrac{1}{500} = 2 \times 10^{-3}$ 秒

問2 $\dfrac{d}{3.7} - \dfrac{d}{9.1} = 4$ ∴ $d = 25$ km

問3 図より，① $A = 4$ cm ② $\lambda = 8$ cm ③ $v = \dfrac{6\,\text{cm}}{1.5\,\text{s}} = 4$ cm/s ④ $T = \dfrac{\lambda}{v} = \dfrac{8}{4} = 2$ 秒 ⑤ $\nu = \dfrac{1}{T} = 0.5$ Hz

問4 図より，① $A = 0.2$ m ② $\lambda = 2$ m ③ $\nu = \dfrac{1}{T} = \dfrac{1}{0.04} = 25$ Hz ④ $v = \nu\lambda = 25 \times 2 = 50$ m/s ⑤ 下図より，原点 $(t,0)$ における振動の式は，$y = -A\sin 2\pi\nu t$ ∴ (t,x) における変位を表す式は，
$y = -A\sin 2\pi\nu\left(t - \dfrac{x}{v}\right) = -0.2\sin 2\pi \times 25\left(t - \dfrac{x}{50}\right) = 0.2\sin\pi(x - 50t)$

問5 式(11.8)より，① 振幅 = A [m] ② $\dfrac{2\pi}{\lambda} = \pi$ ∴ $\lambda = 2$ m ③ $\dfrac{2\pi}{T} = \pi$ ∴ $T = 2$ 秒
④ $y_1 = A\sin 2\pi(0.5t - 0.5x)$

問6 ① $\nu = \dfrac{\nu_0 V}{V - u} = 1000 \times \dfrac{340}{340 - 20} = 1063$ Hz ② $\nu = \dfrac{\nu_0(V + u)}{V} = 1000 \times \dfrac{340 + 20}{340} = 1059$ Hz

12章

問1 ① $n = \dfrac{\sin 30°}{\sin 45°} = \dfrac{1/2}{1/\sqrt{2}} = 0.71$ ② $v_2 = \dfrac{v_1}{0.71} = \dfrac{0.25}{0.71} = 0.35$ m/s ③ $\lambda_2 = \dfrac{\lambda_1}{n} = \dfrac{2.0}{0.71} = 2.8$ m

問2 ① $\dfrac{\lambda_1}{\lambda_2} = 1.5$ ② $\dfrac{\nu_1}{\nu_2} = 1.0$ ③ $\dfrac{v_1}{v_2} = 1.5$

問3 ① 両波源からの距離の差が0，つまり半波長$\left(= \dfrac{10}{2}\,\text{cm}\right)$の偶数倍なので，強め合う． ② 両波源からの距離の差が，$\sqrt{(7.5+7.5)^2 + 20^2} - 20 = \sqrt{15^2 + 20^2} - 20 = \sqrt{625} - 20 = 25 - 20 = 5$，つまり半波長の奇数倍なので，弱め合う．

問4 波長が長いから，中波．

問5 $3 = 440 - \nu_B$ ∴ $\nu_B = 437$ Hz

13章

問1 ① $\dfrac{2x}{1440} = 0.05$ ∴ $x = \dfrac{1440 \times 0.05}{2} = 36$ m ② $\lambda = \dfrac{1440}{20 \times 10^3} = 0.072$ m ③ $t = 2 \times \dfrac{144}{1440} = 0.2$ 秒

問2 1 m の点の音の強さを I_1，そのレベルを L_1，10 m の点の音の強さを I_2，そのレベルを L_2 とすると，次の①〜③が成り立つ．$I_1 : I_2 = 1 : 10^{-2}$ ⋯①，$L_1 = 10\log_{10}\left(\dfrac{I_1}{I_0}\right) = 80$ ⋯②，$L_2 = 10\log_{10}\left(\dfrac{I_2}{I_0}\right)$ ⋯③

∴ ①と②を③に代入すると，$L_2 = 10\log_{10}\left(\dfrac{10^{-2} I_1}{I_0}\right) = 10\log_{10} 10^{-2} + 10\log_{10}\left(\dfrac{I_1}{I_0}\right) = -20 + 80 = 60$ dB

問3 ① $\nu = \dfrac{1}{2l}\sqrt{\dfrac{S}{\rho}}$ ∴ l は $\dfrac{1}{\nu}$ に比例するので，l を $\dfrac{1}{1.5} = \dfrac{2}{3}$ 倍にする． ② S は ν^2 に比例するので，S を $1.5^2 = 2.25$ 倍にする．

問4 ① $\lambda_1 = 4 \times \dfrac{12.5}{2-1} = 50$ cm ② $\nu_1 = \dfrac{340}{0.5} = 680$ Hz ③ $\lambda_1 = 2 \times \dfrac{12.5}{1} = 25$ cm ④ $\nu_1 = \dfrac{340}{0.25} = 1360$ Hz

14章

問1 $\sqrt{3} = \dfrac{\sin 60°}{\sin \phi}$ ∴ $\sin \phi = \dfrac{\sin 60°}{\sqrt{3}} = \dfrac{1}{2}$ ∴ $\phi = 30°$

問2 $\dfrac{6}{n} = \dfrac{6}{4/3} = 4.5$ m

問3 ① ガラス → 空気 ② $\sin \phi_c = \dfrac{1}{n} = 0.667$ ∴ $\phi_c = 41.8°$

問4 $n_{23} = \dfrac{n_{13}}{n_{12}} = \dfrac{3/2}{4/3} = \dfrac{9}{8}$

問5 $E = \dfrac{200}{2^2} = 50$ lx

15章

問1 ① $\dfrac{1}{20} + \dfrac{1}{b} = \dfrac{2}{60}$ より，$b = -60$ ∴ 60 cm 後方 ② $m = \dfrac{60}{20} = 3$ 倍 ③ 正立虚像

問2 ① $\dfrac{1}{20} + \dfrac{1}{b} = \dfrac{1}{12}$ より，$b = 30$ ② $m = \dfrac{30}{20} = 1.5$ 倍 ∴ 大きさ $= 4.0 \times 1.5 = 6$ cm ③ 倒立実像

問3 $m = 1 + \dfrac{D}{f} = 1 + \dfrac{25}{5} = 6$ 倍

問4 $m = \dfrac{Dl}{f_0 f_e} = 25 \times \dfrac{16-(1+5)}{1 \times 5} = 50$ 倍

16章

問1 $\lambda = \dfrac{2d\,\Delta x}{l} = \dfrac{1.0 \times 10^{-3} \times 1.2 \times 10^{-3}}{2.0} = 0.6 \times 10^{-6} = 600$ nm

問2 $4nd \cos \phi = (2m+1)\lambda$ より，$4 \times 1.4 \times 3.0 \times 10^{-7} \times 1 = (2 \times 1 + 1)\lambda$ ∴ $\lambda = 5.6 \times 10^{-7} = 560$ nm （$m=0$ の場合の λ は可視光線ではない）

問3 $D = \dfrac{2l\lambda}{d} = \dfrac{2 \times 0.5 \times 600 \times 10^{-9}}{0.20 \times 10^{-3}} = 3 \times 10^{-3} = 3$ mm

問4 省略(本文参照)

問5 ① 見えない ② 青

17章

問1 式(17.2)より，$130 \times 22.0 + 4.2 \times 150 \times 22.0 + 80 \times 100 c = (130 + 4.2 \times 150 + 80 c) \times 25$ ∴ $c = 0.38$ J/g·K

問2 ① $pV = p'V'$ より，$1 \times 10 = 10V$ ∴ $V = 1\,l$，② $V = 10\left(1 + \dfrac{t}{273}\right) = 10\left(1 + \dfrac{273}{273}\right) = 20\,l$，③ $\dfrac{pV}{T} = \dfrac{p'V'}{T'}$ より，$\dfrac{1 \times 10}{273} = \dfrac{p' \times 10}{819}$ ∴ $p' = 3$ atm

問3 $P = \dfrac{2000 \times 10^3 \times 4.2}{24 \times 60 \times 60} = 97.2$ W ≒ 100 W

問4 ① $\left(\dfrac{3.0 \times 10^3}{32}\right) \times 22.4 \times 10^{-3} = 2.1$ m³，② $\dfrac{1 \times 2.1}{273} = \dfrac{p \times 1.4}{364}$ ∴ $p = 2$ atm

問5 $\rho = \dfrac{32}{22.4 \times 10^3} \times 0.2 + \dfrac{28}{22.4 \times 10^3} \times 0.8 = 1.29 \times 10^{-3}$ g/cm³ $= 1.29$ g/l $= 1.29$ kg/m³

18章

問1 ① 式(18.1)より,$Q=\dfrac{0.165\times(20-0)\times 10}{2\times 10^{-3}}=1.65\times 10^4$ cal ② $1.65\times 10^4\times 3.6\times 10^3=5.94\times 10^4$ kcal/h

$=\dfrac{5.94\times 10^4}{1.1\times 10^4}=5.4$ kg/h

問2 式(18.2)より,放熱量$=5.67\times 10^{-8}\times 1.5\times(273+33)^4=746$ W. 同様にして,吸熱量$=707$ W

∴ 正味の放射損失$=746-707=39$ W$=800$ kcal/day

問3 融解熱を Q とすると,$8\times 60-2Q=32(8+2)$ ∴ $Q=80$ cal/g

問4 必要な熱量$=(79.7+100+540)\times 4.19\times 10^3=3.01\times 10^6$ J

問5 ① 綿がフワフワしている間は,熱は空気を伝わって逃げるが,固くなってくると,熱は綿を伝わって逃げる.綿の熱伝導率は空気より,はるかに大きい. ② 室温が上がると,飽和水蒸気圧 p_0 が高くなるので,式(18.4)から分かるように,室内の湿度 h は相対的に低下する.

19章

問1 式(19.7)に,それぞれ $M(\text{N}_2)=28$,$M(\text{O}_2)=32$ を代入して,両者の比をとると,$\sqrt{8}:\sqrt{7}=1.07:1$

問2 ① 式(19.7)より,$\sqrt{\overline{v^2}}=\sqrt{\dfrac{3\times 8.31\times 293}{4\times 10^{-3}}}=1.35\times 10^3$ m/s ② 式(19.6)より,$\dfrac{1}{2}m\overline{v^2}=$

$\dfrac{3}{2}\times 1.38\times 10^{-23}\times 293=6.07\times 10^{-21}$ J ③ 式(19.9)より,$U=\dfrac{3}{2}\times 2\times 8.31\times 293=7.30\times 10^3$ J

問3 式(19.9)より,$\varDelta U=\dfrac{3}{2}\times 2\times 8.31\times(350-300)=1.2\times 10^3$ J.一方,式(19.12)より,$\varDelta Q=\varDelta U$

∴ $\varDelta Q=1.2\times 10^3$ J

問4 熱の出入りがないので,式(19.11)より,$\varDelta U=\varDelta W$.一方,式(19.9)より,$U=\dfrac{3}{2}\times 2\times 10^{-2}\times 8.31\times 4\times 10^2$

$=1.0\times 10^2$ J

問5 ① $e=\dfrac{6.3\times 10^4}{5\times 1.0\times 10^4\times 4.2}=3\times 10^{-1}=30$ % ② $5\times 1.0\times 10^4\times 0.7=3.5\times 10^4$ J

20章

問1 ① $E=k_0\dfrac{q}{r^2}=9\times 10^9\times\dfrac{3.0\times 10^{-9}}{0.30^2}=300$ N/C ② $V=Ed=300\times 0.30=90$ V ③ $F=qE=(2.0\times 10^{-9})\times 300$

$=6.0\times 10^{-7}$ N

問2 $F=qE=mg$ より,$E=\dfrac{mg}{q}$

問3 $W=qV=(1.6\times 10^{-19})\times 100=1.6\times 10^{-17}$ J

問4 ① 式(20.11)より,$C=\dfrac{\varepsilon S}{2d}$ ∴ 元の $\dfrac{1}{2}$ ② 蓄えられている電気量は変わらないので,式(20.10)より,

$2V$ ∴ 元の2倍 ③ 式(20.7)より,$E=\dfrac{2V}{2d}=E$ ∴ 不変

問5 ① $Q=CV=0.01\times 10^{-6}\times 600=6.0\times 10^{-6}$ C ② $W=\dfrac{1}{2}CV^2=\dfrac{1}{2}\times 0.01\times 10^{-6}\times 600^2=1.8\times 10^{-3}$ J

21章

問1 $\dfrac{l}{r^2}$ より,$\dfrac{2}{2^2}=\dfrac{1}{2}$

章末問題解答

問2 ① 式(21.8)より，$\dfrac{1}{r}=\dfrac{1}{20}+\dfrac{1}{30}$ ∴ $r=12\,\Omega$ ∴ $R=12+48=60\,\Omega$ ② $60\,(\text{mA})\times 20\,(\Omega)=1.2\,\text{V}$ ∴ $I_1=\dfrac{1200\,\text{mV}}{30\,\Omega}=40\,\text{mA}$ ∴ $I=60+40=100\,\text{mA}$ ③ $0.1\,(\text{A})\times 48\,(\Omega)=4.8\,\text{V}$ ∴ $V=4.8+1.2=6.0\,\text{V}$

問3 ① 電流計の両端の電圧 $=1\times 10^{-3}\,(\text{A})\times 4.5\times 10^2\,(\Omega)=0.45\,\text{V}$，分流器に流す電流 $=10-1=9\,\text{mA}$ ∴ 分流器の抵抗 $R=\dfrac{0.45\,\text{V}}{9\times 10^{-3}\,\text{A}}=50\,\Omega$ ② 倍率器には，$10-0.45=9.55\,\text{V}$ の電圧がかかるようにすればよいので，倍率器の抵抗 $R=\dfrac{9.55\,\text{V}}{1\times 10^{-3}\,\text{A}}=9.6\times 10^3\,\Omega$

問4 $3.0\,\Omega$ と $2.0\,\Omega$ の抵抗を流れる電流をそれぞれ I_1，I_2 とすると，キルヒホッフの第2法則より，$9.0(I_1+I_2)+3.0I_1=21-1.5$ … ① $9.0(I_1+I_2)+2.0I_2=21$ … ② が成り立つ．①と②の連立方程式を解くと，$I_1=0.50\,\text{A}$，$I_2=1.5\,\text{A}$ が得られる．∴ $9.0\,\Omega$ の抵抗を流れる電流は，$I_1+I_2=2.0\,\text{A}$

問5 キルヒホッフの法則より，$I_1+I_2=I_3$，$16=4.0I_1+20I_3$，$16-30=4.0I_1-5.0I_2$ ∴ $I_1=-1.0\,\text{A}$，$I_2=2.0\,\text{A}$，$I_3=1.0\,\text{A}$

22章

問1 ① $I=\dfrac{P}{V}=\dfrac{500}{100}=5\,\text{A}$ ② $R=\dfrac{V}{I}=\dfrac{100}{5}=20\,\Omega$ ③ $W=Pt=0.5\times 4=2\,\text{kWh}$

問2 修理後の抵抗値は $\dfrac{R}{2}$ ∴ 電流は2倍になるので，消費電力も2倍 ∴ $P=1000\,\text{W}$

問3 $\dfrac{2400\times 10^3\times 4.2}{3.6\times 10^3}=2800\,\text{W}>800\,\text{W}$

問4 ① 1時間当たりの発熱量は，$7000\,(\text{kcal/kg})\times 10000\,(\text{kg/h})=7\times 10^7\times 10^3\,\text{cal/h}=4.2\times 7\times 10^{10}\,\text{J/h}$ ∴ $P=\dfrac{4.2\times 7\times 10^{10}\times 0.4}{3.6\times 10^3}=3.3\times 10^4\,\text{kW}$ ② $I=\dfrac{3.3\times 10^7}{3000}=1.1\times 10^4\,\text{A}$

問5 省略（本文参照）

23章

問1 $H=\dfrac{I}{2\pi a}=\dfrac{2.0}{2\pi\times 0.16}=2.0\,\text{A/m}$

問2 $H=\dfrac{nI}{2a}=\dfrac{10\times 0.50}{2\times 0.05}=50\,\text{A/m}$

問3 $F=\mu_0 HIl=(4\pi\times 10^{-7})\times(2.0\times 10^2)\times 4.0\times 0.1=1.0\times 10^{-4}\,\text{N}$

問4 $B=\mu_0 nI=(4\pi\times 10^{-7})\times\dfrac{1200}{0.3}\times 1.0=5.0\times 10^{-3}\,\text{T}$

問5 ① $F=evB=(1.6\times 10^{-19})\times(2.0\times 10^6)\times(5.0\times 10^{-4})=1.6\times 10^{-16}\,\text{N}$ ② $r=\dfrac{mv}{eB}=\dfrac{(9.1\times 10^{-31})\times 2.0\times 10^6}{(1.6\times 10^{-19})\times 5.0\times 10^{-4}}=2.3\times 10^{-2}\,\text{m}$

24章

問1 ① $\Phi=BS=0.15\times 0.16=2.4\times 10^{-2}\,\text{Wb}$ ② $V=\dfrac{\Delta\Phi}{\Delta t}=\dfrac{2.4\times 10^{-2}}{0.01}=2.4\,\text{V}$

問2 $V=Blv=3.0\times 10^{-5}\times 40\times 3.0\times 10^2=0.36\,\text{V}$

問3 式(24.7)より，$V=L\dfrac{\Delta I}{\Delta t}$ ∴ $L=V\dfrac{\Delta t}{\Delta I}=200\times\dfrac{0.01}{0.10}=20\,\text{H}$

問4 式(24.11)より，$V_2 = M\dfrac{\Delta I_1}{\Delta t}$ ∴ $M = V_2 \dfrac{\Delta t}{\Delta I_1} = 8 \times \dfrac{0.01}{5-3} = 4 \times 10^{-2}$ H

問5 式(24.13)より，① $\dfrac{V_2}{V_1} = \dfrac{N_2}{N_1}$ ∴ $\dfrac{V_2}{100} = \dfrac{500}{5000}$ ∴ $V_2 = 10$ V ② $\dfrac{N_2}{N_1} = \dfrac{I_1}{I_2}$ ∴ $I_2 = I_1\dfrac{N_1}{N_2} = 0.1 \times \dfrac{5000}{500} = 1$ A

25章

問1 $V = NBS\omega = 100 \times 1.0 \times 0.1 \times (2\pi \times 50) = 3.1 \times 10^3$ V

問2 $V_{ab} = IR = 2.0 \times 80 = 160$ V, $V_{bc} = IX_L = 2.0 \times 20 = 40$ V, $V_{cd} = IX_c = 2.0 \times 80 = 160$ V ∴ $V_{ad} = \sqrt{V_{ab}^2 + (V_{bc} - V_{cd})^2}$
$= \sqrt{160^2 + (40-160)^2} = \sqrt{160^2 + (120)^2} = \sqrt{40000} = 200$ V

問3 $Z = \sqrt{R^2 + (\omega L)^2} = \sqrt{100^2 + (200\pi)^2} = 636$ Ω ∴ $I_e = \dfrac{V_e}{Z} = \dfrac{100}{636} = 0.157$ A

問4 $15.70 = \sqrt{12.56^2 + (2\pi \times 50 \times L)^2}$ ∴ $100\pi L = \sqrt{(5\pi)^2 - (4\pi)^2} = 3\pi$ ∴ $L = \dfrac{3\pi}{100\pi} = 3 \times 10^{-2}$ H

問5 ① $L = \dfrac{X_L}{2\pi f} = \dfrac{5}{2\pi \times 60} = 1.33 \times 10^{-2}$ H ② $C = \dfrac{1}{2\pi f X_c} = \dfrac{1}{2\pi \times 60 \times 8} = \dfrac{1}{960\pi} = 330$ μF

③ $Z = \sqrt{R^2 + (X_L - X_c)^2} = \sqrt{4^2 + (5-8)^2} = 5$ Ω ④ $I_e = \dfrac{V_e}{Z} = \dfrac{100}{5} = 20$ A ⑤ $\cos\phi = \dfrac{R}{Z} = \dfrac{4}{5} = 0.8$

⑥ $P = V_e I_e \cos\phi = 100 \times 20 \times 0.8 = 1600$ W

26章

問1 ① $f = \dfrac{1}{2\pi\sqrt{LC}} = \dfrac{1}{2\pi\sqrt{5.0 \times 2.0 \times 10^{-7}}} = 1.6 \times 10^2$ Hz ② $I_e = \dfrac{V_0}{\omega L} = \dfrac{30}{2\pi \times 1.6 \times 10^2 \times 5.0} = 6.0 \times 10^{-3}$ A

問2 抵抗Rは同調には関係しないので，$C = \dfrac{1}{4\pi^2 f^2 L} = \dfrac{1}{39.48 \times (600 \times 10^3)^2 \times 200 \times 10^{-6}} = 3.5 \times 10^{-10}$ F $= 350$ pF

問3 ① $\omega L = \dfrac{1}{\omega C}$ より，$\omega = \dfrac{1}{\sqrt{LC}} = \dfrac{1}{\sqrt{10^{-4} \times 10^{-8}}} = 10^6$ s^{-1} ② $Z = \sqrt{R^2 + \left(\omega L - \dfrac{1}{\omega C}\right)^2} = \sqrt{R^2 + 0^2} = R = 10$ Ω

③ $I_e = \dfrac{10\,\text{V}}{10\,\text{Ω}} = 1$ A ④ $V_R = I_e \cdot R = 1 \times 10 = 10$ V, $V_L = I_e \cdot \omega L = 1 \times 10^6 \times 10^{-4} = 100$ V, $V_C = \dfrac{I_e}{\omega C} = \dfrac{1}{10^6 \times 10^{-8}} = 100$ V

問4 $C = \dfrac{1}{4\pi^2 f^2 L}$ より，$C = (5.1 \sim 0.32) \times 10^{-10}$ F

27章

問1 $E = h\nu = \dfrac{hc}{\lambda} = \dfrac{6.63 \times 10^{-34} \times 3 \times 10^8}{8 \times 10^{-7}} = 2.5 \times 10^{-19}$ J $= \dfrac{2.5 \times 10^{-19}}{1.6 \times 10^{-19}} = 1.5$ eV．同様にして，① $1.5 \sim 3$ eV

② $3 \sim 100$ eV ③ $100 \sim 10^5$ eV ④ $10^5 \sim 1$ GeV

問2 ① $E = h\nu = \dfrac{hc}{\lambda} = \dfrac{6.63 \times 10^{-34} \times 3 \times 10^8}{6 \times 10^{-7}} = 3.3 \times 10^{-19}$ J ② 光子の個数 $N = \dfrac{1\,\text{J/s}}{3.3 \times 10^{-19}\,\text{J}} = 3.0 \times 10^{18}$ 個

問3 ① $E = \dfrac{1}{2}mv^2 = eV = 1.60 \times 10^{-19} \times 150 = 2.4 \times 10^{-17}$ J ② $v = \sqrt{\dfrac{2E}{m}} = \sqrt{\dfrac{2 \times 2.4 \times 10^{-17}}{9.11 \times 10^{-31}}} = 7.3 \times 10^6$ m/s

③ $\lambda = \dfrac{h}{mv} = \dfrac{6.63 \times 10^{-34}}{9.11 \times 10^{-31} \times 7.3 \times 10^6} = 0.10$ nm

問4 ① $E_4 = -13.6 \times \dfrac{1}{4^2} = -0.85$ eV, $E_2 = -13.6 \times \dfrac{1}{2^2} = -3.40$ eV ∴ $E = E_4 - E_2 = -0.85 - (-3.40) = 2.55$ eV

$= 4.1 \times 10^{-19}$ J   ② $\nu = \dfrac{E}{h} = \dfrac{4.1 \times 10^{-19}}{6.63 \times 10^{-34}} = 6.2 \times 10^{14}$ Hz   ③ $\lambda = \dfrac{c}{\nu} = \dfrac{3.0 \times 10^8}{6.2 \times 10^{14}} = 4.8 \times 10^2$ nm

28章

問1 $^{9}_{4}\text{Be} + ^{4}_{2}\text{He} \to ^{12}_{6}\text{C} + ^{1}_{0}\text{n}$

問2 半月$=15 \times 24 = 360$ h, $\dfrac{360}{90} = 4$ ∴ 減衰率は式(28.1)より, $\left(\dfrac{1}{2}\right)^4 = \dfrac{1}{16}$ ∴ 放射能濃度$= \dfrac{9361}{16} = 585$ Bq/l

問3 式(28.2)より, $0.693 \cdot \dfrac{N_A M}{AT}$ に, $N_A = 6.02 \times 10^{23}$, $A = 226$, $M = 1$, $T = 1600 \times 365 \times 24 \times 60 \times 60$を代入すると, 3.7×10^{10} Bq. なお, この問題では, 式(28.2)のexpの部分は関係しない.

問4 式(28.2)より, $^{226}_{88}\text{Ra} : 0.693 \cdot \dfrac{N_A}{226 \times 1600}$, $^{238}_{92}\text{U} : 0.693 \cdot \dfrac{N_A}{238 \times 4.5 \times 10^9}$ ∴ $\dfrac{^{226}_{88}\text{Ra}}{^{238}_{92}\text{U}} = 2.96 \times 10^6$ ∴ RaがUより約300万倍も強い.

問5 式(28.4)より, $E = \Delta mc^2$. 一方, 例題の解答②より, $E = 8.2 \times 10^{13}$ J   ∴ $\Delta m = \dfrac{E}{c^2} = \dfrac{8.2 \times 10^{13}}{(3 \times 10^8)^2} = 0.9 \times 10^{-3}$ kg ≒ 1 g

29章

問1 電波, 赤外線, 可視光線, 紫外線, X線, γ線

問2 $2mc^2 = 2h\nu$ より, ① $E = h\nu = mc^2 = 9.11 \times 10^{-31} \times (3.0 \times 10^8)^2 = 8.2 \times 10^{-14}$ J   ② $E = \dfrac{8.2 \times 10^{-14}}{1.6 \times 10^{-19}} = 5.1 \times 10^5$ eV $= 0.51$ MeV   ③ $\lambda = \dfrac{c}{\nu} = \dfrac{ch}{h\nu} = \dfrac{ch}{mc^2} = \dfrac{h}{mc} = \dfrac{6.63 \times 10^{-34}}{9.11 \times 10^{-31} \times 3.0 \times 10^8} = 2.4 \times 10^{-12}$ m $= 2.4 \times 10^{-3}$ nm

問3 B点の放射線の強さIは, A点の強さの$\dfrac{1}{4^2}$になるので, B点での滞在時間tは, $D = I \cdot t$ より, $t = 16$時間.

問4 ① 1年間$= 3$カ月$\times 4$ ∴ $D = (100 \sim 150) \times 4 = 400 \sim 600$ mSv. 一方, 地上での被曝線量D_0は表29.4より, $D_0 = 0.38$ mSv   ∴ $\dfrac{D}{D_0} ≒ 1300$倍   ② 表29.8より, $0.5\% \times \dfrac{400 \sim 600}{100} ≒ 2.5\%$

問5 ① $0.04 \times 25 \times 365 = 365$ mSv   ② $365 \times 20 = 7300$ mSv   ∴ $0.5\% \times \dfrac{7300}{100} = 0.5 \times 73 = 37\%$

30章

問1 ① 45 m/s   ② 速さ33.5 m/sで, $26°34'$の方向

問2 式(30.2)より, $l = 50\sqrt{1 - 0.6^2} = 40$ m

問3 式(30.3)より, ① $1 + 3.9 \times 10^{-14}$ ② 1.005   ③ 1.155   ④ 2.294   ⑤ 22.4

問4 $v = 30 \times 10^3 = 3 \times 10^4$ m/s   ∴ $\left(\dfrac{v}{c}\right)^2 = \left(\dfrac{3 \times 10^4}{3 \times 10^8}\right)^2 = 10^{-8}$ ∴ 質量の増加比は式(30.3)より, $\dfrac{m}{m_0} = \dfrac{1}{\sqrt{1 - (v/c)^2}} = \left\{1 - \left(\dfrac{v}{c}\right)^2\right\}^{-1/2} ≒ 1 + \dfrac{1}{2}\left(\dfrac{v}{c}\right)^2 = 1 + 0.5 \times 10^{-8} = 1 + 5 \times 10^{-9}$ ∴ 質量の増加分は, $\Delta m = 6.0 \times 10^{24} \times 5 \times 10^{-9} = 3 \times 10^{16}$ kg

問5 式(30.5)より, $\Delta m = \dfrac{E}{c^2} = \dfrac{3.85 \times 10^{26}}{(3 \times 10^8)^2} = 4.27 \times 10^9$ kg/s ≒ 400万 t/s

索　引

〈ア〉

圧縮率 …………………………… 55
圧電気現象 ……………………… 144
圧力(圧力の強さ) ……………… 58
圧力釜 …………………………… 118
アボガドロ数 …………………… 111
アルキメデスの原理 …………… 61
アンペア(A) …………………… 135
α 線 ……………………………… 182
α 崩壊 …………………………… 183

〈イ〉

位相 ……………………………… 37
位置エネルギー ………………… 28
色 ………………………………… 104
インピーダンス ………………… 165

〈ウ〉

ウィーンの変位則 ……………… 115
宇宙線 …………………………… 190
腕の長さ ………………………… 45
うなり …………………………… 77
浦島効果 ………………………… 201
運動エネルギー ………………… 27
運動の法則 ……………………… 10
運動方程式 ……………………… 10
運動量 …………………………… 31

〈エ〉

液化 ……………………………… 117
液体温度計 ……………………… 107
エネルギー ……………………… 27
エネルギー準位 ………………… 177
エレクトロンボルト …………… 179
円運動 …………………………… 19
遠隔力 …………………………… 1
遠心力 …………………………… 21
鉛直投射 ………………………… 14
エントロピー増大の法則 ……… 125
X 線の発生 ……………………… 172
n 型半導体 ……………………… 145

〈オ〉

凹面鏡 …………………………… 91
凹レンズ ………………… 94, 96, 97
音の大きさ ……………………… 80
音の高さ ………………………… 79
音の強さ ………………………… 79
オームの法則 …………………… 135
音圧レベル ……………………… 80
音速 ……………………………… 78
温度 ……………………………… 106
温度計 …………………………… 107
音波 ……………………………… 78

〈カ〉

回折 ……………………………… 76
回折格子 ………………………… 101
鏡 ………………………………… 86
角運動量 ………………………… 50
核エネルギー …………………… 187
角加速度 ………………………… 50
角振動数 ………………………… 37
角速度 …………………………… 19
核反応 …………………………… 185
核分裂 …………………………… 187
核融合 …………………………… 189
核力 ……………………………… 181
加速度 …………………………… 7
カメラ …………………………… 95
カロリー ………………………… 106
干渉縞 …………………………… 98
慣性 ……………………………… 10
慣性モーメント ………………… 48
慣性力 …………………………… 21
γ 線 ……………………………… 182
γ 放射 …………………………… 184

〈キ〉

気化 ……………………………… 117
気化熱 …………………………… 117
気体定数 ………………………… 111
気体の圧力 ……………………… 120
気体の温度 ……………………… 121
気体の状態方程式 ……………… 111
気柱の振動 ……………………… 82
基本単位 ………………………… 56
吸収スペクトル ………………… 104
吸収線量 ………………………… 193
球面鏡 …………………………… 91
球面波 …………………………… 72
凝結 ……………………………… 117
凝固点, 融点 …………………… 116
凝固熱, 融解熱 ………………… 116
強磁性体 ………………………… 150
凝縮 ……………………………… 117
凝縮熱 …………………………… 117
共振 ……………………………… 44
共振(同調) ……………………… 169
共振の原理 ……………………… 169
強制振動 ………………………… 43
共鳴 ……………………………… 83
虚像 ………………………… 92, 93
キルヒホッフの法則 …………… 140
近接力 …………………………… 1
kg 重(kgw) …………………… 2
kW 時(kWh) ………………… 142

〈ク〉

偶力 ……………………………… 46
屈折の法則 ……………………… 72
屈折率 …………………………… 87
組立単位 ………………………… 56
クーロン(C) …………………… 127
クーロンの法則 ………………… 128
クーロン力 ……………………… 128

〈ケ〉

結合エネルギー ………………… 185
月食 ……………………………… 86
ケルビン ………………………… 106
減圧蒸留 ………………………… 118
原子核 …………………………… 177
原子の構造 ……………………… 177
原子番号 ………………………… 181
原子力エネルギー ……………… 187
原子力発電の原理 ……………… 188
減衰振動 ………………………… 41
弦の振動 ………………………… 81
原爆 ……………………………… 188
顕微鏡 …………………………… 96

〈コ〉

コイルのリアクタンス ………… 164

向心力 …………………… 20	質 量 …………………… 2	静電エネルギー ………… 133
合成抵抗 ………………… 138	質量エネルギー ………… 202	静電気 …………………… 127
剛性率 …………………… 54	質量欠損 ………………… 185	静電誘導 ………………… 128
剛 体 …………………… 45	質量数 …………………… 181	正反射 …………………… 86
高調波 …………………… 82	磁場(磁界) ……………… 149	整流作用 ………………… 146
光電効果 …………… 174, 191	磁場の強さ ……………… 149	赤外線 ……………… 85, 172
光電子 …………………… 174	シーベルト[Sv] ………… 193	接触電位差 ……………… 143
公転の周期 ……………… 20	斜方投射 ………………… 15	線スペクトル …………… 104
光 度 …………………… 89	シャルルの法則 ………… 110	選択吸収 ………………… 104
光 年 …………………… 86	周 期 ………………… 20, 37	潜 熱 …………………… 116
交 流 …………………… 138	重 心 …………………… 47	全反射 …………………… 89
交流の実効値 …………… 162	集積回路 IC …………… 147	線膨張 …………………… 109
交流の電力 ……………… 166	終端速度 ………………… 17	線 量 …………………… 193
交流発電機の原理 ……… 161	自由落下 ………………… 13	〈ソ〉
光量子(光子) …………… 175	重 量 …………………… 2	相互インダクタンス …… 160
光量子説 ………………… 174	重 力 ………………… 13, 22	相互誘導 ………………… 159
合 力 …………………… 2	重力加速度 …………… 11, 22	相対性理論 ……………… 198
固有振動数 ……………… 82	重力の大きさ(重量) …… 2	速 度 …………………… 6
コンデンサー …………… 131	シュテファン・ボルツマンの法則 115	塑 性 …………………… 52
コンデンサーの接続 …… 132	ジュール[J] …………… 25	ソレノイド ……………… 151
コンデンサーのリアクタンス …… 163	ジュール熱 ……………… 143	〈タ〉
コンプトン効果 ………… 192	昇 華 …………………… 116	第1宇宙速度 …………… 23
〈サ〉	衝撃波 …………………… 84	大気圧 …………………… 60
サイクロトロン運動 …… 154	状態変化(相転移) ……… 116	第3宇宙速度 …………… 24
サーミスター …………… 107	焦 点 …………………… 92	体積弾性率 ……………… 55
サーモスタット ………… 107	焦点距離 ………………… 92	第2宇宙速度 …………… 24
作用・反作用の法則 …… 1	照 度 …………………… 89	太陽定数 ………………… 114
〈シ〉	蒸 発 …………………… 117	太陽電池 ………………… 148
磁 化 …………………… 150	初期位相 ………………… 37	対 流 …………………… 114
紫外線 ……………… 85, 173	しらぬい ………………… 88	縦波 …………………… 65
磁化率 …………………… 150	磁力線 …………………… 149	たわみ …………………… 55
磁 気 …………………… 149	蜃気楼 …………………… 88	単振動 …………………… 37
磁気誘導 ………………… 150	人工衛星 ………………… 23	単振動の合成 …………… 40
磁気量 …………………… 149	進行波 …………………… 68	弾 性 …………………… 52
時 空 …………………… 202	人工放射性元素 ………… 183	弾性限界 ………………… 52
次 元 …………………… 56	振 動 …………………… 37	弾性衝突 ………………… 35
自己インダクタンス(自己誘導係数)	振動数(周波数) ………… 37	弾性疲労 ………………… 53
……………………… 158	振動のエネルギー ……… 42	弾性率 …………………… 52
仕事(仕事量) …………… 25	振幅 …………………… 37	弾性力 …………………… 3
仕事の原理 ……………… 26	〈ス〉	〈チ〉
仕事率 …………………… 26	水素原子のスペクトル … 178	力 …………………… 1
自己誘導 ………………… 158	水平投射 ………………… 16	力のつり合い …………… 3
2乗平均速度 …………… 121	スペクトル ……………… 103	力のモーメント ………… 45
自然放射線 ……………… 194	〈セ〉	地球温暖化 ……………… 115
磁束密度 ………………… 150	正 孔 …………………… 145	地球自転の周期 ………… 20
実 像 …………………… 92	静止衛星 ………………… 24	地磁気 …………………… 151
湿 度 …………………… 118	静止摩擦力 ……………… 4	

索　引

中間子 …………………………… 182
中性子 …………………………… 181
中性微子 ………………………… 183
超音波 …………………………… 83
超電導 …………………………… 138
直流 ……………………………… 138

〈テ〉

抵抗(率)の温度係数 …………… 137
抵抗温度計 ……………………… 107
抵抗率 …………………………… 136
定常波 …………………………… 68
定常流 …………………………… 62
デシベル ………………………… 80
テスラ(T) ……………………… 151
電圧 ……………………………… 130
電圧計 …………………………… 140
電圧降下 ………………………… 139
電位 ……………………………… 130
電位差 …………………………… 130
電荷 ……………………………… 127
電気エネルギー ………………… 142
電気振動 ………………………… 168
電気抵抗(抵抗) ………………… 135
電気容量 ………………………… 131
電気量 …………………………… 127
電気力線 ………………………… 129
電子対創生 ……………………… 192
電磁波 …………………… 85, 168
電磁波の発生 …………………… 170
電磁波の利用 …………………… 172
電磁放射線 ……………………… 190
電磁誘導 ………………………… 155
電磁力 …………………………… 152
電池 ……………………………… 143
電池の電圧降下 ………………… 140
天然放射性元素 ………………… 183
電場 ……………………………… 130
電波 ……………………………… 172
電場(電界) ……………………… 129
電離 ……………………………… 179
電離作用 ………………………… 191
電離層 …………………………… 172
電流 ……………………………… 135
電流計 …………………………… 139
電流磁場 ………………………… 151
電力 ……………………………… 142
電力量 …………………………… 142
電離・励起 ……………………… 191

〈ト〉

同位元素 ………………………… 181
等加速度直線運動 ……………… 8
透過力 …………………………… 191
同時 ……………………………… 199
透磁率 …………………………… 149
導線 ……………………………… 135
等速運動 ………………………… 7
等速円運動 ……………………… 19
導体 ……………………………… 136
同調回路 ………………………… 169
動摩擦力 ………………………… 5
ドップラー効果 ………………… 69
凸面鏡 …………………………… 93
凸レンズ ………………… 94, 95, 97
トランジスターの増幅作用 …… 146
トランス(変圧器) ……………… 160

〈ナ〉

内部エネルギー ………………… 122
内部抵抗 ………………… 139, 140
波の位相 ………………………… 65
波の干渉 ………………………… 74
波の伝わる速さ ………………… 66

〈ニ〉

逃げ水 …………………………… 88
虹 ………………………………… 103
日食 ……………………………… 86
ニュートン ……………………… 11

〈ネ〉

音色 ……………………………… 79
熱 ………………………………… 106
熱機関 …………………………… 123
熱機関の効率 …………………… 124
熱起電力 ………………………… 144
熱素説 …………………………… 106
熱電対温度計 …………………… 107
熱伝導 …………………………… 113
熱伝導率 ………………………… 113
熱の仕事当量 …………………… 109
熱平衡 …………………………… 106
熱放射 …………………………… 114
熱膨張 …………………………… 109
熱容量 …………………………… 108
熱力学の第1法則 ……………… 123
熱力学の第2法則 ……………… 124
熱量 ……………………………… 106
粘性率(粘度) …………………… 64

〈ハ〉

媒質 ……………………………… 65
倍振動 …………………………… 82
バイメタル ……………………… 107
バイメタル温度計 ……………… 107
倍率 …………………………… 92, 95
白色光 …………………………… 98
薄膜による干渉 ………………… 99
ハーゲン-ポアズの法則 ………… 64
破断点 …………………………… 52
波長 ……………………………… 66
波動 ……………………………… 65
波動説 …………………………… 72
波動のエネルギー ……………… 67
波動の式 ………………………… 65
はね返り係数 …………………… 34
ばね定数 ………………………… 3
馬力 ……………………………… 27
半影 ……………………………… 86
半減期 …………………………… 184
反射の法則 ……………………… 72
反射波の位相 …………………… 75
半導体 …………………………… 145
半導体ダイオード ……………… 146
反発係数 ………………………… 34
万有引力 ………………………… 21
万有引力定数 …………………… 22

〈ヒ〉

光 ………………………………… 85
光高温度計 ……………………… 107
光の回折 ………………………… 100
光の干渉 ………………………… 98
光の屈折 ………………………… 87
光の速さ ………………………… 86
光の反射 ………………………… 86
光の分散 ………………………… 102
光の本性 ………………………… 174
光ファイバー …………………… 89
比視感度曲線 …………………… 90
歪み ……………………………… 53
非弾性衝突 ……………………… 35
比熱 ……………………………… 108
被曝線量 ………………………… 194
p型半導体 ……………………… 145

〈フ〉

不(非)可逆現象 …………… 125
ファラッド(F) …………… 131
ファラデーの電磁誘導の法則 …… 156
不確定性原理 ……………… 176
フックの法則 ……………… 3
物質波 ……………………… 175
沸騰 ………………………… 117
不等速運動 ………………… 7
プランク定数 ……………… 175
フーリエ解析 ……………… 41
振り子の等時性 …………… 39
浮力 ………………………… 61
フレミングの左手の法則 …… 152
フレミングの右手の法則 …… 157
分流器 ……………………… 139
分力 ………………………… 2

〈ヘ〉

平面波 ……………………… 72
ヘクトパスカル …………… 60
ベルヌーイの定理 ………… 63
偏光 ………………………… 102
Bq(ベクレル) ……………… 184
H(ヘンリー) ……………… 158
β線 ………………………… 182
β崩壊 ……………………… 183

〈ホ〉

ボーアの原子模型 ………… 178
ホイヘンスの原理 ………… 72
ボイルの法則 ……………… 109
ボイル・シャルルの法則 …… 111
放射性物質 ………………… 182
放射性崩壊 ………………… 182
放射線 ……………………… 190

放射線の健康への影響 …… 195
放射線の性質 ……………… 191
放射線の強さ ……………… 193
放射線の量 ………………… 193
放射線の利用 ……………… 196
放射能 ……………………… 182
放射能の強さ ……………… 184
放射冷却 …………………… 115
飽和蒸気圧 ………………… 117
保存力 ……………………… 30
ボルツマン定数 …………… 121
ホン ………………………… 81
本影 ………………………… 86

〈マ〉

マイクロ波 ………………… 172
マグヌス効果 ……………… 64
摩擦係数 …………………… 4
摩擦電気 …………………… 127
摩擦力 ……………………… 3
マッハ数 …………………… 84
魔法びん …………………… 115

〈ム, メ, モ〉

無重力状態 ………………… 13
明視の距離 ………………… 96
めがね ……………………… 96
モーターの原理 …………… 152
mol(モル) ………………… 111

〈ヤ, ユ〉

ヤング率 …………………… 53
誘電分極 …………………… 128
誘電率 ……………………… 132

〈ヨ〉

陽子 ………………………… 181

陽電子 ……………………… 183
揚力 ………………………… 63
横波 ………………………… 65

〈ラ〉

ラザフォードの原子模型 …… 177
乱反射 ……………………… 86

〈リ〉

力学的エネルギー ………… 29
力学的エネルギー保存の法則 …… 30
力積 ………………………… 31
力率 ………………………… 166
粒子放射線 ………………… 190
流体 ………………………… 58
臨界圧力 …………………… 119
臨界温度 …………………… 119
臨界角 ……………………… 89

〈ル〉

ルーペ ……………………… 95

〈レ, ロ〉

励起 ………………………… 179
レーリー散乱 ……………… 105
連鎖反応 …………………… 187
レンズの公式 ……………… 95
連続スペクトル …………… 104
連続の式 …………………… 62
レンツの法則 ……………… 156
ローレンツ収縮 …………… 201
ローレンツ力 ……………… 153

〈ワ〉

ワット ……………………… 27

memo

memo

著者紹介

大塚　徳勝（おおつか　のりかつ）

1960年　熊本大学 理学部 物理学科卒業
　　　　科学技術庁を経て，日本原子力研究所・副主任研究員，
　　　　東海大学教授，熊本大学講師，
　　　　(社)九経連・九州エネルギー問題懇話会顧問を歴任．
　　　　理学博士（広島大学）

専　攻　放射線物理学，原子力工学，環境科学

主　著　『現代科学技術の課題』，『熊本発・地球環境読本』，
　　　　『地球を救う思想』（以上，東海大学出版会，共著）
　　　　『話題源化学』（東京法令出版，共著）
　　　　『ミクロ科学とエネルギー』（コロナ社，共著）
　　　　『Q＆A放射線物理』（共立出版）
　　　　『そこが知りたい物理学』（共立出版）
　　　　　（日本図書館協会選定図書）
　　　　　（日本物理学会の「物理入門書」の選定図書）
　　　　『知っておきたい環境問題』（共立出版）
　　　　　（日本図書館協会選定図書）
　　　　『知らないと怖い環境問題』（共立出版）
　　　　　（日本図書館協会選定図書）

これならわかる物理学
A Super-Easy Way to Understand Physics

2012年11月15日　初版第1刷発行
2025年 3 月10日　初版第4刷発行

著　者　大塚徳勝 © 2012
発行者　南條光章
発行所　共立出版株式会社
　　　　東京都文京区小日向4-6-19
　　　　電話 03-3947-2511（代表）
　　　　郵便番号 112-0006/振替 00110-2-57035
　　　　URL　www.kyoritsu-pub.co.jp

印　刷
製　本　真興社

検印廃止
NDC 420
ISBN 978-4-320-03491-4

一般社団法人
自然科学書協会
会員

Printed in Japan

JCOPY ＜出版者著作権管理機構委託出版物＞
本書の無断複製は著作権法上での例外を除き禁じられています．複製される場合は，そのつど事前に，出版者著作権管理機構（TEL：03-5244-5088，FAX：03-5244-5089，e-mail：info@jcopy.or.jp）の許諾を得てください．

■物理学関連書

www.kyoritsu-pub.co.jp　共立出版

- カラー図解 物理学事典 ……………… 杉原 亮他訳
- ケンブリッジ 物理公式ハンドブック ……… 堤 正義訳
- 現代物理学が描く宇宙論 …………… 真貝寿明著
- 基礎と演習 大学生の物理入門 ……… 高橋正雄著
- 大学新入生のための物理入門 第2版 …… 廣岡秀明著
- 楽しみながら学ぶ物理入門 …………… 山﨑耕造著
- これならわかる物理学 ………………… 大塚徳勝著
- 薬学生のための物理入門 薬学準備教育ガイドライン準拠 …… 廣岡秀明著
- 詳解 物理学演習 上・下 ……………… 後藤憲一他共編
- 物理学基礎実験 第2版新訂 …………… 宇田川眞行他編
- 独習独解 物理で使う数学 完全版 …… 井川俊彦訳
- 物理数学講義 複素関数とその応用 …… 近藤慶一著
- 物理数学 量子力学のためのフーリエ解析・特殊関数 …… 柴田尚和他著
- 理工系のための関数論 ………………… 上江洌達也他著
- 工学系学生のための数学物理学演習 増補版 …… 橋爪秀利著
- 詳解 物理応用数学演習 ……………… 後藤憲一他共編
- 演習形式で学ぶ 特殊関数・積分変換入門 …… 蓬田 清著
- 解析力学講義 古典力学を越えて ……… 近藤慶一著
- 力学 (物理の第一歩) ………………… 下村 裕著
- 大学新入生のための力学 ……………… 西浦宏幸他著
- ファンダメンタル物理学 力学 ………… 笠松健一他著
- 演習で理解する基礎物理学 力学 ……… 御法川幸雄他著
- 工科系の物理学基礎 質点・剛体・連続体の力学 …… 佐々木一夫他著
- 基礎から学べる工系の力学 …………… 廣岡秀明著
- 基礎と演習 理工系の力学 …………… 高橋正雄著
- 講義と演習 理工系基礎力学 ………… 高橋正雄著
- 詳解 力学演習 ………………………… 後藤憲一他共編
- 力学 講義ノート ……………………… 岡田静雄他著
- 振動・波動 講義ノート ……………… 岡田静雄他著
- 電磁気学 講義ノート ………………… 高木 淳他著
- 大学生のための電磁気学演習 ………… 沼居貴陽著
- プログレッシブ電磁気学 マクスウェル方程式からの展開 …… 水田智史著
- ファンダメンタル物理学 電磁気・熱・波動 第2版 …… 新居毅人他著
- 演習で理解する基礎物理学 電磁気学 …… 御法川幸雄他著
- 基礎と演習 理工系の電磁気学 ……… 高橋正雄著
- 楽しみながら学ぶ電磁気学入門 ……… 山﨑耕造著
- 入門 工系の電磁気学 ………………… 西浦宏幸他著
- 詳解 電磁気学演習 …………………… 後藤憲一他共編
- 明解 熱力学 …………………………… 糸井千岳他著
- 熱力学入門 (物理学入門S) …………… 佐々真一著
- 英語と日本語で学ぶ熱力学 …………… R.Micheletto他著
- 現代の熱力学 ………………………… 白井光雲著
- 生体分子の統計力学入門 タンパク質の動きを理解するために …… 藤崎弘士他訳
- 新装版 統計力学 ……………………… 久保亮五著
- 複雑系フォトニクス レーザカオスの同期と光情報通信への応用 …… 内田淳史著
- 光学入門 (物理学入門S) ……………… 青木貞雄著
- 復刊 レンズ設計法 …………………… 松居吉哉著
- 教養としての量子物理学 ……………… 占部伸二訳
- 量子の不可解な偶然 非局所性の本質と量子情報科学への応用 …… 木村 元訳
- 量子コンピュータによる機械学習 …… 大関真之監訳
- 量子力学講義 I・II …………………… 近藤慶一著
- 解きながら学ぶ量子力学 ……………… 武藤哲也著
- 大学生のための量子力学演習 ………… 沼居貴陽著
- 量子力学基礎 …………………………… 松居哲生著
- 量子力学の基礎 ………………………… 北野正雄著
- 復刊 量子統計力学 …………………… 伏見康治編
- 詳解 理論応用量子力学演習 ………… 後藤憲一他共編
- 復刊 相対論 第2版 …………………… 平川浩正著
- Q&A放射線物理 改訂2版 …………… 大塚徳勝他著
- 量子散乱理論への招待 フェムトの世界を見る物理 …… 緒方一介著
- 大学生の固体物理入門 ………………… 小泉義晴監修
- 固体物性の基礎 ………………………… 沼居貴陽著
- 材料物性の基礎 ………………………… 沼居貴陽著
- やさしい電子回折と初等結晶学 改訂新版 …… 田中通義他著
- 物質からの回折と結像 透過電子顕微鏡法の基礎 …… 今野豊彦著
- 物質の対称性と群論 …………………… 今野豊彦著
- 社会物理学 モデルでひもとく社会の構造とダイナミクス …… 小田垣 孝著
- 超音波工学 …………………………… 荻 博次著